提供2016、2019、2021、MAC版软件官方下载
WPS官方认证技能

WPS

表格实战技巧

Excel Home◎编著 🔍

精粹

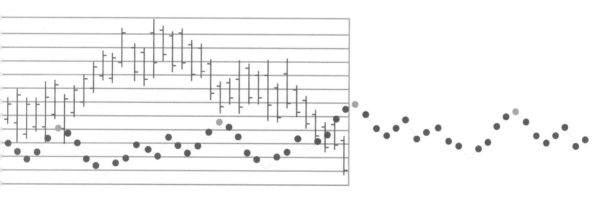

北京大学出版社
PEKING UNIVERSITY PRESS

内 容 简 介

WPS表格是WPS办公套装软件的重要组成部分，能够进行各种数据的处理、统计、分析等操作，广泛应用于管理、财经、金融等众多领域。

本书在对Excel Home技术论坛中上百万个提问的分析和提炼的基础上，汇集了用户在使用WPS表格进行数据处理与分析过程中最常见的需求。全书分为4篇共21章，从WPS表格的工作环境和基本操作开始介绍，通过200多个具体实例，全面讲解了数据录入、格式设置、排序、筛选、分类汇总、数据有效性、条件格式、数据透视表、函数与公式以及图表图形等知识点，帮助读者灵活有效地使用WPS表格来处理工作中遇到的问题。

本书采用循序渐进的方式，不仅讲解了WPS表格的原理和基础操作，还配以典型示例帮助读者加深理解，突出实用性和适用性。在章节安排上，注重知识结构的层次性，由浅入深地安排不同类型的知识点内容，尽量降低学习难度。

本书内容丰富、图文并茂、可操作性强且便于查阅，适合广大办公人员和学生群体阅读学习。

图书在版编目(CIP)数据

WPS表格实战技巧精粹 / Excel Home编著. —北京：北京大学出版社，2021.1
ISBN 978-7-301-31865-2

Ⅰ. ①W… Ⅱ. ①E… Ⅲ. ①表处理软件 Ⅳ. ①TP391.13

中国版本图书馆CIP数据核字(2020)第236124号

书　　　名	WPS 表格实战技巧精粹	
	WPS BIAOGE SHIZHAN JIQIAO JINGCUI	
著作责任者	Excel Home　编著	
责 任 编 辑	张云静　吴秀川	
标 准 书 号	ISBN 978-7-301-31865-2	
出 版 发 行	北京大学出版社	
地　　　址	北京市海淀区成府路205 号　100871	
网　　　址	http://www.pup.cn　　新浪微博: @ 北京大学出版社	
电 子 信 箱	pup7@ pup.cn	
电　　　话	邮购部 010-62752015　发行部 010-62750672　编辑部 010-62570390	
印 刷 者	北京宏伟双华印刷有限公司	
经 销 者	新华书店	
	787毫米×1092毫米　16开本　25.75印张　577千字	
	2021年1月第1版　2022年3月第2次印刷	
印　　　数	8001-11000册	
定　　　价	119.00元	

推荐序

现在是一个离不开屏幕时代，人们和屏幕交互的时间，或许已经超过了人与人之间直接的交流。而人与屏幕的交互，需要工具作为媒介，对于办公和泛职场的人员来说，WPS就是这样具备生产力的交互工具之一。

作为一款历史悠久并且在国内以及海外均拥有海量用户的办公软件，金山WPS亲历并且直接推动了中文从纸质书写向数字化载体跨越的全程。30年前，WPS心心念念的是怎样解决国人把汉字敲进计算机屏幕里；20年前，WPS努力在盗版浪潮中稳住船舵，与强大的外来对手抗衡；10年前，WPS嗅到移动互联网时代大潮的气息，率先冲进如今几乎人手一部的智能手机屏幕中；到了今天，WPS借助"以云服务为基础，多屏、内容为辅助，AI赋能所有产品"的全新办公形态，实现从单一办公工具软件到办公多场景服务的转型。

回首这32年，我们有幸以WPS版本不断更新的方式，见证了亿万人在办公室、在出差旅途、在深夜书桌前、在生产线旁、在课堂讲台，一次次凝结着智慧和汗水的记录和创作。

现在的WPS，早已从单纯的办公工具演化为服务型平台，曾经冰冷无感的工具按钮，融合成了温暖感性的交互社区。用户在我们提供的内容和服务中找到灵感，个人的创意在这里得到共享和释放。未来的WPS，正在新一代金山办公研发人的孵化中成型。万物智慧互联的新时代已经启动，以AI为代表的信息化技术已经开始推动人类个体的思维方式、生活方式乃至社会协作方式向更深层次变革，让AI为用户服务，WPS已经开始实现了。

2020年年初，所有人的生活都被打乱了节奏。新冠疫情让我们措手不及，也给我们带来了一些深远的影响，比如远程办公开始流行起来，人们开始认真思考线上协作来代替现场办公的可能性。我们的线上协作产品金山文档，助力了这种办公方式的转型，得到了用户广泛的好评。得益于我们统一的开发规范，您在这本书里学到的内容，都可以迁移到未来线上协作的办公产品中去。

时间和经验告诉我们，"变化"是必须面对的永恒挑战。对于在工作和生活中经常需要对数据、表格、信息进行统计分析的人来说，掌握好一门"生产力"工具，用这种不变的技能来应万变，可以为自己在实现梦想的道路上增添羽翼。关于WPS表格，本书提供了"专业、翔实、深入浅出"的实战操作技巧，既适合有一定表格基础的用户"快速进阶"，亦适合资深玩家"解锁大招"。本书罗列 200 多项技巧点，贴近日常实际工作需要，并以问题 / 场景的方式进行描述，更便于读者理解。

最后，衷心感谢您选择本书，希望 WPS 可以陪伴您实现自己成长道路上的每一个目标。WPS 也会倾听您的声音，将您的反馈写进下一行代码之中，用我们不断刷新的代码，为您提供更贴心的服务。

金山办公软件高级副总裁　庄湧

INTRODUCTION 前言

写作背景

作为知名的华语Office技术社区，在最近几年中，我们致力于打造适合中国用户阅读和学习的"宝典"，先后出版了Microsoft Excel"应用大全"系列丛书、"实战技巧精粹"系列丛书、"高效办公"系列丛书和"别怕"系列丛书等经典学习教程。

这些图书的成功不仅来源于论坛近500万会员和广大Office爱好者的支持，更重要的原因在于我们的作者专家们拥有多年实战所积累的丰富经验，他们比其他任何人都更了解广大用户的困难和需求，也更了解如何以适合的理解方式来展现Office的丰富技巧。

WPS Office是一款优秀的国产软件，可以实现办公软件最常用的文字、表格、演示等多种功能。具有内存占用率低、运行速度快、体积小巧、强大插件平台支持、免费海量在线存储空间及文档模板等特点。相较于Microsoft Excel，WPS表格的操作更符合国人的工作场景使用习惯。它不但提供了数项令人眼前一亮的新功能，而且同时适用于当下"大数据"和"云"特点下的数据处理工作。

随着国家对国产软件扶持力度的不断加大，有越来越多的机关和企业用户选择使用WPS。为了让广大用户尽快了解和掌握WPS表格，我们组织了多位来自Excel Home的资深Office专家，从数百万技术交流帖中挖掘出网友们最关注和最迫切需要掌握的WPS表格应用技巧，重新演绎、汇编，打造出这部全新的《WPS表格实战技巧精粹》。

本书秉承了Excel Home"精粹"系列图书简明、实用和高效的特点，以及"授人以渔"式的分享风格。同时，通过提供大量的实例，并在内容编排上尽量细致和人性化，在配图上采用Excel Home图书特色的"动画式演绎"，让读者能方便而又愉快地学习。

读者对象

本书面向的读者群是使用WPS表格的所有用户及IT人员，希望读者在阅读本书以前具备Windows 7以及更高版本操作系统的使用经验，了解键盘与鼠标在WPS表格中的使用方法，掌握WPS表格的基本功能和对菜单命令的操作方法。

本书约定

在正式开始阅读本书之前，建议读者花上几分钟时间来了解一下本书在编写和组织上使用的一些惯例，这会对您的阅读有很大的帮助。

软件版本

本书的写作基础是安装于 Windows 10 操作系统上的 WPS 2019 云办公增强版，大部分技巧也适用于 WPS 表格的早期版本。

菜单指令

我们会这样来描述在 WPS 表格或 Windows 中的操作，比如在讲到对某张工作表进行隐藏时，通常会写成：在功能区中单击【开始】选项卡中的【工作表】下拉按钮，在扩展菜单中依次选择【隐藏和取消隐藏】→【隐藏工作表】。

鼠标指令

本书中表示鼠标操作的时候都使用标准方法："指向""单击""鼠标右击""拖动""双击"等，您可以很清楚地知道它们表示的意思。

键盘指令

当读者见到类似 <Ctrl+H> 这样的键盘指令时，表示同时按下 <Ctrl> 键和 <H> 键。

函数与单元格地址

本书中涉及的函数与单元格地址将全部使用大写，如 SUM()、A1:B5。但在讲到函数的参数时，为了和 WPS 表格的帮助文件中显示一致，函数参数全部使用小写，如 SUM(number1,number2, ...)。

阅读技巧

本书的章节顺序原则上按照由浅入深的功能板块进行划分，但这并不意味着读者需要逐页阅读。您完全可以凭着自己的兴趣和需要，选择其中的某些技巧来读。

当然，为了保证能更好地理解书中的技巧，建议读者可以从难度较低的技巧开始。万一遇到读不懂的地方也不必着急，可以先"知其然"而不必"知其所以然"，参照示例文件把技巧应用到练习或者工作中，以解决燃眉之急。然后在空闲的时间，通过阅读其他相关章节的内容，把自己欠缺的知识点补上，就能逐步理解所有的技巧了。

读者可以扫描右侧二维码关注微信公众号，输入代码"39284"，下载本书的示例文件学习资源。

写作团队

本书由 Excel Home 周庆麟策划并组织编写，第 1~2 章、第 5~6 章、第 18~19 章和第 21 章由赵文妍编写；第 3 章、第 15 章和第 17 章由祝洪忠编写；第 4 章和第 20 章由杨丽编写；第

7~9 章、第 14 章和第 16 章由张建军编写；第 10~13 章由王红印编写，最后由周庆麟和祝洪忠共同完成统稿。

♡▸ 致谢

Excel Home 论坛管理团队和 Excel Home 云课堂教管团队长期以来都是"EH"图书的坚实后盾，他们是 Excel Home 中最可爱的人。最为广大会员所熟知的代表人物有朱尔轩、林树珊、吴晓平、刘晓月、赵文妍、黄成武、孙继红、王建民、周元平、陈军、顾斌、郭新建等，在此向这些最可爱的人表示由衷的感谢。

衷心感谢 Excel Home 论坛的 500 万会员，是他们多年来不断的支持与分享，才营造出热火朝天的学习氛围，并成就了今天的 Excel Home 系列图书。

衷心感谢 Excel Home 微博的所有粉丝和 Excel Home 微信公众号的所有好友，你们的"点赞"和"转发"是我们不断前进的新动力。

✉▸ 后续服务

在本书的编写过程中，尽管我们的每一位团队成员都未敢稍有疏虞，但纰缪和不足之处仍在所难免。敬请读者能够提出宝贵的意见和建议，您的反馈将是我们继续努力的动力，本书的后继版本也将会更臻完善。

您可以访问 http://club.excelhome.net 论坛，我们开设了专门的版块用于本书的讨论与交流。您也可以发送电子邮件到 book@excelhome.net，我们将尽力为您服务。

同时，欢迎您关注我们的官方微博和微信，这里会经常发布有关图书的最新消息，以及大量的 Excel 学习资料。

新浪微博：@ExcelHome

微信公众号：Excel 之家 ExcelHome

Excel Home

本书配套学习资源获取说明

·读者注意·

本书正文中有如下标志的地方均有配套视频或图文资料，请读者根据以下提示获取。

第一步 ● 微信扫描下面的二维码，关注Excel Home官方微信公众号

第二步 ● 进入公众号后，输入文字"WPS精粹"，单击"发送"按钮

第三步 ● 根据公众号返回的提示进行操作，即可获得本书配套的知识点视频讲解、练习题视频讲解、示例文件以及本书同步在线课程的优惠码。

CONTENTS

目录

第1篇　常用数据处理与分析　　1

第2篇 函数与公式 197

第3篇 数据可视化 321

第4篇 文档安全与打印输出 383

第 1 篇

常用数据处理与分析

　　本篇主要向读者介绍有关 WPS 表格的工作环境和常用的数据录入与处理技巧，主要包括 WPS 表格的操作界面、工作簿和工作表的操作及窗口显示等方面的内容。

　　在包含大量数据的 WPS 表格中查询检索和统计分析目标数据，是日常数据处理分析工作的重要组成部分。借助 WPS 表格的排序、筛选、合并计算、数据透视表等功能，可以很方便地实现数据的查询检索和统计分析，极大地提高工作效率。借助条件格式功能，可以创建生动的数据报告。本篇将详细介绍这部分功能的相关技巧。

第1章 玩转WPS文件

　　WPS Office 是我国自主研发的一款办公套装软件，可以实现常用的文字、表格、演示等多种功能，具有内存占用率低、运行速度快、体积小巧、强大插件平台支持、免费提供海量在线存储空间及文档模板、支持阅读和输出PDF文件等优势，覆盖Windows、Linux、Android、iOS等多个平台。

　　WPS Office包括"WPS文字""WPS表格""WPS演示"及"金山PDF"四大组件，能无障碍兼容微软Office格式的文档。使用WPS Office可以直接打开、保存微软Office格式的文档，使用微软Office也可正常编辑WPS保存的文档。在使用习惯和界面功能上，WPS都与微软Office深度兼容，降低了用户的学习成本。

技巧 1 以多种方式启动 WPS 表格

　　在系统中安装WPS Office 2019后，有多种等效的方法可以启动WPS表格程序，下面介绍两种常用的方法。

1.1 通过 Windows 开始菜单

↑步骤一　单击桌面左下角的【开始】菜单，拖动滚动条找到【WPS Office专业版】，然后单击展开，单击【WPS 2019】图标，即可启动WPS Office程序，如图1-1所示。

↑步骤二　在打开的【WPS】面板中单击【新建】按钮，如图1-2所示。

图 1-1　从 Windows 开始菜单启动

图 1-2　【WPS】面板

↑ 步骤三　依次单击【表格】→【空白表格】命令，即可启动 WPS 2019 表格程序，如图 1-3 所示。

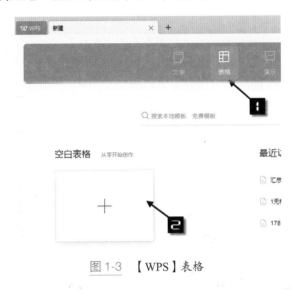

图 1-3　【WPS】表格

1.2　将 WPS 程序锁定到任务栏

打开 WPS 2019 程序后，鼠标右击任务栏上的 WPS 图标，在弹出的快捷菜单中选择【固定到任务栏】命令，如图 1-4 所示。

如果桌面上已经创建了 WPS 的快捷方式，可以单击选中此快捷方式，按住鼠标左键，向【任务栏】拖曳，当出现【固定到任务栏】提示时，松开鼠标左键，此时 WPS 快捷方式会被固定到任务栏中，如图 1-5 所示。

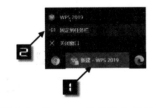

图 1-4　将 WPS 程序固定到任务栏

图 1-5　桌面创建的快捷方式锁定到任务栏

操作完成后，单击任务栏上的 WPS 图标即可启动 WPS 程序。

通过双击桌面上的快捷方式图标或双击已经存在的 WPS 文档，也可以启动 WPS 程序。

技巧 **2** **WPS 2019 窗口管理模式的切换**

WPS 2019 在安装时如果默认显示一个图标，则整合了 WPS 文字、WPS 演示、WPS 表格等应用，这种模式叫作整合模式。如果有些用户习惯使用 WPS 文字、WPS 表格等多个图标的多组件模式，可以通过以下步骤在两种模式中切换。

↑步骤一　在【WPS】面板中单击【设置】按钮，在弹出的下拉菜单中单击【设置】命令。

↑步骤二　在【设置中心】面板中单击【切换窗口管理模式】命令，在弹出的【切换窗口管理模式】对话框中选择需要的模式，如【多组件模式】，然后单击【确定】按钮完成模式的切换。如图1-6所示。

图1-6　切换窗口管理模式

💬 注意

　　窗口管理模式的切换，需要在重启WPS 2019程序后才能生效。

技巧 **3** 　**其他特殊启动方式**

3.1　借用 Windows 快捷键启动 WPS 表格

　　如果桌面没有WPS程序图标，借助Windows的快捷键也可以快速启动WPS表格，具体操作如下。

　　按<Win+R>组合键，打开【运行】对话框，在【打开】文本框中输入"et"，单击【确定】按钮即可，如图1-7所示。

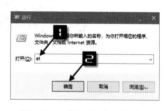

图1-7　【运行】对话框

💬 注意

　　1. 若WPS窗口管理模式是"整合模式"，将打开WPS面板。
　　2. 若WPS窗口管理模式是"多组件管理模式"，以上操作将打开WPS表格。
　　3. 对于"多组件管理模式"，如需打开WPS文字与WPS演示，只需在以上【打开】文本框中分别输入"WPS"和"WPP"即可。

3.2　用自定义快捷键快速启动

　　如图1-8所示，鼠标右击桌面上的WPS表格图标，在弹出的快捷菜单中单击【属性】命令，打开【WPS表格 属性】对话框。单击【快捷方式】选项卡，将光标置于【快捷键】文本框中，输入自定义的快捷键，如"E"，【快捷键】文本框中会自动显示为"Ctrl+Alt+E"字样，单击【确定】按钮。

图 1-8　设置快捷键启动 WPS

设置完成后，只要按<Ctrl+Alt+E>组合键，便可启动WPS表格程序。

技巧 4　认识 WPS 表格的工作界面

WPS 2019 表格的功能区使用多个选项卡的形式，并在窗口界面中设置了一些便捷的工具栏和按钮，如【WPS表格】【快速访问工具栏】【工作区标签列表】【界面设置】按钮等，以及【搜索栏】【任务窗格】等人性化的帮助功能，如图 1-9 所示。

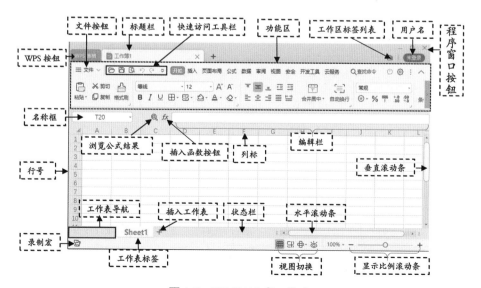

图 1-9　WPS2019 窗口界面

其中，在功能区右侧有【帮助】【界面设置】【功能区缩放】【WPS客服微信】等按钮及【搜索栏】等，如图1-10所示。

图 1-10 功能区右侧按钮命令

单击【文件】按钮，将弹出下拉菜单，其中包含一些常用命令，以及最近使用的文件列表等内容，如图1-11所示。

单击【文件】按钮右侧的下拉按钮，将弹出之前版本的【经典菜单】，当光标悬浮在【文件】菜单上时，将显示相应菜单的命令，如图1-12所示。

图 1-11 文件菜单

图 1-12 经典菜单

单击【WPS表格】按钮，将返回WPS Office程序界面，如图1-13所示。

图 1-13 WPS界面

技巧 5 调整功能区的显示方式

日常工作中如果处理的数据较多，有时候希望在显示器上尽可能多地显示工作表区域的内容，而忽略WPS程序界面中的其他部分，这时可以考虑使用以下几种方法调整功能区的显示方式。

5.1 隐藏功能区的命令按钮

单击功能区右上角的【隐藏功能区】按钮，即可隐藏功能区的命令按钮展示区。再次单击任意选项卡，则恢复显示命令按钮展示区。如图1-14所示。

此时，【隐藏功能区】按钮变为【显示功能区】按钮，再次单击可恢复功能区命令按钮的显示。

图1-14　隐藏功能区

5.2 居中显示功能区按钮命令

依次单击【界面设置】按钮→【功能区按钮居中排列】命令，可以将WPS表格的功能区居中显示，如图1-15所示。

图1-15　居中排列功能区按钮

💬 注意

　　1.若功能区按钮命令较多或屏幕分辨率低，居中排列的效果不明显。

　　2.取消【功能区按钮居中排列】复选框的勾选状态，将还原功能区按钮默认的"左对齐"排列方式。

5.3 展开功能区按钮命令

当电脑屏幕较小或WPS表格的操作窗口较小时，功能区中的命令会自动折叠显示，可单击功能区左右两侧的功能区拓展按钮进行调整，如图1-16所示。

图1-16　功能区拓展按钮

技巧 6 自定义快速访问工具栏

【自定义快速访问工具栏】位于功能区上方，默认包含了【打开】【保存】【输出为PDF】【打印】【打印预览】【撤销】和【恢复】等命令按钮。该工具栏始终显示并且可自定义其中的命令。使用【自定义快速访问工具栏】可减少对功能区中命令的操作频率，提高常用命令的访问速度。以下介绍在【自定义快速访问工具栏】中添加和删除命令的几种常用方法。

图 1-17 在【快速访问工具栏】添加命令

【自定义快速访问工具栏】的下拉菜单中内置了几项常用命令，用户可以便捷地添加到【自定义快速访问工具栏】。

单击【自定义快速访问工具栏】右侧的下拉按钮，在弹出的下拉菜单中单击需要添加的命令，如【直接打印】，即可将【直接打印】按钮添加到【自定义快速访问工具栏】，如图 1-17 所示。

当需要在【自定义快速访问工具栏】上删除【直接打印】按钮时，可以重复以上操作。或在【自定义快速访问工具栏】上右击该命令，在弹出的快捷菜单中选择【从快速访问工具栏删除】即可。

除了预置的几项常用命令外，用户还可以依次单击【自定义快速访问工具栏】→【其他命令】，打开【选项】对话框，并切换到【快速访问工具栏】选项卡。

在左侧【可以选择的选项】下拉列表中选中需要添加的命令，例如【重算活动工作簿】，单击中间的【添加】按钮，再单击【确定】按钮关闭对话框，【重算活动工作簿】命令即被添加到【自定义快速访问工具栏】中，如图 1-18 所示。

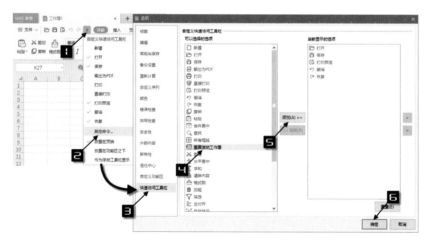

图 1-18 使用【其他命令】为快速访问工具栏添加常用按钮

默认情况下,【快速访问工具栏】显示在功能区的上方,可以通过依次单击【快速访问工具栏】右侧的下拉按钮→【放置在功能区之下】命令,改变其显示位置。如果单击【作为浮动工具栏显示】命令,还可以将【快速访问工具栏】设置为浮动工具栏,将光标移动到浮动工具栏左侧,可拖动工具栏调整位置,如图1-19所示。

图 1-19　浮动工具栏

技巧 7　设置默认的文件保存类型

WPS 2019 表格文件能够保存为不同的格式类型,通过以下步骤,可以改变 WPS 2019 表格的默认文件格式类型。

↑步骤一　依次单击【文件】→【选项】命令,弹出【选项】对话框。

↑步骤二　在【常规与保存】选项卡中单击【文档保存默认格式】的下拉按钮,在弹出的下拉列表中选择需要的格式,如"Microsoft Excel 文件(*.xlsx)",单击【确定】按钮完成设置,如图1-20所示。

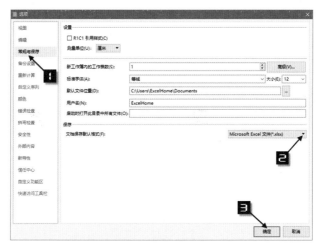

图 1-20　设置默认保存格式

技巧 8　转换 WPS 表格格式

演示视频

WPS Office 与 Microsoft Office 虽然是兼容的,工作中也难免需要在 WPS 表格与 Excel 工作簿之间转换,通过下面的操作可以在两种格式间进行转换。

↑ 步骤一　打开需要转换的 ".et" 格式的文档，依次单击【文件】→【另存为】→【Excel 文件
　　　　　（*.xlsx）】命令，如图 1-21 所示。

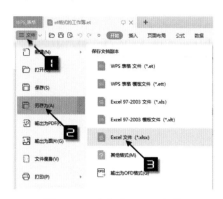

图 1-21　另存为 Excel 文件

↑ 步骤二　在弹出的【另存为】对话框中，选择合适的路径，输入文件名，然后单击【保存】
　　　　　按钮，如图 1-22 所示。

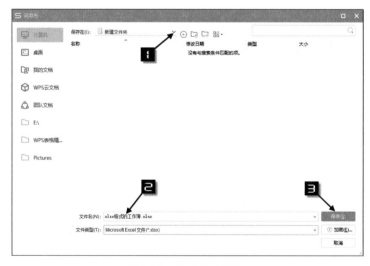

图 1-22　另存为对话框

　　按 <F12> 功能键也可以打开【另存为】对话框，部分笔记本电脑用户在使用功能键时，需要同时按 <Fn> 键。

技巧 9　为工作簿 "减肥"

　　有些工作簿在长期使用过程中，存储体积可能会不断增大，动辄几十甚至上百兆。WPS 2019 表格中的【文件瘦身】功能，能帮助用户解决这一烦恼。

↑ 步骤一　打开需要 "瘦身" 的工作簿，依次单击【文件】→【文件瘦身】命令。

↑ 步骤二　在【文件瘦身】对话框中，可选择瘦身的内容包括【不可见对象】【重复样式】【空白单元格】和【所有对象】选项。勾选需要处理的项目复选框，再勾选【备份原文件】复选框，单击【开始瘦身】按钮，如图 1-23 所示。

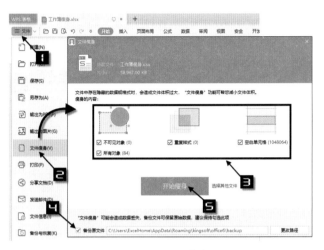

图 1-23　文件瘦身

↑ 步骤三　最后单击【瘦身完成】按钮关闭【文件瘦身】对话框完成操作。

技巧 10　快速核对表格内容差异

在日常工作中，经常需要对不同报表的内容进行比较，并把报表中的差异找出来。这类工作相当烦琐，尤其是在表格较大、数据内容较多的情况下，对比起来费时费力，甚至可能因为疏漏而出现错误。使用WPS表格中的【数据对比】功能可以帮助用户轻松搞定此类问题。例如，要对比某公司发货与验收数量的差异，操作步骤如下。

↑ 步骤一　打开目标工作簿"核对两表内容差异"，依次单击【数据】→【数据对比】→【提取两区域中唯一值】命令，如图 1-24 所示。

↑ 步骤二　在弹出的【提取唯一值】对话框中单击【区域1】右侧的折叠按钮，选择目标数据区域为"公司发货单!$C$1：$D$22461"。

　　单击【区域2】右侧的折叠按钮，选择目标数据区域为"客户验收单!$C$1：$D$22659"，勾选【数据包含标题】复选框，最后单击【确定】按钮，如图 1-25 所示。

图 1-24　数据对比

↑步骤三 在弹出的【WPS表格】提示框中单击【确定】按钮，即可完成数据的提取，如图1-26所示。

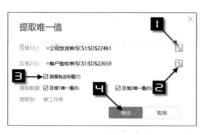

图 1-25　选择目标数据区域

图 1-26　WPS 表格提示框

此时，所有差异项目被提取到新的工作表中，用户可以在此基础上进行核对检查，如图 1-27 所示。

	A	B	C	D
1	区域 1		区域 2	
2	名称	数量	名称	数量
3	恒牛俄式炭烧酸奶160g	150	恒牛80℃鲜牛奶	16
4	恒牛草莓黑米爆爆珠风味发酵乳250g	48	恒牛鲜牛奶200g	15
5	恒牛益生菌原味酸牛奶180g	480	恒牛植物益生菌原味酸奶180g	24
6	恒牛畅极乳酸菌饮料354g	-24	恒牛领畅黄桃+燕麦酸牛奶250g	16
7	恒牛俄式炭烧酸奶160h*5	-8	恒牛原味浓甄发酵乳250g	24
8	恒牛植物益生菌原味酸奶180g		恒牛爱克林浓浆黑加仑风味发酵乳量贩	6
9	恒牛中式原味酸奶160g*5	-8	恒牛益生菌原味酸牛奶180g	400
10	恒牛益生菌原味酸牛奶180g	576	恒牛益生菌低脂无蔗糖酸奶180g	64
11	恒牛领畅黄桃+燕麦酸牛奶250g	168	恒牛菠萝味益生菌酸奶180g	32
12	恒牛菠萝味益生菌酸奶180g	16.00	恒牛风味酸牛奶150克	30
13	恒牛80℃鲜牛奶	48	恒牛原味浓甄发酵乳250g	16
14	恒牛草莓黑米爆爆珠风味发酵乳250g	56	恒牛芝士酸奶180g	24
15	恒牛十连包酸奶100克*10	-8	恒牛特滋米香牛奶200ml	12
16	恒牛风味酸牛奶红枣味	-8	恒牛中式原味酸奶160g	15
17	恒牛益生菌草莓酸奶180g	32.00	恒牛俄式炭烧酸奶160g	15
18	恒牛十连包酸奶100克*10		恒牛透明袋全脂灭菌纯牛奶	32
19	恒牛风味酸牛奶红枣味		恒牛老酸奶145g	48
20	恒牛透明袋全脂灭菌纯牛奶	32.00	恒牛原味无糖风味牛奶100g*8	48
21	恒牛特滋香蕉牛奶200ml		恒牛大红枣益生菌风味发酵乳180g	48

客户验收单　公司发货单　Sheet1　+

图 1-27　提取出的数据记录

技巧 11　快速合并工作表和合并工作簿中的数据

11.1　合并多个工作表中的数据

为了便于数据集中管理或数据统计分析，有时需要把多个工作表中的数据合并到一个工作表中，使用以下两种方法都可以实现。

1. 使用【易用宝】合并多工作表中的数据

易用宝是由 Excel Home 开发的一款免费功能扩展工具软件，可应用于 Excel 和 WPS 表格中，下载地址为 https://yyb.excelhome.net/。

图 1-28 为某公司不同销售部的销售记录，分别存放在以门店命名的工作表中。为了便于

数据的汇总分析，需要将这些数据合并到一个工作表内。

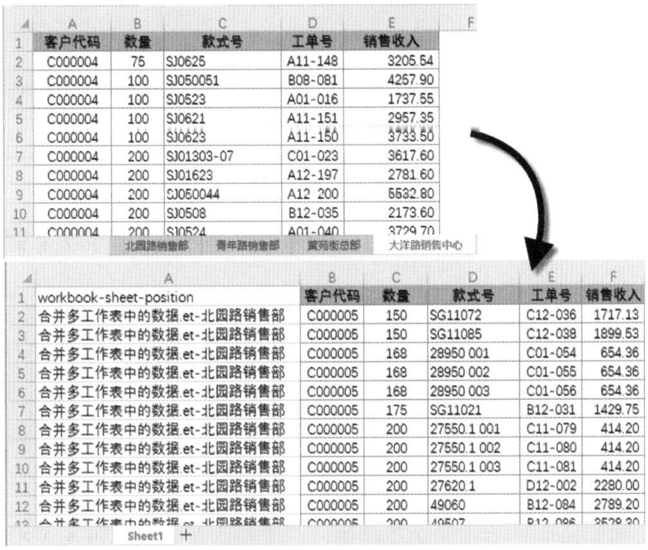

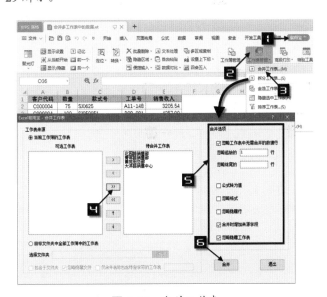

图 1-28　销售记录

操作步骤如下。

↑ **步骤一**　在【易用宝】选项卡中依次单击【工作表管理】→【合并工作表】命令。

↑ **步骤二**　在弹出的【Excel易用宝-合并工作表】对话框中，单击中间的【批量移动工作表】按钮。勾选右侧【合并选项】中的相关复选框，进行自定义设置。最后单击【合并】按钮，即可将所有【待合并工作表】列表框中的工作表合并到一个新的工作簿中，如图 1-29 所示。

图 1-29　合并工作表

2. 使用【易用宝】拆分工作表

除了合并工作表之外，使用易用宝还可以根据需要把同一工作表中的内容拆分到多个工作表。图1-30所示，是某公司销售信息表的部分内容，需要按营业员姓名分别放置在不同的工作表中。

操作步骤如下。

图 1-30　按营业员姓名拆分工作表

↑ **步骤一**　打开需要拆分的工作表，然后依次单击【易用宝】→【工作表管理】→【拆分工作表】命令，在弹出的【Excel易用宝-拆分工作表】对话框中保持【目标数据区域】的默认选项。

↑ **步骤二**　单击【主拆分字段】下拉按钮，选择关键字所在的列。勾选【包含表格标题】复选框，设置位于前【1】行。

↑ **步骤三**　单击中间的【批量移动拆分项】按钮，把【可选拆分项】列表框中的所有拆分项添加到右侧的【待拆分项】列表框中。

↑ **步骤四**　在底部的【合并选项】区域进行自定义设置，单击【分拆】按钮，如图1-31所示。

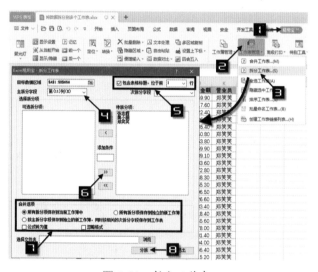

图 1-31　拆分工作表

↑ **步骤五**　最后单击【退出】按钮，完成拆分操作。

拆分后，工作簿中就会自动添加三个以不同的营业员姓名命名的新工作表，每个工作表中记录了该营业员的所有交易信息。

3. 用WPS表格内置功能合并工作表

利用WPS表格内置功能合并工作表的操作步骤如下。

↑ **步骤一**　打开目标工作簿，依次单击【数据】→【合并表格】→【多个工作表合并成一个工作表】命令，弹出【合并成一个工作表】对话框。

↑步骤二 勾选待合并工作表前面的复选框，本例勾选【全选】复选框来选中所有工作表，然后单击【选项】下拉按钮，在弹出的【表格标题的行数】文本框中输入"1"，最后单击【开始合并】按钮，如图1-32所示。

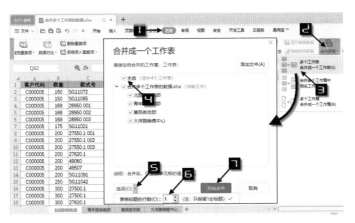

图1-32 合并成一个工作表

此时，会生成一个新工作簿，并将上述四个工作表的内容合并在工作表名为"总表"的工作表中，"报告"工作表中显示合并的数据条数等信息，如图1-33所示。

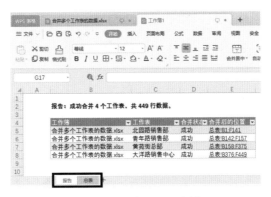

图1-33 合并后的工作簿

11.2 快速合并或拆分多个工作簿数据

1. 利用WPS表格内置功能合并工作簿

图1-34所示，是某公司不同分公司的凭证记录，分别存放在同一个文件夹内的不同工作簿中。为了便于汇总分析，需要将多个工作簿中的数据合并到一个工作簿。

图1-34 分公司凭证记录

操作步骤如下。

↑步骤一 新建一个工作簿，依次单击【数据】→【合并表格】→【合并多个工作簿中同名工作表】命令。

↑ **步骤二** 在弹出的【合并同名工作表】对话框中单击【添加文件】按钮，在【打开】对话框中找到待合并工作簿所在的路径，按住<Ctrl>键不放，依次单击选中待合并的工作簿，然后单击【打开】按钮。

↑ **步骤三** 回到【合并同名工作表】对话框，在【请指定待合并的工作簿、工作表】区域中，勾选工作簿名称前的复选框。单击【选项】下拉按钮，将【表格标题的行数】设置为"1"，最后单击【开始合并】按钮，如图 1-35 所示。

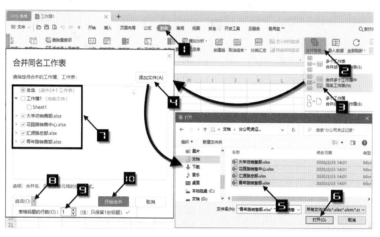

图 1-35　合并工作簿

此时，在新生成的工作簿中成功将上述四个工作簿的同名工作表合并在同一工作簿中的对应工作表中，"报告"工作表中提示合并的数据条数等信息，如图 1-36 所示。

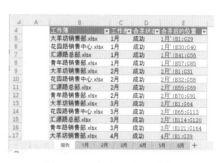

图 1-36　合并后的工作簿

2. 使用【易用宝】拆分工作簿

为了便于文件分发与交互，有时候需要将一个工作簿中的多个工作表拆分为多个独立的新工作簿，然后将它们分发给相关的部门或人员。图 1-37 所示，是某公司的销售订单记录，需要将多个工作表中的记录以单独的工作簿形式进行存储。

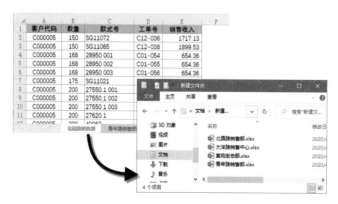

图 1-37　拆分工作簿

操作步骤如下。

↑ **步骤一** 打开需要拆分的工作簿文件。在【易用宝】选项卡中依次单击【工作簿管理】→【拆分工作簿】命令。

↑ **步骤二** 在弹出的【Excel易用宝-拆分工作簿】对话框中，单击【浏览】按钮设置新工作簿存放的路径，然后单击【批量移动工作表】按钮将【可选工作表】列表框中的工作表移动至【待拆分工作表】列表框中。

↑ **步骤三** 在【拆分选项】区域进行自定义设置，单击【拆分】按钮，如图 1-38 所示。

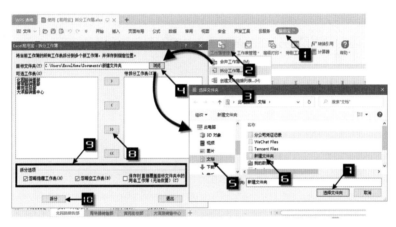

图 1-38 拆分工作簿

↑ **步骤四** 在弹出的提示框中单击【确定】按钮，如图 1-39 所示。最后单击【退出】按钮关闭【易用宝-拆分工作簿】对话框。此时，目标文件夹下将生成新的工作簿，每个分公司对应一张独立的销售订单记录。

图 1-39 拆分完成提示

第2章 数据录入技巧

合理正确地录入数据，对后续的数据处理与分析尤为重要，掌握科学的操作方法和技巧，可以有效提高工作效率，使枯燥、烦琐的数据录入工作变得简单易行。本章主要介绍在WPS表格中录入各种类型的数据及将外部数据源导入WPS表格中的相关技巧。

技巧 12 数据录入，这些地方要注意

演示视频

12.1 了解数据的类型

当用户向工作表的单元格中输入内容时，WPS表格会自动对输入的数据类型进行判断。WPS表格可识别的数据类型有数值、日期或时间、文本、公式、错误值与逻辑值等。

进一步了解WPS表格所能识别单元格内输入数据的类型，可以最大限度地避免因数据类型错误而造成的麻烦。

1. 输入数值

任何由数字组成的单元格输入项都被当作数值。数值里也可以包含一些特殊字符。

◆ 负号：如果在输入数值前面带有一个负号（-），WPS表格将识别为负数。

◆ 正号：如果在输入数值前面带有一个正号（+）或不加任何符号，WPS表格都将识别为正数，但不显示符号。

◆ 百分比符号：在输入数值后面加一个百分比符号（%），WPS表格将识别为百分数，并且自动应用百分比格式。

◆ 货币符号：在输入数值前面加一个系统可识别的货币符号（如￥），WPS表格会识别为货币值，并且自动应用相应的货币格式。

另外，如果在输入的数值中包含有半角逗号和字母E，且放置的位置正确，那么，WPS表格会识别为千位分隔符和科学计数符号。如"8,600"和"5E+5"，WPS表格会分别识别为8600和5乘以10的5次幂，即500 000，并且自动应用货币格式和科学记数格式。而对于86,00和E55等则不会被识别为数值。

2. 输入日期和时间

在WPS表格中，日期和时间是以一种特殊的数值形式存储的，被称为"序列值"。序列值介于一个大于等于0，小于2958466的数值区间。因此，日期型数据实际上是一类包含在数值数据范畴中的特殊数值。

日期和时间系列值经过格式设置，以日期或时间的格式显示，所以用户在输入日期和时间时需要用正确的格式输入。

在默认的Windows中文操作系统下，使用短杠（-）、斜杠（/）和中文"年月日"间隔等格式为有效的日期格式（如"2013-1-1"是有效的日期），都能被WPS表格识别，具体如表2-1所示。

表2-1　日期输入的几种格式

单元格输入(-)	单元格输入(/)	单元格输入(中文年月日)	WPS表格识别为
2012-10-5	2012/10/5	2012年10月5日	2012年10月5日
12-10-5	12/10/5	12年10月5日	2012年10月5日
79-3-2	79/3/2	79年3月2日	1979年3月2日
2012-10	2012/10	2012年10月	2012年10月1日
10-5	10/5	10月5日	当前系统年份下的10月5日

虽然以上几种输入日期的方法都可以被WPS表格识别，但还是有以下几点需要注意。

💧 输入年份可以使用4位年份（如2002），也可以使用两位年份（02）。

💧 当输入的日期数据只包含年份（4位年份）与月份时，系统会自动将这个月的1日作为它的日期值。

💧 当输入的日期只包含月份和天数时，系统会自动将当前年份值作为它的年份。

💬 注意

　　输入日期的一个常见误区是将点号"."作为日期分隔符，WPS表格会将其识别为普通文本或数值，如2012.8.9和8.10将被识别为文本和数值。

由于日期存储为数值的形式，因此它继承着数值的所有运算功能。例如，可以使用减法运算得出两个日期值的间隔天数。

日期系统的序列值是一个整数数值，一天的数值单位就是1，那么1小时就可以表示为1/24天，1分钟就可以表示为1/（24×60）天等，一天中的每一时刻都可以由小数形式的序列值来表示。同样，在单元格中输入时间时，只要用WPS表格能够识别的格式输入就可以了。

表2-2列出了WPS表格可识别的一些时间格式。

表 2-2　WPS 表格可识别的时间格式

单元格输入	WPS表格识别为
11：30	上午 11：30
13：45	下午 1：45
13：30：02	下午 1：30：02
11：30 上午	上午 11：30
11：30 AM	上午 11：30
11：30 下午	晚上 11：30
11：30 PM	晚上 11：30
1：30 下午	下午 1：30
1：30 PM	下午 1：30

3. 输入文本

文本通常是指一些非数值性的文字、符号等。一些不需要计算的数值，如银行卡号、身份证号码等也可以保存为文本格式。当输入的数值长度超过 11 位时，WPS 表格会自动在开头部分加上半角单引号"'"，将其存储为文本格式，而无须其他特殊设置。

在一些系统导出的数据中，经常会有一些文本型的数字。如需将这些文本型数字转换为可计算的数值格式，可以选中包含文本型数字的单元格区域，此时屏幕上会自动出现"错误提示"按钮。单击"错误提示"下拉按钮，在下拉菜单中选择【转换为数字】命令，如图 2-1 所示。

图 2-1　使用"错误提示"按钮转换文本型数字

除此之外，还可以选中数据区域后，依次单击【开始】→【格式】命令，在下拉菜单中选择【文本转换成数值】命令，如图 2-2 所示。

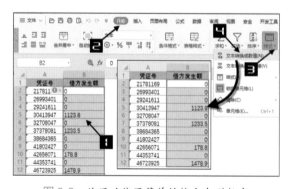

图 2-2　使用功能区菜单转换文本型数字

如果需要以数值格式保存长数字时，可以在输入内容后使用以上方法转换为数字格式，但是如果数值超过 11 位，就会自动显示成科学计数形式。如果超过 15 位，则 15 位之后的部分都将变成 0。

4．输入公式

通常，用户要在单元格内输入公式，需要用等号"="开头，表示当前输入的是公式。除了等号外，使用加号"+"或减号"-"开头，WPS表格也会识别为正在输入公式。不过，一旦按下 <Enter> 键，WPS表格会自动在公式的开头加上等号"="。

在 WPS 表格中，除等号外，构成公式的元素通常还包括以下几种。

- 常量。常量数据有数值、日期、文本、逻辑值和错误值。

- 单元格引用。包含直接单元格引用和名称引用。

- 半角括号。

- 运算符。运算符是构成公式的基本元素之一，关于运算符的详细内容请参阅技巧 93。

- 工作表函数。如 SUM 或 SUBSTITUTE 等。

12.2 了解 WPS 表格的数据列表

WPS 表格数据列表是由多行多列数据组成的有组织的信息集合，它通常由位于顶部的一行字段标题及多行数值或文本作为数据行。图 2-3 展示了一个 WPS 数据列表的实例。

	A	B	C	D	E	F	G	H	I	J	K	L	M
1	所属月份	隶属部门	员工号	姓名	入职日期	基本工资	浮动工资	书报费	副食补	中夜津贴	房租补	岗位津贴	工龄补
2	1	行政部	A001	陈丹丹	2013/2/3	1,201.00	69.00	16.00	70.00	-	17.90	210.00	170.00
3	1	行政部	A002	周岛	2013/5/9	1,231.00	114.00	18.00	70.00	-	19.40	220.00	100.00
4	1	行政部	A003	季丹	2012/5/1	1,191.00	68.00	16.00	70.00	-	15.90	210.00	100.00
5	1	行政部	A004	房萌萌	2012/5/2	1,183.00	93.00	18.00	70.00	45.00	15.90	220.00	120.00
6	1	行政部	A005	杭侬	2012/5/3	1,276.00	75.00	16.00	70.00	45.00	20.30	210.00	190.00
7	1	行政部	A006	茅颖杰	2012/5/4	1,145.00	67.00	16.00	70.00	-	6.50	210.00	35.00
8	1	行政部	A007	郑强	2012/5/5	1,191.00	95.00	18.00	70.00	-	6.50	220.00	10.00
9	1	行政部	A008	胡亮中	2012/5/6	1,191.00	95.00	18.00	70.00	-	16.70	240.00	130.00
10	1	行政部	A009	赵晶晶	2012/5/7	1,191.00	68.00	16.00	70.00	-	16.70	210.00	115.00
11	1	行政部	A010	徐红岩	2012/5/8	1,191.00	68.00	16.00	70.00	-	6.50	210.00	10.00
12	2	行政部	A005	郭婷	2012/5/9	1,276.00	75.00	16.00	70.00	-	20.30	210.00	190.00
13	2	行政部	A002	钱昱希	2012/5/10	1,232.00	114.00	18.00	70.00	-	19.40	220.00	100.00
14	2	行政部	A003	章婷	2012/5/11	1,191.00	68.00	16.00	70.00	-	15.90	210.00	100.00
15	2	行政部	A009	黄心悦	2012/5/12	1,191.00	68.00	16.00	70.00	-	16.70	210.00	115.00
16	2	行政部	A001	黄亚琪	2013/2/4	1,202.00	69.00	16.00	70.00	-	17.90	210.00	170.00
17	2	行政部	A006	葛莹莹	2013/2/9	1,145.00	67.00	16.00	70.00	-	6.50	210.00	35.00
18	2	行政部	A007	韩青	2013/2/10	1,191.00	95.00	18.00	70.00	-	6.50	220.00	10.00
19	2	行政部	A008	滕步凡	2013/2/11	1,191.00	95.00	18.00	70.00	-	16.70	240.00	130.00
20	2	行政部	A004	于湘苏	2013/2/12	1,183.00	93.00	18.00	70.00	-	15.90	220.00	120.00
21	3	行政部	A007	马素勤	2013/2/13	1,191.00	95.00	18.00	70.00	-	6.50	220.00	10.00
22	3	行政部	A002	马焘焘	2013/2/14	1,233.00	114.00	18.00	70.00	-	19.40	220.00	100.00

月度工资表 +

图 2-3 数据列表实例图

此数据列表的第一行是字段标题，下面包含若干行数据信息。它的每列数据分别由文字、日期、数字等不同类型的数据构成，部分列中的数据由函数公式计算得出。数据列表中的列通常称为字段，行称为记录。为了保证数据列表能够有效地工作，它必须具备以下特点。

- 每列必须包含同类的信息，而每列的数据类型相同。

- 列表的第一行应该包含文字标题，每个标题用于描述当前列的数据主题或用途。

- 列表中不要存在重复的标题。

- 列表的中间不要出现内容空白，每条记录之间不要出现间断。

- 同一个工作表中尽量不要包含多个数据列表。

12.3 了解文件夹、工作簿、工作表的关系及命名原则

工作簿都需要经过保存才能成为磁盘空间的实体文件，用于以后的读取和编辑。养成良好的保存文件习惯对于长时间进行表格操作的用户来说具有特别重要的意义，经常性地保存工作簿可以避免由系统崩溃、停电故障等原因所造成的损失。

保存工作簿的方法最简单的是按<Ctrl+S>组合键，或按<Shift+F 12>组合键。

多个相关联的工作簿可以存放在同一个文件夹下，每一工作簿中可以有多张相关信息的工作表。

为方便后续的查找和编辑，为文件夹、工作簿及工作表命名时应注意以下要点。

- 工作表命名，最好使用数据列表的主题，能通过工作表名称知道这个表格的作用或存储的数据类型。

- 工作簿的命名最好能体现该工作簿的作用。

- 把有关联的工作簿存放在同一文件夹下，文件夹的命名可以看作是整个项目的名称。

技巧 13 快速定位单元格

在录入一些数据时，可能会需要定位某一单元格，尤其是当需要定位的单元格不在当前屏幕显示范围之内时，仅靠操作鼠标会比较笨拙。此时，使用键盘是一个更好的选择。

13.1 快速定位 A1 单元格

无论当前活动单元格在哪里，只要按<Crtl+Home>组合键就能快速定位到A 1单元格。

⊜ 注意 ▌

当工作表执行【冻结窗格】命令后，按<Crtl+Home>组合键将定位到执行【冻结窗格】命令时所选定的单元格，即非冻结区域的第一个单元格。

13.2 快速定位水平方向数据区域的始末端单元格

按<Crtl+←>组合键或<Crtl+→>组合键可以快速定位到水平方向数据区域的最左侧或最右侧单元格。

13.3 快速定位垂直方向数据区域的始末端单元格

按<Crtl+↑>组合键或<Crtl+↓>组合键，可以快速定位到垂直方向数据区域的顶部和底部单元格。

13.4 快速定位已使用区域的右下角单元格

按<Crtl+End>组合键，可以快速定位到已使用数据区域的右下角单元格，如图2-4所示。

	A	B	C	D	E
1	客户代码	数量	款式号	工单号	销售收入
2	C000005	150	SG11072	C12-036	1717.125
3	C000005	150	SG11085	C12-038	1899.525
4	C000005	168	28950 001	C01-054	654.36
5	C000005	168	28950 002	C01-055	654.36
6	C000005	168	28950 003	C01-056	654.36
7	C000005	175	SG11021	B12-031	1429.75
8	C000005	200	27550.1 001	C11-079	414.2
133	C000018	1050	076-0705-4	C12-179	5157.075
134	C000018	1272	076-0705-4	B11-042	6247.428
135	C000018	1662	076-0705-4	B12-057	8162.913
136	C000027	200	CSB005	C12-127	3200
137	C000027	250	CSB001	C12-123	8250
138	C000027	250	CSB002	C12-124	7625
139	C000027	250	CSB009	B11-045	11625
140	C000027	250	CSB003	C12-125	6150
141	C000027	400	CSB004	C12-126	5720

图2-4 快速定位到已使用数据区域的右下角单元格

13.5 快速定位行或列的顶端单元格

多次按<Crtl+方向键>组合键，能定位到当前行或当前列的顶端单元格。

13.6 使用名称框快速定位到指定位置

如需快速定位到某个单元格或单元格区域，可以在工作表左上角的名称框中输入单元格地址，如"A1:A1000"，然后按<Enter>键即可，如图2-5所示。

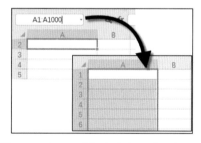

图2-5 使用名称框快速定位到指定位置

技巧 14 使用记录单录入内容

当需要录入的数据表比较庞大，记录条数较多时，为避免上下左右频繁移动行列，可以使用WPS表格的【记录单】功能方便快速地录入数据，以减少录入错误。

具体操作步骤如下。

↑步骤一 创建工作簿，在第一行输入需要的标题字段，如图2-6所示。

图2-6 标题字段

↑步骤二 选中所有的标题字段，然后依次单击【数据】→【记录单】命令，调出以当前工作表名称命名的记录单输入对话框，如图2-7所示。

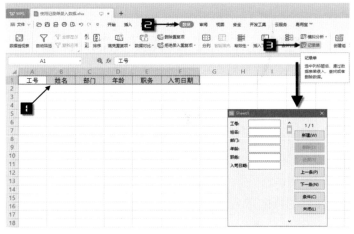

图2-7 记录单

↑步骤三 在【Sheet1】对话框中的【工号】文本框中输入信息，如"101"，然后按<Tab>键，在【姓名】文本框中输入相应信息，直至输入【入司日期】信息后，按【新建】按钮或按<Enter>键，该条信息则记入工作表的相应单元格中，并进入下一条信息的录入，如图2-8所示。

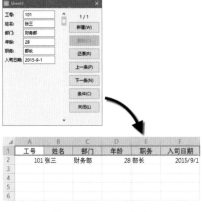

图2-8 录入信息条

重复步骤三的操作，完成所有信息的录入。

记录单对话框中的其他操作如表 2-1 所示。

表 2-1　记录单对话框中的其他操作

操作	过程说明
追加记录	单击【新建】按钮，在数据字段名后的空白文本框内填入新记录。在输入时，按<Tab>键后移或直接移动光标，按<Enter>键保存新记录或单击【关闭】保存新记录并退出
删除记录	可选择【上一条】【下一条】，找到记录后，单击【删除】按钮
修改记录	可选择【上一条】【下一条】，找到记录后，直接修改
查询记录	单击【条件】按钮，在相应的字段名中输入查询条件，然后单击【下一条】或【上一条】查询，可以使用单个条件或多个条件查询，上面的预览记录、修改记录、删除记录都可结合查询记录进行
还原	【还原】按钮用于追加、修改记录时，撤销或放弃本条操作

技巧 15　控制自动超链接

在 WPS 表格中输入邮件地址或网址数据并按<Enter>键结束输入后，默认情况下 WPS 表格会自动将其转换为超链接的形式。当鼠标光标指针悬停在含有超链接的单元格时，会变成手的形状，如图 2-9 所示。此时单击鼠标，WPS 表格会自动启动相应程序，如在 IE 浏览器中打开网址。

含有超链接的单元格很难被选中，很多时候并不需要这种转换，只希望输入的内容为普通文本。以下介绍几种取消超链接的方法。

图 2-9　含超链接的单元格

15.1　避免自动超链接转换

在输入内容前先输入一个英文状态半角单引号"'"，以后 WPS 表格会将输入的内容当作普通文本，不会自动转化为超链接。

15.2　关闭自动超链接转换功能

如果不需要自动超链接转换功能，可以关闭该功能，具体步骤如下。

↑ 步骤一　依次单击【文件】→【选项】命令，打开【选项】对话框。

↑ **步骤二** 在弹出的【选项】对话框中，单击【编辑】选项卡，取消勾选【键入时将Internet及网络路径转换为超链接】复选框，单击【确定】按钮，如图2-10所示。

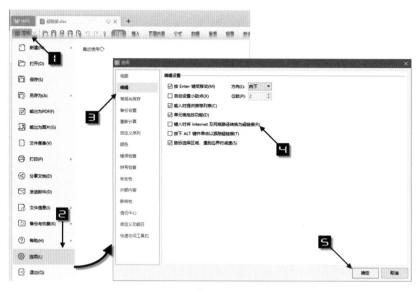

图 2-10 取消超链接转换功能

关闭自动超链接转换功能后，在单元格中输入电子邮件地址或网址数据时，将不再转换为超链接。

15.3 选定超链接单元格

如果要选中包含超链接的单元格，有以下几种方法。

🔹 **方法1** 将鼠标指针尽可能地指向包含超链接单元格的空白区域，当鼠标指针变成空心十字时再单击。

🔹 **方法2** 先使用鼠标右击单元格，再单击鼠标左键关闭开启的快捷菜单，并保持选中单元格。

🔹 **方法3** 先选中附近的单元格，再用方向键移动到包含超链接的单元格。

15.4 删除现有的超链接

要想删除现有的超链接，只要先选中含有超链接内容的单元格或单元格区域，然后右击鼠标，在弹出的快捷菜单中选择【取消超链接】命令即可，如图2-11所示。

图 2-11 使用快捷菜单取消超链接

技巧 16 控制活动单元格移动方向

默认情况下，用户在单元格中输入完毕按<Enter>键后，活动单元格下方的单元格会自动被激活成为新的活动单元格。

用户可以通过【选项】对话框来改变这一设置，具体操作如下。

依次单击【文件】→【选项】命令，打开【选项】对话框。在【编辑】选项卡中，勾选【按Enter键后移动】复选框，单击【方向】右侧的下拉按钮，在弹出的选项中单击需要的方向，如【向右】，最后单击【确定】按钮关闭对话框完成操作，如图 2-12 所示。

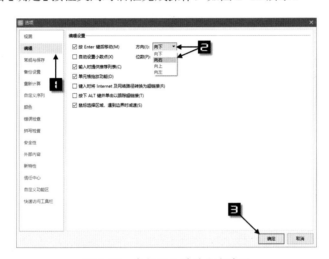

图 2-12 鼠标指针移动方向选项

也可以在【编辑设置】中取消勾选【按Enter键后移动】复选框，而使用上下左右方向键来控制鼠标指针移动的方向。

技巧 17 快速输入特殊字符

在实际工作中，经常需要在WPS表格中输入一些特殊字符，熟练掌握它们的输入技巧能够提高工作效率。

17.1 特殊字符

大多数常用特殊字符的输入方法为：在【开始】选项卡中单击【符号】按钮，在弹出的命令项中单击某一字符即可。如果这些符号不能满足需要，还可以单击【其他符号】按钮，在弹出的【符号】对话框中选中需要的字符，如"∑"，然后单击【插入】按钮即可，如图 2-13 所示。

图 2-13　插入特殊符号

在【符号】对话框中，通过选择不同的【字体】【特殊字符】【符号】和不同的【子集】，几乎可以找到电脑上出现过的所有字符，如图 2-14 所示。

图 2-14　插入符号

17.2　<Alt> 键 + 数字键快速输入特殊字符

WPS表格为一些常用特殊字符提供了更为快捷的输入方法，就是<Alt>键+数字键（数字小键盘上的数字键）的快捷键输入法。

♦ 快速输入"√"号和"×"号。

按住<Alt>键，用数字小键盘输入 41420，松开<Alt>键，即可在光标所在位置插入"√"号。使用同样的方法，也可以输入"×"号，其对应的数字序列值为 41409。

♦ 快速输入平方米符号与立方米符号。

在单元格中先输入"M"，然后按住<Alt>键，用数字小键盘依次输入 178，松开<Alt>键，即可在"M"后面插入显示为上标的2，组合起来就是平方米符号 M^2。

同样的，如果输入的数字序列值为 179，将得到立方米符号 M^3。

技巧 18 自动填充

自动填充功能能够快速录入一些有规律性的数据，是 WPS 表格数据处理过程中的必备技能之一。

18.1 自动填充功能的开启

依次单击【文件】→【选项】命令，在弹出的【选项】对话框中单击【编辑】选项卡，在【编辑设置】区域勾选【单元格拖放功能】复选框，最后单击【确定】按钮，如图 2-15 所示。

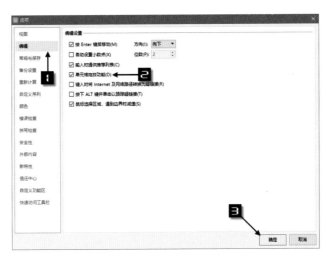

图 2-15 自动填充功能的开启

18.2 数值的填充

如果要在 A 列中输入数字 1 到 10，有两种方法可以轻松实现。

◆ 方法 1

↑ 步骤一 在 A1、A2 单元格中分别输入 1、2。

↑ 步骤二 选中 A1:A2 单元格区域。

↑ 步骤三 将光标移动到单元格 A2 的右下角（也就是填充柄的位置），这时光标会变成一个小黑色实心十字。

↑ 步骤四 按住鼠标左键向下拖动，拖动时右下方会显示一个数字，代表鼠标指针当前位置产生的数值，当显示为 10 时松开鼠标左键即可，如图 2-16 所示。

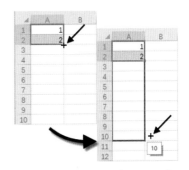

图 2-16 利用 WPS 表格自动填充功能填充序列

🔹 方法 2

↑ 步骤一　在A1单元格中输入1。

↑ 步骤二　选中A1单元格并指向其右下角的填充柄，拖住<Ctrl>键的同时向下拖曳鼠标至A10单元格，松开鼠标和<Ctrl>键，单击屏幕上的【填充】选项下拉按钮，选择"以序列方式填充"，如图2-17所示。

在使用填充柄进行数据的填充过程中按下<Ctrl>键，可以改变默认的填充方式。

如果单元格中的值是数值型数据或是文本＋数字的内容，默认情况下，直接拖曳是序列填充模式，且步长为1。而按住<Ctrl>键再进行拖动，则更改为复制填充模式。

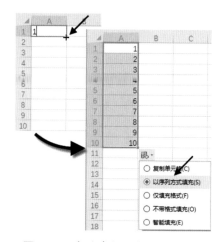

图 2-17　自动填充功能与<Ctrl>键配合完成数据填充

在方法1中，如果单元格A1和A2的差不是1，而是如1、2、3、-5或是其他的任意值，在进行序列填充时，WPS表格会自动计算它们的差，并作为步长值来填充之后的序列值。

18.3　日期的自动填充

WPS表格的自动填充功能是非常智能的，会随着填充数据的不同而自动调整。当起始单元格内容是日期时，填充选项会变得更为丰富，如图2-18所示。

日期不仅能够以天数填充，还能够以月、以年、以工作日填充。如果起始单元格是某月的最后一天，如2020年1月31日，单击"以月填充"选项，可返回在该日期之后其他月份的最后一天，如图2-18所示。

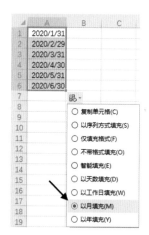

图 2-18　丰富的日期填充选项

18.4　文本的自动填充

对于普通文本的自动填充，只需输入需要填充的文本，选中单元格区域，拖曳填充柄下拉填充即可。除复制单元格内容外，用户还可以选择是否填充格式，如图2-19所示。

18.5　特殊文本的填充

WPS表格内置了一些常用的特殊文本序列，其使用

图 2-19　文本的自动填充

非常简单。用户只需在起始单元格输入所需系
列的某一元素，然后选中单元格区域，拖曳填充
柄下拉填充即可，如图 2-20 所示。

WPS 表格还允许用户自定义自己的序列，其
使用方法和内置的序列是完全一样的。有关添加
自定义序列的相关内容请参阅技巧 19。

18.6　填充公式

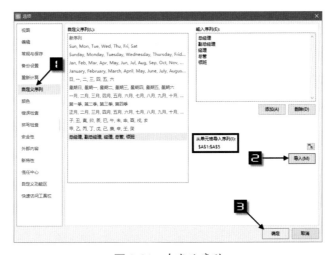

图 2-20　WPS 表格内置序列的使用

WPS 表格的自动填充功能使得连续单元格区域中公式的复制变得非常简单，可提高公式
输入的速度和准确率。

和以上介绍的所有填充操作是一样的，只要选中输入了公式的起始单元格，拖曳单元格填
充柄进行填充即可。

技巧 19　文本循环填充

假如用户经常需要使用一些文本的循环填充，如"总经理、副总经理、经理、主管、领班"
的填充，那么就可以将其添加为自定义序列，以便重复使用。添加自定义序列的方法如下。

↑ **步骤一**　在 A1~A5 单元格中输入"总经理、副总经理、经理、主管、领班"，然后选中该单
　　　元格区域。

↑ **步骤二**　依次单击【文件】→【选项】按钮，在弹出的【选项】对话框中切换到【自定义序列】
　　　选项卡，单击【导入】按钮，最后单击【确定】按钮关闭对话框，如图 2-21 所示。

图 2-21　自定义序列

设置完成后，用户就可以像使用所有内置序列一样来使用这个自定义序列了。

技巧 20　<Enter> 键的妙用

20.1　在一个单元格中输入多个值

因为公式的调试、单元格数据的引用等工作需要，有时可能需要在同一单元格中多次输入不同的数据。但是每次输入完成，按<Enter>键都会默认激活下一个单元格，要回到原目标单元格，还需要按方向键或再次用鼠标选择，多次重复这样的操作是用户不愿意做的。

使用以下方法，可以在同一单元格中多次输入不同的数据。

选中目标单元格后，按住<Ctrl>键，再次单击鼠标选中此单元格，此时，单元格周围将出现实线框，输入数据按<Enter>键后，目标单元格就不会移动了。如图 2-22 所示。

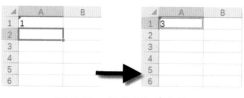

图 2-22　锁定目标单元格

20.2　强制换行

在单元格编辑状态下，将鼠标指针定位在需要换行的字符前，按<Alt+Enter>组合键，即可使该字符及之后的其他字符在单元格中强制换行显示，如图 2-23 所示。

图 2-23　单元格内强制换行

20.3　在多个单元格内录入相同内容

当需要在多个单元格中同时输入相同的数据时，很多用户往往是输入其中一个单元格，然后再复制到其他所有单元格中。如果用户能熟练操作并且合理使用快捷键，也是一种不错的选择。但还有一种操作方法，比上面这样的操作更加方便快捷。

同时选中需要输入相同数据的多个单元格，输入所需要的数据，最后按<Ctrl+Enter>组合键确认输入，此时选定的所有单元格中都会输入相同的内容。

注意

按住<Ctrl>键的同时，依次单击其他单元格，可选中不连续的单元格范围。

技巧 21 神奇的 <F4> 键

<F4>键的神奇之处在于它可以再次重复上一项操作。

如果用户希望在表格中的多个地方插入空白行，可以参照以下步骤操作。

步骤一　在第一个要插入空白行的行号上（如第 3 行）鼠标右击，在弹出的快捷菜单中选择【插入】命令，完成第一行空白行的插入，如图 2-24 所示。

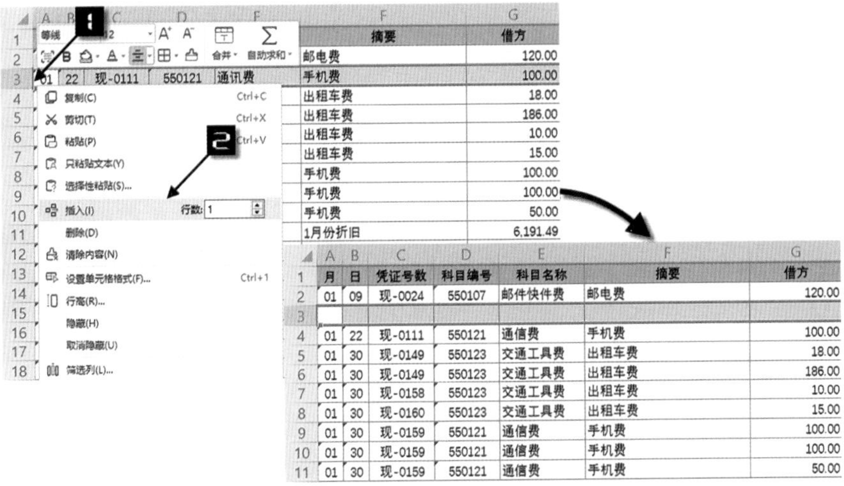

图 2-24　插入第一行空白行

步骤二　选中下一个要插入空白行的行号（如第 5 行），按<F4>键，即可再次插入空白行，重复本步骤的操作，可以继续在其他位置插入空白行，如图 2-25 所示。

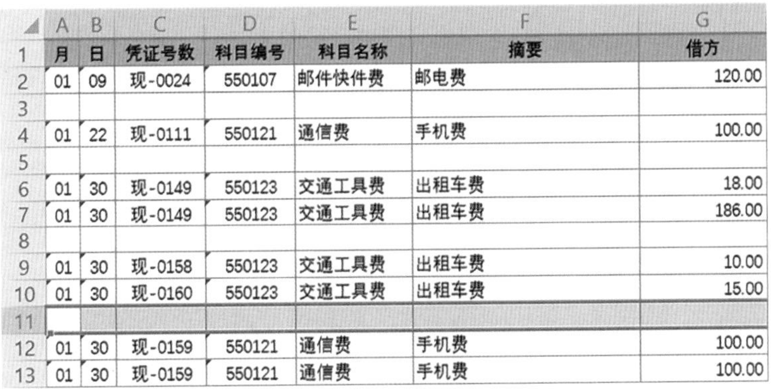

	A	B	C	D	E	F	G
1	月	日	凭证号数	科目编号	科目名称	摘要	借方
2	01	09	现-0024	550107	邮件快件费	邮电费	120.00
3							
4	01	22	现-0111	550121	通信费	手机费	100.00
5							
6	01	30	现-0149	550123	交通工具费	出租车费	18.00
7	01	30	现-0149	550123	交通工具费	出租车费	186.00
8							
9	01	30	现-0158	550123	交通工具费	出租车费	10.00
10	01	30	现-0160	550123	交通工具费	出租车费	15.00
11							
12	01	30	现-0159	550121	通信费	手机费	100.00
13	01	30	现-0159	550121	通信费	手机费	100.00

图 2-25　利用 <F4> 键快速进行空白行的隔行插入

注意

在部分笔记本电脑上使用<F4>键时，需要同时按下<Fn>键。

技巧 22 正确输入日期、时间

日期和时间属于一类特殊的数值类型，其特殊的属性使得此类数据的输入及WPS表格对输入内容的识别，都有一些特殊之处。

22.1 日期的输入和识别

在Windows中文系统的默认日期设置下，可以被WPS表格自动识别为日期数据的输入形式如下。

◆ 使用分隔符"-"和"/"的日期输入，见表2-3。

表2-3 日期输入形式1

单元格输入	单元格输入	WPS表格识别为
2019-3-8	2019/3/8	2019 年 3 月 8 日
19-3-8	19/3/8	2019 年 3 月 8 日
79-3-8	79/3/8	1979 年 3 月 8 日
2019-3	2019/3	2019 年 3 月 1 日
3-8	3/8	当前年份的 3 月 8 日

使用中英文"年月日"的输入，见表2-4。

表2-4 日期输入形式2

单元格输入	单元格输入	WPS表格识别为
2019 年 3 月 8 日	8-March-19	2019 年 3 月 8 日
19 年 3 月 8 日	8 mar 19	2019 年 3 月 8 日
79 年 3 月 8 日	8-Mar-79	1979 年 3 月 8 日
2019 年 3 月	1-Mar-19	2019 年 3 月 1 日
3 月 8 日	Mar/8	当前年份的 3 月 8 日

对于以上4类可以被WPS表格识别的日期输入，有以下几点补充说明。

◆ 年份的输入方式包括短日期（如79年）和长日期（如1979年）两种。当用户以两位数字的短日期方式来输入年份时，系统默认将0~29之间的数字识别为2000~2029年，而将30~99之间的数字识别为1930~1999年。为了避免系统自动识别造成的错误理解，建议用户在输入年份时使用4位完整数字的长日期方式以确保数据准确性。

◆ 短横线"-"分隔符和斜线分隔符"/"可以结合使用。如输入"2019-3/8"可识别为2019

年 3 月 8 日。

要在单元格中快捷地输入当前的系统日期，可按<Ctrl+;>组合键。

22.2　时间的输入和识别

时间的输入规则比较简单，一般可分为 12 小时制和 24 小时制两种。采用 12 小时制时，需要在输入时间时加入表示上午或下午的英文后缀"am"或"pm"。例如，用户输入"11：21：20 am"会被 WPS 表格识别为上午的 11 点 21 分 20 秒，而输入"11：21：20 pm"则会被 WPS 表格识别为夜间 11 点 21 分 20 秒。如果输入形式中不包含英文后缀，则 WPS 表格默认以 24 小时制来识别输入时间。

用户在输入时间数据时可以省略"秒"的部分，但不能省略"小时"和"分钟"的部分。例如输入"11：20"只可被识别为"11 点 20 分 00 秒"；要想表示"0 点 11 分 20 秒"，用户必须完整输入"0：11：20"。

要在单元格中快捷地输入当前的系统时间，可按<Ctrl+Shift+;>组合键。

技巧 23　正确输入分数的方法

在日常工作中，有时需要在单元格中输入分数，如 1/3、5/6 等，这样的输入往往会被 WPS 表格自动识别为日期格式或是文本格式。要想输入正确的分数，只需了解分数在单元格中的存储格式，然后照此规则输入即可。

分数在单元格中的存储格式如下。

整数部分 + 空格 + 分子 + 反斜杠（/）+ 分母

在 WPS 表格中输入分数的方法很简单，其技巧就在于，在分数部分与整数部分添加一个空格。在单元格中正确输入 $2\frac{1}{4}$ 的方法是，先输入 2，然后输入一个空格，再输入 1/4，按<Enter>键确认。

即便是真分数，整数部分也不能省略，整数部分可以看作是 0，这里的 0 不能省略。

另外，WPS 表格还会把输入的分数自动进行约分，使其成为最简分数。

在单元格中输入分数后，WPS 表格会自动为其应用"分数"格式。选中分数所在的单元格，按<Ctrl+1>组合键，还可以在打开的【单元格格式】中进行更多的格式设置，如可以修改为以 8 为分母的分数等，如图 2-26 所示。

第1篇 常用数据处理与分析

图 2-26　【单元格格式】对话框

第2篇 函数与公式

技巧 24　轻松打开 CSV 格式文本文件

日常工作中，较为常见的文本数据是CSV格式。这类文件主要是直接打开编辑，但是打开此类文件时，有可能出现数据格式识别出错（如将身份证号码、出库单号等长数字识别成普通数值）。

第3篇 数据可视化

在 WPS 表格中，对于打开此类文件有一个特别人性化的设置。依次单击【文件】→【选项】命令，在弹出的【选项】对话框中切换到【新特性】选项卡下，取消勾选【打开CSV文件时不弹对话框】的复选框，最后单击【确定】按钮，如图 2-27 所示。

第4篇 文档安全与打印输出

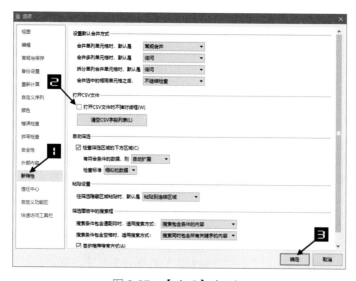

图 2-27　【选项】对话框

设置完成后，直接双击后缀名为.CSV的文件，会弹出【WPS表格】对话框，并且自动识别每列数据的类型，对于需要特殊设置的字段还可以通过下拉按钮手工调整格式类型，最后单击【打开文件】按钮即可，如图2-28所示。

图2-28 自动识别 .CSV 文档的字段格式

技巧 25 导入 Access 数据库数据

WPS表格具有直接导入常见数据库文件的功能，可以方便地从数据库文件中获取数据。这些数据库可以是Microsoft Access数据库、Microsoft SQL Server数据库、Microsoft OLAP多维数据库等。

本例以导入Microsoft Access数据库中的入库单为例，介绍具体的操作步骤。

↑ 步骤一 新建一个WPS表格工作簿，依次单击【数据】→【导入数据】命令，在弹出的【WPS表格】提示框中单击【确定】按钮。

↑ 步骤二 在弹出的【第一步：选择数据源】对话框中，直接单击【选择数据源】命令，在弹出的【打开】对话框中找到目标文件"罗斯文数据库.mdb"所在路径，选中此文件，单击【打开】按钮，如图2-29所示。

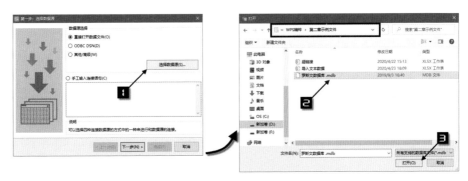

图2-29 选择数据源

↑ 步骤三 此时，在【第一步：选择数据源】对话框的【手工输入选择语句】编辑框中会出现很多的 SQL 语句，这里保持默认，直接单击【下一步】按钮。在弹出的【第二步：选择表和字段】对话框中，单击【表名】右侧的下拉按钮，在列表中选择"发货单"。在【可用的字段】中可以逐个采一字段然后单击中间【添加】按钮逐个添加，这里直接单击【批量添加】按钮，把所有字段添加至【选定的字段】列表框中，如图 2-30 所示。

图 2-30 选择表和字段

↑ 步骤四 保持【第二步：选择表与字段】对话框中选定的字段不变，单击【下一步】按钮，在弹出的【第三步：数据筛选与排序】对话框中，可对数字进行筛选与排序，这里以"到货日期""升序"排序为例，其他保持默认，单击【下一步】按钮，如图 2-31 所示。

图 2-31 筛选与排序

↑ 步骤五 在弹出的【第四步：预览】对话框中，保持默认设置，直接单击【完成】按钮，在弹出的【导入数据】对话框的【数据的放置位置】编辑框内选择数据放置的目标位置，如"A1"单元格，然后单击【属性】按钮，如图 2-32 所示。

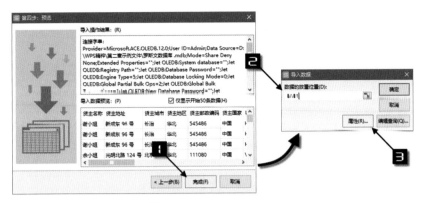

图 2-32　数据的放置位置

↑ **步骤六**　在弹出的【外部数据区域属性】对话框中，用户可以进行适当的设置，单击【确定】
按钮返回【导入数据】对话框，再次单击【确定】按钮，如图 2-33 所示。

图 2-33　外部数据区域属性

导入的列表如图 2-34 所示，在【数据】选项卡下单击【全部刷新】按钮可以刷新数据。

图 2-34　导入的 Access 文件数据

当用户首次打开已经导入外部数据的工作簿时会出
现如图 2-35 所示的提示框，单击【确定】按钮即可。

当外部数据有更新时，用户除单击功能区【全部
刷新】按钮可以刷新数据外，也可以选中列表中任一单
元格鼠标右击，在弹出的【快捷菜单】中单击【刷新数
据】命令，如图 2-36 所示。

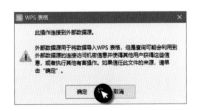

图 2-35　WPS 表格提示框

图 2-36　刷新数据

> **注意**
>
> 　　首次导入 Access 数据库内容时，如果提示要求安装 Access 2010 数据库引擎，用户可在 Microsoft 网站下载安装包，安装后即可正常导入 Access 数据。下载链接为 https://www.microsoft.com/zh-cn/download/details.aspx?id=13255。

借助数据有效性限制录入内容

使用"数据有效性"功能，能够对用户录入的内容进行检验，限制录入不符合条件的内容，从而在源头上保证录入数据的规范性和统一性。此外，还可以制作下拉列表实现快速录入。利用"圈释无效数据"功能，可以标记出工作表中已有的不符合条件的内容等。本章将重点介绍"数据有效性"相关功能的一些常用技巧。

技巧 26 限制输入指定范围的年龄

图 3-1 所示，是某公司员工信息表的部分内容，需要分别录入员工年龄、手机号、性别和所在部门。已知员工年龄范围为 18 岁至 60 岁，使用数据有效性功能可以限制录入范围之外的年龄。

	A	B	C	D	E	F
1	工号	姓名	年龄	手机号	性别	部门
2	S-1005	李秀芬				
3	S-1006	董增辉				
4	S-1007	徐应海				
5	S-1008	白永军				
6	S-1009	杨依同				
7	S-1010	卢龙晖				
8	S-1011	施少华				
9	S-1012	李婉丽				
10	S-1013	杨瑞兰				
11	S-1014	杨东青				
12	S-1015	石远山				

图 3-1 员工信息表

操作步骤如下。

↑ 步骤一 选中 C2:C12 单元格区域，单击【数据】选项卡下的【有效性】按钮，弹出【数据有效性】对话框。

↑ 步骤二 在【数据有效性】对话框的【设置】选项卡中，单击【有效性条件】下方的【允许】下拉按钮，在下拉列表中选择"整数"。在【数据】下拉列表中选择"介于"，在【最小值】文本框中输入"18"，【最大值】文本框中输入"60"。单击【确定】按钮完成设置。如图 3-2 所示。

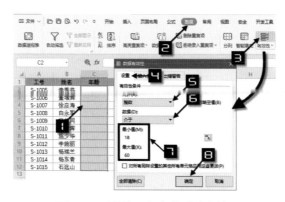

图 3-2　限制输入指定范围的年龄

设置完成后，在 C2：C12 单元格区域中将仅允许输入 18~60 之间的整数，如果输入的数值超出了此范围，会弹出如图 3-3 所示的错误提示。此时用户可以重新输入数据，也可以单击编辑栏左侧的【取消】按钮清空已录入内容并退出单元格编辑。

在【数据有效性】对话框的【允许】下拉列表中，除了整数之外，还可以选择"任何值""小数""序列""日期""时间""文本长度"及"自定义"等，如图 3-4 所示。

图 3-3　错误提示

图 3-4　数据有效性"允许"设置的内容

当选择"任何值"时，表示单元格内可以输入任意值；选择"自定义"时，可以通过函数与公式来设置单元格录入内容的限制条件。

技巧 27　提示输入内容

仍以技巧 26 中的员工信息表为例，如果需要在单击选中录入手机号的单元格时显示屏幕提示文本，可以通过以下操作来完成。

选中 D2：D12 单元格区域，依次单击【数据】→【有效性】按钮，在弹出的【数据有效性】对话框中切换到【输入信息】选项卡，保留【选定单元格时显示输入信息】复选框的勾选状态，在【标题】文本框中输入"输入提示"，在"输入信息"文本框中输入"请输入 11 位手机号码"，最后单击【确定】按钮完成设置，如图3-5所示。

操作完成后，单击D2：D12中的某个单元格时，会出现关于录入信息的屏幕提示，如图3-6所示。

图3-5　设置屏幕提示信息

图3-6　屏幕提示

技巧 28　插入下拉列表

在输入性别、部门等重复项目时，可以使用插入下拉列表功能，通过设置自定义下拉选项，实现快速输入，如图3-7所示。

	A	B	C	D	E	F
1	工号	姓名	年龄	手机号	性别	部门
2	S-1005	李秀芬	25	187****8120	女	
3	S-1006	董增辉	36	188****2341		
4	S-1007	徐应海	22	185****8790	男	
5	S-1008	白永军	25	189****4213	女	
6	S-1009	杨依同	36	188****7184		
7	S-1010	卢龙晖	22	187****8121		
8	S-1011	施少华	25	188****2342		
9	S-1012	李婉丽	36	185****8791		
10	S-1013	杨瑞兰	22	189****4214		
11	S-1014	杨东青	36	188****7185		
12	S-1015	石远山	36	187****8122		

图3-7　使用下拉列表输入指定内容

以下几种方法可以插入下拉列表。

28.1　使用【插入下拉列表】命令

使用【插入下拉列表】命令的操作步骤如下。

↑ 步骤一　选中E2：E12单元格区域，在【数据】选项卡下单击【插入下拉列表】按钮，弹出【插入下拉列表】对话框。

↑ 步骤二　选中【手动添加下拉选项】单选按钮，在下方的文本框中输入候选项"男"，然后单击右侧的添加按钮，继续输入候选项"女"。依次添加完毕后，单击【确定】按钮完成设置，如图3-8所示。

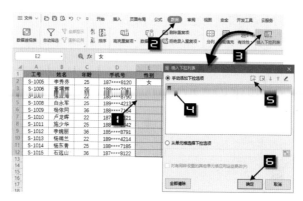

图 3-8　插入下拉列表

如果在【插入下拉列表】对话框中选中【从单元格选择下拉选项】单选按钮，还可以从底部的编辑框中输入候选项"男,女"，注意各选项之间需要使用半角逗号进行间隔。

从单元格选择时，单击编辑框右侧的折叠按钮，拖动鼠标选择单元格中已有的内容作为候选项，选中的单元格区域出现在编辑框中，单击【确定】按钮，如图 3-9 所示。

图 3-9　从单元格选择下拉选项

28.2　使用【有效性】命令

除了使用【插入下拉列表】命令，还可以在【数据有效性】对话框中设置序列来源。操作步骤如下。

↑步骤一　选中需要输入部门信息的 F2:F12 单元格区域，在【数据】选项卡下单击【有效性】按钮，弹出【数据有效性】对话框。

↑步骤二　在【数据有效性】对话框的【设置】选项卡下，单击【允许】下拉按钮，在下拉列表中选择"序列"，单击【来源】编辑框右侧的折叠按钮，选择 J2:J6 单元格区域已有的部门对照表，最后单击【确定】按钮完成设置，如图 3-10 所示。

图 3-10　设置数据有效性序列来源

在序列【来源】编辑框中，也可以手工输入候选项，各候选项之间使用半角逗号进行间隔，如"销售,采购,售后"。

技巧 29 设置自定义的出错警告信息

设置"数据有效性"功能后，如果输入不符合要求的数据时，系统会自动弹出警告提示框，用户可以根据需要设置自定义的警告提示信息。

仍以技巧 28 中的员工信息表为例，设置自定义的警告提示信息步骤如下。

↑ **步骤一** 选中已经设置了数据有效性的 C2：C12 单元格区域，依次单击【数据】→【有效性】按钮。

↑ **步骤二** 在弹出的【数据有效性】对话框中切换到【出错警告】选项卡下。勾选【输入无效数据时显示出错警告】复选框，在左侧的【样式】下拉列表中选择一种内置样式，如"停止"。在【标题】文本框中输入"输入错误"，在【错误信息】文本框中输入提示内容"请输入 18 至 60 之间的年龄"，最后单击【确定】按钮完成设置，如图 3-11 所示。

图 3-11 出错警告

设置完成后，如果在 C2：C12 单元格区域中输入了 18 至 60 范围之外的数值，会弹出图 3-12 所示的错误提示。

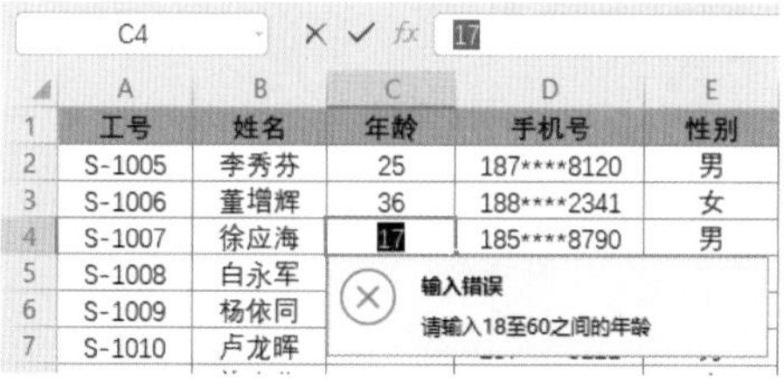

图 3-12 自定义错误提示信息

在【出错警告】选项卡的【样式】下拉列表中包含"停止""警告""信息"三个选项，各选项的功能如表 3-1 所示。

表 3-1 "停止""警告"和"信息"选项对应功能

类型	用途
停止	禁止用户输入无效数据
警告	提示输入的数据无效，再次按<Enter>键可输入无效数据
信息	仅提示输入的数据无效

技巧 30 使用公式作为验证条件

在数据有效性中使用函数和公式作为限制条件,能够实现个性化的输入录入限制规则。当公式结果返回逻辑值TRUE或是不等于0的数值时,WPS表格将允许用户输入。如果公式结果返回逻辑值FALSE或是数值0,则不允许用户输入。

30.1 根据其他列的内容判断是否允许输入

图3-13所示,是某公司员工信息登记表的部分内容,需要在E列的配偶姓名输入区域中设置限制条件,仅当D列的婚否状况为"是"时,才能输入内容。

	A	B	C	D	E	F
1	工号	姓名	年龄	婚否	配偶姓名	家庭住址
2	G152	刘文柱	35	是		
3	G153	董成河	22	否		
4	G154	张大顺	29	是		
5	G155	梁满仓	33	否		
6	G156	陈丰收	45	是		

图 3-13 员工信息登记表

操作步骤如下。

↑ 步骤一 选中E2:E6单元格区域,依次单击【数据】→【有效性】按钮,弹出【数据有效性】对话框。

↑ 步骤二 在【设置】选项卡下的【允许】下拉列表中选择"自定义"。在【公式】文本框中输入以下公式,单击【确定】按钮完成设置,如图3-14所示。

=D2=" 是 "

图 3-14 使用公式作为数据有效性限制条件

30.2 限制录入周末日期

图3-15所示,是某公司财务部拟定工作计划表的部分内容,需要在B列设置数据有效性,限制录入周末日期。

操作步骤如下。

↑ 步骤一 选中B2:B15单元格区域,依次单击【数据】→【有效性】按钮,弹出【数据有效性】对话框。

↑ 步骤二 在【设置】选项卡下的【允许】下拉列表中选择"自定义"。在【公式】文本框中输

	A	B
1	计划项目	实施日期
2	编制上月项目报表	
3	上月工资核算	
4	银行对账	
5	税务局报税	
6	上月工资核算	
7	报销票据审核	
8	原始票据录入	
9	制作记账凭证	
10	原始凭证粘贴	
11	上月工资发放	
12	本月工资计提	
13	本月固定资产折旧计提	
14	期末成本收入结转	
15	凭证整理归档	

图 3-15 工作计划表

入以下公式，单击【确定】按钮完成设置，如图3-16所示。

```
=WEEKDAY(B2,2)<6
```

图 3-16　限制录入周末日期

WEEKDAY 函数用于返回某日期为星期几。本例中第二参数使用2，指定用数字1到7来表示星期一到星期日。公式中限制WEEKDAY函数小于6，即要求B2单元格输入的日期必须为星期一到星期五的某一天。

30.3　同时限制符合多个条件时允许输入

图3-17所示，是某部门员工考核表的部分内容。通过设置数据有效性，只有当C列的理论考核和D列的操作考核均为"优"时，才可在E列输入优秀提名。

▲	A	B	C	D	E
1	工号	姓名	理论考核	操作考核	优秀提名
2	G152	刘文柱	优	优	
3	G153	董成河	良	优	
4	G154	张大顺	优	良	
5	G155	梁满仓	中	良	
6	G156	陈丰收	优	优	

图 3-17　员工考核表

操作步骤如下。

↑ 步骤一　选中E2:E6单元格区域，依次单击【数据】→【有效性】按钮，弹出【数据有效性】对话框。

↑ 步骤二　在【设置】选项卡下的【允许】下拉列表中选择"自定义"。在【公式】文本框中输入以下公式，单击【确定】按钮完成设置，如图3-18所示。

图 3-18　限制符合多个条件时允许输入

```
=AND(C2="优",D2="优")
```

公式中分别使用两个条件"C2="优""和"D2="优""，依次判断C2单元格中的内容和D2单元格中的内容是否等于"优"。如果两个条件同时符合，AND函数返回逻辑值TRUE，此时系统允许用户录入。如果两个条件都不符合或仅符合其一时，AND函数返回逻辑值FALSE，此时系统将拒绝用户录入。

💬 注意

使用数据有效性功能只能对用户输入内容进行限制，如果将其他位置的内容复制后粘贴到已设置数据有效性的单元格区域，该单元格区域中的内容和数据有效性规则将同时被新的内容和格式覆盖清除。

技巧 31 圈释无效数据

使用"圈释无效数据"功能，能够在已有的数据表中对数据的合法性进行检验和标识。图 3-19 所示，是某公司员工信息表的部分内容，需要对 C 列年龄超出 18~60 岁范围的记录进行标记。

▲	A	B	C	D	E	F
1	工号	姓名	年龄	手机号	性别	部门
2	S-1005	李秀芬	17	135****1234	女	信息部
3	S-1006	董增辉	25	135****1235	男	安监部
4	S-1007	徐应海	32	135****1236	男	质保部
5	S-1008	白永军	61	135****1237	男	财务部
6	S-1009	杨依同	29	135****1238	男	销售部
7	S-1010	卢龙晖	22	135****1239	男	信息部
8	S-1011	施少华	34	135****1240	男	安监部
9	S-1012	李婉丽	36	135****1241	女	质保部
10	S-1013	杨瑞兰	18	135****1242	女	财务部
11	S-1014	杨东青	25	135****1243	女	销售部
12	S-1015	石远山	36	135****1244	男	信息部

图 3-19　员工信息表

操作步骤如下。

↑ 步骤一　选中 C2:C12 单元格区域，依次单击【数据】→【有效性】按钮，弹出【数据有效性】对话框。

↑ 步骤二　在【数据有效性】对话框的【设置】选项卡中，单击【有效性条件】下方的【允许】下拉按钮，在下拉列表中选择"整数"。在【数据】下拉列表中选择"介于"，在【最小值】文本框中输入"18"，【最大值】文本框中输入"60"。单击【确定】按钮。

↑ 步骤三　保持 C2:C12 单元格区域的选中状态，依次单击【数据】→【有效性】下拉按钮，在下拉菜单中选择【圈释无效数据】命令，如图 3-20 所示。

图 3-20　圈释无效数据

如果需要去掉验证标识圈，可以依次单击【数据】→【有效性】→【清除验证标识圈】命令，按 <Ctrl+S> 组合键保存文档即可。

除了使用【圈释无效数据】功能，还可以根据单元格中的错误提示进行识别，如图 3-21 所示。

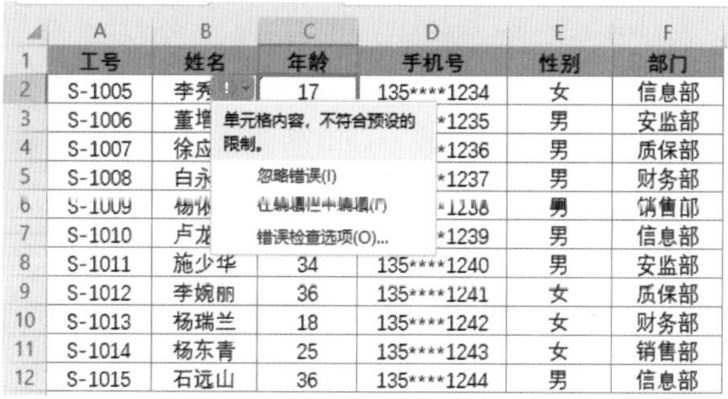

图 3-21　错误提示

技巧 32 动态扩展的下拉列表

图 3-22 所示，是某公司员工委派计划表的部分内容，要根据 F 列的对照表，在 B 列生成下拉列表，要求能随着 F 列数据的增减，下拉菜单中的内容也会自动调整。

操作步骤如下。

图 3-22　员工委派计划表

↑ **步骤一**　选中 B2:B8 单元格区域，依次单击【数据】→【有效性】按钮，打开【数据有效性】对话框。

↑ **步骤二**　在【设置】选项卡下的【允许】下拉列表中选择"序列"。在【来源】编辑框中输入以下公式，单击【确定】按钮完成设置，如图 3-23 所示。

```
=OFFSET($F$2,0,0,COUNTA($F:$F)-1)
```

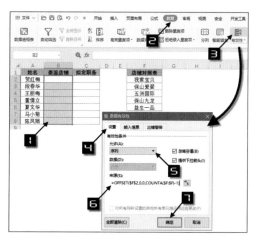

图 3-23　使用公式作为有效性序列来源

OFFSET 函数以 F2 作为基点，向下偏移 0 行，向右偏移 0 列，新引用的行数为 COUNTA 函数统计到的 F 列非空单元格个数。结果减去 1，是因为 F1 是表头，所以在计数时要去掉。

设置完成后，F 列有多少个非空单元格，在 B 列的下拉菜单中就显示多少个对应的选项，如图 3-24 所示。

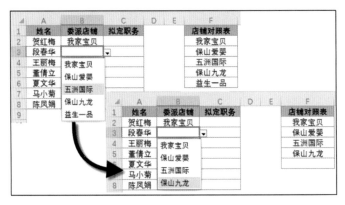

图 3-24　动态扩展的下拉列表

注意

由于 OFFSET 函数新引用的行数为 COUNTA 函数的统计结果，因此在使用此方法时，F 列中的数据之间不能有空白单元格。

关于 OFFSET 函数的详细用法，请参阅技巧 142。

技巧 33　动态二级下拉列表

图 3-25 所示，是某公司客户信息表的部分内容，其中 G:H 列是客户所在城市和区、县的对照表，并且 G 列的城市已经进行了排序处理。已经在 C 列设置了客户所在市的下拉列表，需要在 D 列生成二级下拉列表，要求能随着 C 列所选的一级菜单的不同，D 列下拉菜单中的内容也会自动调整。

图 3-25　客户信息表

操作步骤如下。

↑ 步骤一　选中D2:D5单元格区域,依次单击【数据】→【有效性】按钮,打开【数据有效性】对话框。

↑ 步骤二　在【设置】选项卡下的【允许】下拉列表中选择"序列"。在【来源】编辑框中输入以下公式,单击【确定】按钮完成设置,如图3-26所示。

图 3-26　在【来源】编辑框中输入公式

```
=OFFSET($H$1,MATCH(C2,$G$2:$G$17,0),0,COUNTIF(G:G,C2))
```

MATCH函数用于查找指定内容在一行或一列单元格区域中的相对位置,公式中的"MATCH(C2,$G$2:$G$17,0)"部分,以C2单元格的城市名称"北京市"作为查找值,返回该城市名称在$G$2:$G$17单元格区域中首次出现的位置,结果为1。以此作为OFFSET函数向下偏移的行数。

"COUNTIF(G:G,C2)"部分的作用是统计G列中与C2相同的单元格个数,结果为6。以此作为OFFSET函数新引用的行数。

OFFSET函数以$H$1单元格为基点,以MATCH函数得到的C2单元格中城市首次出现的位置1作为向下偏移的行数。向右偏移的列数为0列。新引用的行数为COUNTIF函数的计算结果6。也就是先从G列中找到指定城市首次出现的位置,有多少个与该城市相同的单元格,OFFSET函数就引用多少行。

当C2单元格中的城市名称发生变化后,相当于更改了MATCH函数和COUNTIF函数的查找统计条件,新的计算结果反馈给OFFSET函数,最终返回不同城市对应的区、县单元格区域的引用,如图3-27所示。

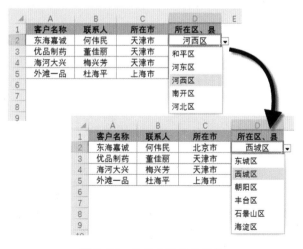

图 3-27　动态二级下拉列表

注意

由于在数据有效性对话框中输入公式时没有函数名称的屏幕提示，并且函数编辑框的显示区域较小，使公式的输入较为不便。实际工作中，可以在工作表中先单击要设置数据有效性的首个单元格，然后以该单元格为参照输入公式。输入完成后，在编辑栏中选中公式按<Ctrl+C>组合键复制，再打开【数据有效性】对话框，在序列【来源】编辑框中按<Ctrl+V>组合键粘贴即可。

在数据有效性中针对活动单元格设置的规则，会自动应用到所选区域的每个单元格中。

关于COUNTIF函数的详细用法请参阅技巧150，关于MATCH函数的详细用法请参阅技巧139。

技巧 34 更改和清除数据有效性规则

用户可以根据实际需要，对已有的数据有效性规则进行修改或清除。

图3-28所示，是某公司员工入职登记表的部分内容，G列设置了数据有效性来限制试用期的输入范围为1~6的整数，现在需要将其范围更改为1~4的整数。

	A	B	C	D	E	F	G
1	序号	姓名	性别	学历	专业名称	入职日期	试用期（月）
2	1	王学勇	男	专科	土木工程	2020/5/2	3
3	2	董继分	女	专科	药学与生物工程	2020/5/2	2
4	3	张文东	男	本科	数字与信息	2020/5/2	1
5	4	文亿超	男	其他	经济管理	2020/5/2	6
6	5	李瑞清	男	研究生	建筑工程	2020/5/2	3
7	6	范永娟	女	专科	物理与电子工程	2020/5/2	2
8	7	薛玉峰	男	专科	运输物流	2020/5/2	1
9	8	李文化	男	本科	电子与通信	2020/5/2	6
10	9	石宝翠	女	其他	环境与土木工程	2020/5/2	3

图 3-28　员工入职登记表

操作步骤如下。

↑步骤一　单击包含数据有效性的任一单元格（如G2），依次单击【数据】→【有效性】按钮，打开【数据有效性】对话框。

↑步骤二　将【最大值】编辑框中已有的数字6修改为4。勾选"对所有同样设置的其他所有单元格应用这些更改"复选框，最后单击【确定】按钮，如图3-29所示。

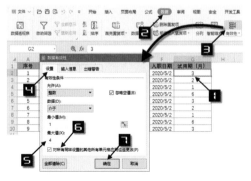

图 3-29　更改数据有效性规则

如果单击【数据有效性】对话框左下角的【全部清除】按钮，则可以清除已有的数据有效性规则，如图 3-30 所示。

图 3-30　清除规则

第4章 数据处理与编辑

数据处理与编辑是WPS表格中的基本操作，WPS表格提供了多种实用功能，帮助用户快捷便利地处理与编辑数据。本章主要学习冻结窗格、多窗口协同工作、合并与填充合并单元格、选择性粘贴、使用分列功能处理数据等常用数据处理与编辑技巧。通过对本章的学习，读者的数据处理与编辑能力将得到大幅提升。

技巧 35 轻松浏览大表格的 n 种方式

在实际工作中，经常会遇到数据量较多的数据表格，使用冻结窗格功能和WPS表格特有的"阅读模式"功能，将使浏览大表格变得更加轻松。

35.1 冻结行或列

在【视图】选项卡下的【冻结窗格】下拉菜单中选择【冻结首行】或【冻结首列】命令，能够快速冻结表格首行或首列，如图 4-1 所示。

图 4-1 【冻结窗格】下拉菜单

用户会经常遇到需要冻结多行表头或冻结几个字段的内容方便查看数据。例如，要同时冻结三行的字段标题，可以通过下面的步骤实现。

↑步骤一 选中 A4 单元格，使其成为活动单元格。或选中第 4 行，使其成为活动行。

↑步骤二 在【视图】选项卡中依次单击【冻结窗格】→【冻结窗格】命令，如图 4-2 所示。

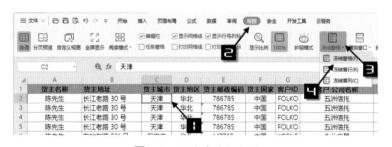

沿 线 流 量

编号	本段流量			转输流量 q₂ (L/s)	管线流线 (L/s)	总变化系数 Kz	累计设计流量 (L/s)	长度 L (m)	设计流量 Q (L/s)	管径 D (m)
	街坊面积 $(10^4 m^2)$	比流量q_0 $(L/s \cdot 10^4 m^2)$	流量q_1 (L/s)							
1'2	2.41	1.79	4.3139	0	4.3139	2.3	9.92197	249.26	4.3139	0.3
2'3	3.58	1.79	6.4082	4.3139	10.7221	2.14	22.945294	266.55	10.7221	0.3
1'3	4.	1.79	8.5025	1	8.5025	1.98	16.83495	283.84	8.5025	0.3
2'4	5.92	1.79	10.5968	9.5025	20.0993	1.82	36.580726	301.13	20.0993	0.3

图 4-2 冻结多行

如果要取消冻结窗格，可以在【视图】选项卡中依次单击【冻结窗格】→【取消冻结窗格】命令。

35.2 同时冻结行和列

需要冻结多列时操作步骤与冻结多行类似，只需切换一下活动单元格。如图 4-3 所示，当拖动滚动条时，如果用户想让标题行及"货主名称"和"货主城市"字段保持可见，可以通过以下步骤实现。

选中 C2 单元格，在【视图】选项卡中依次单击【冻结窗格】→【冻结窗格】命令，如图 4-3 所示。此时无论如何拖动工作表的滚动条，标题行和左侧的"货主名称""货主城市"字段始终处于可见状态。

图 4-3 同时冻结行和列

执行【冻结窗格】命令后，工作表窗口被分割成多个区域，其拆分的依据是根据当前活动单元格的位置，即以当前活动单元格的左边框和上边框为基准，对窗格进行分隔。

使用【冻结窗格】功能的方式比较简单，分隔后的界面也很清晰，但是有一个缺陷，比如需要固定显示的列已经处于屏幕右侧时，分隔后右侧可滚动的区域就会很狭窄，不便于浏览。尤其是当该列处于屏幕以外时，需要先拖动滚动条，将左侧的列移出屏幕后再冻结窗格，这时左侧移出的列将无法被浏览到。

35.3 一键开启"聚光灯"

在冻结窗格的基础上，结合使用【阅读模式】功能，能够使大表格的浏览体验更加轻松。在【视图】选项卡下单击【阅读模式】按钮，或单击工作表右下角区域的【阅读模式】按钮，都可以一键开启"聚光灯"效果。随着活动单元格的变化，所在行列将以默认颜色高亮显示，如图4-4所示。

图4-4 一键开启"聚光灯"

单击【阅读模式】下拉按钮，还可以选择其他颜色效果，如图4-5所示。

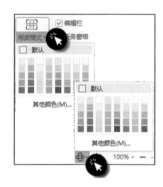

图4-5 选择高亮颜色效果

35.4 体贴入微的护眼模式

在【视图】选项卡下单击【护眼模式】按钮，或单击工作表右下角区域的【护眼模式】按钮，所有单元格都将显示为淡绿色底纹颜色，能够缓解浏览大表格时的眼疲劳，如图4-6所示。

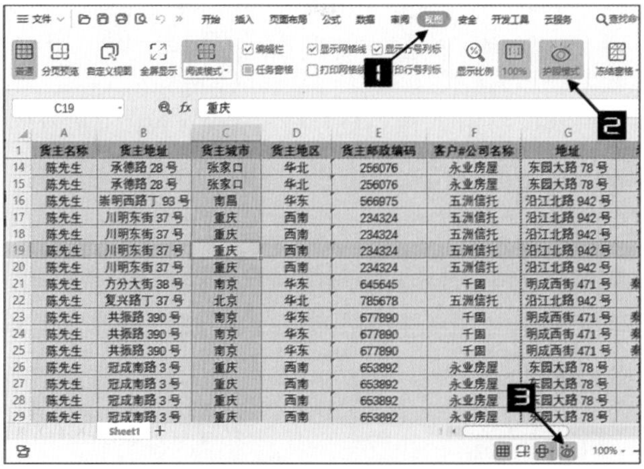

图4-6 护眼模式

使用【阅读模式】和【护眼模式】时，设置的颜色仅更改浏览工作表时的显示效果，不影响实际打印。

技巧 36 多窗口协同工作

WPS表格允许以不同窗口模式查看和处理数据，既可以同屏查看工作表的不同部分，也可以查看工作簿的不同部分。

36.1 同屏查看不同工作表的内容

具体操作步骤如下。

↑ 步骤一　单击【视图】选项卡中的【新建窗口】按钮，WPS表格将为当前工作簿新建一个窗口，在WPS表格标题栏中查看工作簿名称，将显示为以":1"和":2"结尾，以此来标识不同的窗口。如图4-7所示。

图 4-7　【新建窗口】下的工作簿名称

↑ 步骤二　单击【视图】选项卡中的【重排窗口】下拉菜单中的【水平平铺】命令。此时，同一个工作簿可以在两个WPS表格程序窗口显示。如图4-8所示。

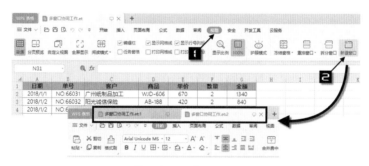

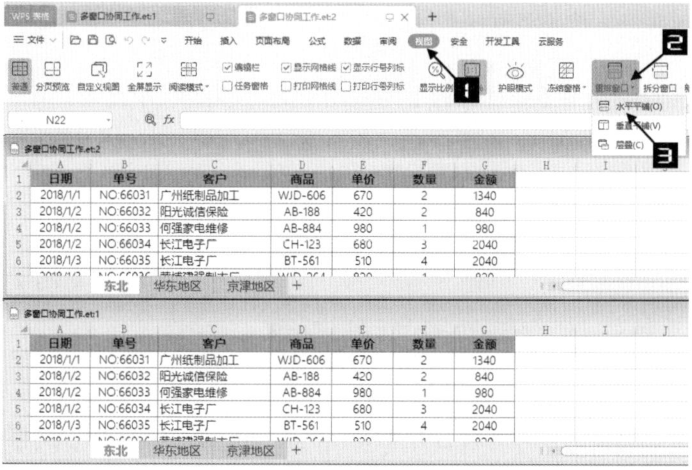

图 4-8　同屏查看工作簿中不同工作表的内容

进行以上操作后，在不同窗口中可以查看同一工作簿的不同工作表区域，互不影响。同时，任何改动都将在两个窗口中实现同步更新。如果同时打开了其他工作簿，并且在【水平平铺】或【垂直平铺】状态下，可实现同时浏览不同工作簿的效果。

在【视图】选项卡下还有几个与窗口相关的命令按钮，如图4-9所示。

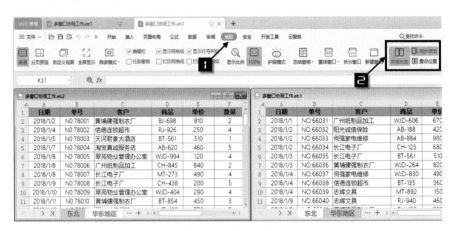

图4-9 多窗口协作相关命令按钮

36.2 并排比较

在WPS表格中同时打开两个窗口时，【并排比较】功能可用。单击【并排比较】按钮，两个工作簿窗口会垂直平铺在WPS表格中。如用户同时打开3个及以上工作簿，单击【并排比较】按钮，可以调出【并排窗口】对话框，通过设置可以指定目标窗口与当前活动窗口并排比较。

1. 同步滚动

【同步滚动】按钮只有在【并排比较】按钮处于高亮时才有效。一般情况下单击【并排比较】按钮时，【同步滚动】按钮同时处于高亮，此时拖动滚动条，处于【并排比较】状态的窗口将同步滚动。当该按钮处于非高亮状态时，拖动滚动条只影响自身所在的窗口。

2. 重设位置

【重设位置】按钮只有在【并排比较】按钮处于高亮状态时才有效。单击【重设位置】按钮，在水平平铺状态下的两个窗口会重置成为垂直平铺状态。如两个窗口本身是垂直平铺状态，屏幕右侧窗口为高亮，此时单击【重设位置】，则屏幕右侧窗口会切换到屏幕左侧。

技巧 37 合并单元格与填充合并单元格

演示视频

在WPS表格中，提供了多种处理合并单元格的方式，使日常工作中对特殊结构的表格处理更加便捷。

37.1 合并单元格美化表格标题（横向合并）

合并表格标题的操作方法如下。

↑步骤一　选中A1:D1单元格区域。

↑步骤二　在【开始】选项卡中单击【合并居中】按钮。如图4-10所示。

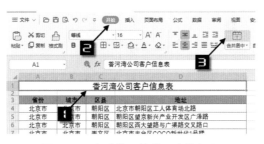

图4-10　合并单元格美化表格标题

如需取消合并单元格，可以在【开始】选项卡中依次单击【合并居中】→【取消合并单元格】命令。如图4-11所示。

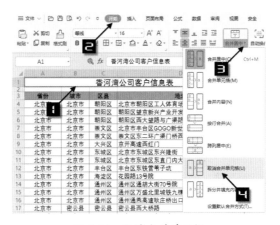

图4-11　取消合并单元格

37.2 合并区域内相同数据（纵向合并）

用户在实际处理数据中，经常需要把数据区域内相同的内容合并显示，如图4-12所示，操作步骤如下。

↑步骤一　选中C4:C17单元格区域。

↑步骤二　在【开始】选项卡中依次单击【合并居中】→【合并相同单元格】命令。

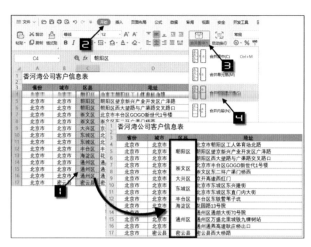

图 4-12　合并区域内相同数据

37.3　合并多个相邻单元格内容到同一单元格

如需将多列的内容合并到同一单元格内，如图 4-13 所示，可以按以下步骤操作。

↑ 步骤一　选中 A2:C2 单元格区域。

↑ 步骤二　在【开始】选项卡中依次单击【合并居中】→【合并内容】命令，在编辑栏中会显示全部内容，并且默认【自动换行】按钮为高亮状态。

↑ 步骤三　调整合适行高，使其内容在单元格内全部显示。

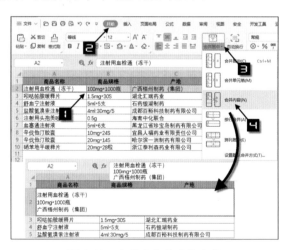

图 4-13　合并多个单元格内容

37.4　快速填充合并单元格

WPS 表格提供了快速填充合并单元格功能，以取消图 4-12 C4:C17 合并单元格并填充为例，操作步骤如下。

↑ 步骤一　选中 C4:C17 单元格区域。

↑ 步骤二 在【开始】选项卡中依次单击【合并居中】→【拆分并填充内容】命令，如图4-14所示。

图 4-14 快速填充合并单元格

💬 注意

取消合并单元格并填充内容后，单元格格式会发生改变，需要用户重新调整，以达到统一的格式要求。

技巧 38 行、列、单元格和工作表相关的操作

在WPS表格工作簿中包含一张或多张工作表，它们之间的关系好比是书本与书中的内页。

在工作表中由横线所间隔出来的区域被称为"行"（Row），而由竖线分隔出来的区域被称为"列"（Column）。行和列互相交叉所形成的一个个格子称为"单元格"（Cell）。

下面将详细介绍工作表、行、列和单元格的基本操作。

38.1 新增工作表

在新建的工作簿中，系统默认只有一张工作表，如图4-15所示。如何增加多张工作表来满足用户的需求，下面逐一介绍相应方法。

图 4-15 默认一张工作表

数据处理与编辑

1. 使用工具栏菜单按钮新增工作表

操作步骤如下。

↑ 步骤一　在【开始】选项卡中依次单击【工作表】→【插入工作表】命令。

↑ 步骤二　在弹出的【插入工作表】窗口的"插入数目"文本框中输入需要插入的工作表数量，默认为"1"。

↑ 步骤三　单击【确定】按钮完成操作。如图 4-16 所示。

图 4-16　使用菜单栏按钮新增工作表

增加后的效果如图 4-17 所示。

2. 使用右键菜单新增工作表

操作步骤如下。

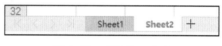

图 4-17　新增的工作表

↑ 步骤一　光标移动到工作表标签"Sheet1"处，鼠标右击，在弹出的快捷菜单中单击【插入】命令。

↑ 步骤二　单击【插入工作表】对话框中"插入数目"文本框右侧的上下箭头按钮，调整文本框内需要插入工作表数量。

↑ 步骤三　单击【确定】按钮完成操作。如图 4-18 所示。

图 4-18　使用右键菜单新增工作表

3. 单击工作表标签旁的 "+" 按钮新增工作表

单击工作表标签旁的 ➕ 按钮，可以快速插入新工作表。如图 4-19 所示。

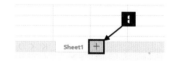

图 4-19　单击 "+" 新增工作表

4. 双击工作表标签右侧的空白处新增工作表

双击工作表标签右侧的空白区域，也可以快速新增一张工作表。如图 4-20 所示。

图 4-20　双击空白区域新增工作表

38.2　修改工作表名称

默认的工作表名称以"Sheet+序号"的形式构成，用户可以根据需要对工作表名称进行修改。修改工作表名称的常用方法有以下两种。

1. 使用右键菜单重命名工作表名称

操作步骤如下。

↑步骤一　鼠标右击需要重命名的工作表标签，如"Sheet1"。

↑步骤二　在弹出的菜单中单击【重命名】命令，工作表标签为高亮选中状态。

↑步骤三　输入需要更改的工作表名称，按【Enter】键完成重命名。如图4-21所示。

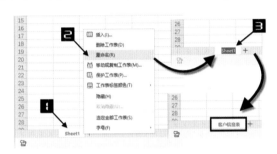

图4-21　使用右键菜单重命名工作表名称

2. 双击工作表标签重命名工作表名称

除此之外，可以双击工作表标签使其成为选中的高亮状态，然后输入需要更改的工作表名称，按【Enter】键或单击任意单元格完成重命名。

38.3　删除工作表

想要删除工作簿中的某张工作表，可以鼠标右击需要删除的工作表标签，在弹出的快捷菜单里单击【删除工作表】命令，如图4-22所示。

如果删除工作表中包含数据，则会弹出如图4-23所示的提示对话框。

图4-22　通过右键快捷方式删除工作表

图4-23　删除有数据的工作表提示对话框

用户可以在选定多张工作表后同时进行删除操作。

注意

删除工作表是无法进行撤销操作的，如果不慎误删了工作表，将无法恢复。但是在某些情况下，马上关闭当前工作簿，并选择不保存刚才所做的修改，能够有所挽回。

工作簿中至少包含一张可视工作表，所以当工作窗口中只剩下一张工作表时，无法删除此工作表，强行删除会弹出如图 4-24 所示的提示对话框。

38.4 同时选中多张工作表

图 4-24 工作簿中至少含有一张可视工作表提示框

除了选定某张工作表作为当前工作表外，用户还可以同时选中多张工作表形成"组合工作表"。在组合工作表模式下，可以方便地同时对多张工作表进行复制、移动和删除等操作，也可以进行多数据联动编辑等操作。

下面介绍几种可以同时选定多张工作表的操作方式。

在键盘上按住<Ctrl>键，依次单击需要的工作表标签，就可以同时选定多张工作表。

如果需要选定的工作表为连续排列的工作表，可以先单击需要选中工作表中的第一个工作表标签，按住<Shift>键，再单击连续工作表中的最后一个工作表标签，即可同时选定。

如果要选定当前工作簿中所有的工作表，可以在工作表标签上鼠标右击，在弹出的快捷菜单上选择【选定全部工作表】，如图 4-25 所示。

多张工作表被同时选中后，被选定的工作表标签都会反白显示，且右键菜单中会增加一个【取消成组工作表】命令，如图 4-26 所示。

图 4-25 右键菜单选定全部工作表

图 4-26 取消成组工作表

如需取消成组工作表操作模式，可以使用右键菜单命令【取消成组工作表】，也可以单击成组工作表以外的工作表标签，如果所有工作表都在成组工作表模式下，则单击任意工作表标签即可取消成组工作表操作模式。

38.5　移动或复制工作表

通过移动或复制操作，可以在同一个工作簿或不同工作簿中创建副本工作表，还可以通过移动操作在同一个工作簿中改变排列顺序，也可以在不同的工作簿间转移。常用的有以下两种方式。

1．利用快捷菜单移动或复制工作表

操作步骤如下。

↑**步骤一**　鼠标右击需要移动的工作表标签。

↑**步骤二**　在弹出的菜单栏中单击【移动或复制工作表】命令。

↑**步骤三**　在弹出的【移动或复制工作表】对话框中勾选"建立副本"复选框。"建立副本"复选框是一个操作类型开关，勾选此复选框则为复制方式，取消勾选则为移动方式。

↑**步骤四**　单击【确定】按钮，完成在当前工作簿中的工作表复制操作。如果当前复制或移动工作表与目标工作簿中的工作表名称相同，则会被自动重新命名，例如："项目信息表"会变更为"项目信息表(2)"，如图 4-27 所示。

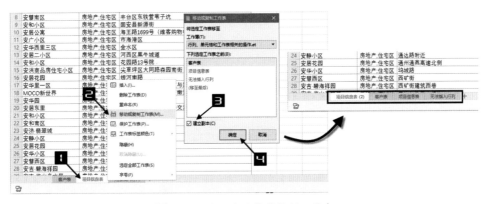

图 4-27　使用快捷菜单复制工作表

如需复制工作表到其他工作簿，可以在弹出的【移动或复制工作表】对话框中单击【工作簿】下拉按钮，在下拉列表中选择当前 WPS 表格程序中所有打开的工作簿或新工作簿，并且勾选"建立副本"复选框，最后单击【确定】按钮即可，如图 4-28 所示。

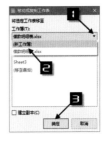

图 4-28　复制工作表到其他工作簿

2．拖动工作表标签移动或复制工作表

除了以上方法，还可以用鼠标拖动来实现在同一工作簿内工作表的移动或复制。

将光标移至需要移动的工作表标签上，按住鼠标左键，鼠标指针显示出文档和黑色小三角箭头图标，拖动鼠标时小三角会随之移动，小三角标识出了工作表的移动插入位置。此时松开鼠标按键即可完成工作表的移动。如图 4-29 所示。

如果在按住鼠标左键的同时，按住 <Ctrl> 键，则执行"复制"操作。此时鼠标指针下显示的文档图标上有一个"+"号，表示当前操作方式为复制，如图 4-30 所示。

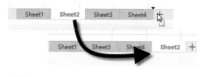

图 4-29　按住鼠标拖动移动工作表　　　　图 4-30　按住鼠标拖动复制工作表

注意

无论是移动还是复制，都可以同时对多张工作表进行操作。

38.6　设置工作表标签颜色

为了方便用户对工作表进行识别，为工作表标签设置不同的颜色是一种不错的方法。使用右键菜单中的【工作表标签颜色】命令，能够较为便捷地完成该设置。

鼠标右击需要设置标签颜色的工作表标签，如 Sheet 2，在快捷菜单中选择【工作表标签颜色】命令，然后在打开的颜色面板中选择一种颜色即可。如图 4-31 所示。

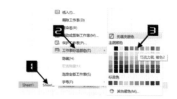

图 4-31　右键菜单设置工作表标签颜色

38.7　设置工作表标签字号

WPS 表格工作表标签除了可以给它设置颜色外，还可以设置标签的字号，鼠标右击工作表标签，在弹出的快捷菜单中依次单击【字号】→字体缩放比例（如 150%），此时工作簿中所有工作表的标签字号会被放大。如图 4-32 所示。

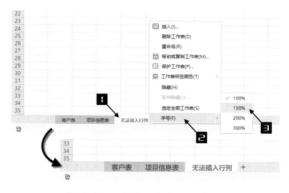

图 4-32　设置工作表标签字号

38.8　隐藏与取消隐藏工作表

在实际工作中，为了保护基础性数据和过程数据，或者出于一些其他考虑，常常会隐藏相应工作表。

1．使用右键快捷菜单隐藏工作表

操作步骤如下。

↑步骤一　在需要隐藏的工作表标签上鼠标右击。

↑步骤二　在弹出的快捷菜单中单击【隐藏】命令，如图4-33所示。

图4-33　右键快捷菜单隐藏工作表

隐藏工作表时，工作簿中至少要保留一张可视工作表。

需要取消工作表的隐藏时，也可以使用右键快捷菜单完成操作。

操作步骤如下。

↑步骤一　鼠标右击任意工作表标签。在弹出的快捷菜单中选择【取消隐藏】命令。

↑步骤二　在【取消隐藏】对话框中选择要取消隐藏的工作表，如果有多张隐藏的工作表，可以按住Ctrl键单击对应的工作表名称来依次选取。

↑步骤三　单击【确定】按钮完成操作。

图4-34　右键菜单取消隐藏工作表

用户可以一次性取消隐藏多张工作表，如果没有隐藏的工作表，则【取消隐藏】命令呈灰色不可用状态。

若要对隐藏的工作表做进一步保护，可以通过【审阅】选项卡中的【保护工作簿】命令保护工作簿结构。保护工作簿结构后，相应的【取消隐藏】命令将失效，如图4-35所示。

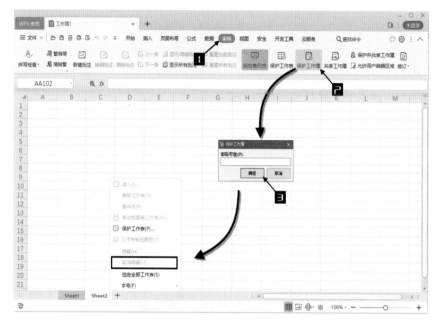

图 4-35 执行【保护工作簿】命令后无法取消隐藏工作表

2. 借助设置VBA属性深度隐藏工作表

除执行【保护工作簿】命令外，还有一种更为隐秘的方式可以深度隐藏工作表。隐藏工作表后，相关菜单中不会出现【取消隐藏】命令，操作步骤如下。

↑ 步骤一 在【开发工具】选项卡中单击【VB编辑器】（或按<Alt+F 11>组合键），打开【Microsoft Visual Basic】编辑窗口。

↑ 步骤二 在【工程】窗格中选中目标工作表，如Sheet 1。

↑ 步骤三 在【属性】窗格中设置Sheet 1工作表的【Visible】属性，选择"2 - xlSheetVeryHidden"。【Visible】属性值-1、0、2分别代表可见、隐藏、深度隐藏。

↑ 步骤四 关闭【Microsoft Visual Basic】编辑窗口（或再次按<Alt+F11>组合键），返回工作簿窗口，如图4-36所示。

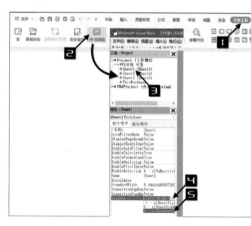

图 4-36 深度隐藏工作表

此时，打开【取消隐藏】对话框后只会出现Sheet 3工作表项（普通隐藏的工作表），而不会出现Sheet 1工作表项，这样Sheet 1工作表被隐藏得更彻底。

💬 注意

默认情况下，【Microsoft Visual Basic】编辑窗口中的【工程】和【属性】窗格都是显示状态，如果没有显示，可以在VB编辑器【视图】选项卡中选择【工程资源管理器】和【属性窗口】命令。如图4-37所示。

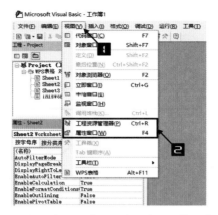

图 4-37　VB 编辑器中打开【工程资源管理器】和【属性窗口】

38.9　行和列有关的操作

在 WPS Office 2019 版本中，工作表的最大行号为 1,048,576（1,048,576 行），最大列标为 XFD 列（A~Z，AA~XFD，即 16,384 列）。

以下介绍与行列相关的各项操作方法。

1．选定行或列

1）选定单行或单列。

鼠标单击某个行标签或列标签即可选中相应的整行或整列。当选中某行后，此行的行号标签会改变颜色，所有的列标签会加亮显示，此行的所有单元格也会加亮显示，以此来表示此行当前处于选中状态。当列被选中时，也会有类似的显示效果。如图 4-38 所示。

图 4-38　选中单行

2）选定相邻连续的多行或多列。

鼠标单击某行的标签后，按住左键向上或向下拖动，即可选中此行相邻的连续多行。选中多列的方法与此相似（鼠标向左或向右拖动）。拖动鼠标时行号或列标旁边会出现带数字加字母的内容提示框（如 8R、5C），显示当前选中的区域中有多少行或多少列。如图 4-39 所示。

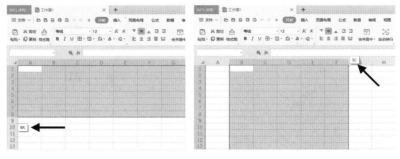

图 4-39　选中多行或多列

3）选定不相邻的多行或多列。

要选定不相邻的多行，可以选中单行后按<Ctrl>键，继续使用鼠标单击多个行标签，直至选择完所有需要选择的行，然后松开<Ctrl>键，即可完成不相邻的多行的选择。选定不相邻的多列方法与选择行类似。

4）全选行和列。

单击行列标签交叉处的"全选"按钮，可以同时选中工作表中的所有行和所有列，即整个工作表区域。如图4-40所示。

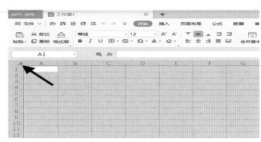

图4-40 选中所有行和所有列

2.设置行高和列宽

精确设置行高和列宽的操作步骤如下。

↑步骤一 选中需要设置的目标行。

↑步骤二 在【开始】选项卡中，依次单击【行和列】→【行高】命令。

↑步骤三 在弹出的【行高】对话框中输入所需设定的行高的具体数值。

↑步骤四 单击【确定】按钮完成操作，如图4-41所示。

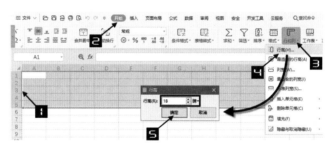

图4-41 设置行高

设置列宽的方法与此类似。

使用鼠标右键快捷菜单中的行高或列宽命令，同样可以设置，如图4-42所示。

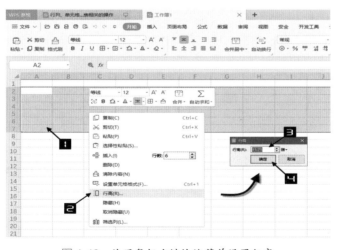

图4-42 使用鼠标右键快捷菜单设置行高

除了使用菜单命令精确设置行高和列宽的方法以外，还可以直接在工作表中拖动鼠标来改变行高和列宽。

当鼠标指针放置在选中的列与相邻的列标签之间，此时在列标签之间的分隔线上鼠标指针显示为黑色双向箭头，按住向左或向右拖动鼠标，同时在列标签下方会出现一个提示框，显示当前的列宽，调整到所需的列宽时，松开鼠标左键即可完成列宽的设置，如图 4-43 所示。

图 4-43　拖动鼠标设置列宽

设置行高的方法与此类似。

用户还可以根据需要快速设置最适合的行高和列宽，操作步骤如下。

↑ 步骤一　选中要设置的单列或多列。

↑ 步骤二　在【开始】选项卡下依次单击【行和列】→【最适合的列宽】命令，此时 WPS 表格会根据单元格中的字符数自动调整列宽到完全显示状态，如图 4-44 所示。

图 4-44　工具栏菜单设置最适合的列宽

自动调整行高的方法与此类似。

设置最适合行高或列宽还有一种快捷方式，即选中多行或多列，将鼠标指针移至行或列的标签分隔线上，此时鼠标箭头显示为黑色双向箭头的形状，双击鼠标即可完成设置自动调整行高或列宽的操作。

3. 插入行与列

用户有时需要在表格中新增一些条目的内容，并且这些内容不是添加在现有表格内容的末尾，而是插入到现有表格内容的中间，以下介绍几种常用的插入行方法。

第一种方法是使用右键快捷菜单插入行或列，操作步骤如下。

↑ 步骤一　鼠标右击需要插入行的行标签。

↑ 步骤二　在弹出的快捷菜单中单击【插入】命令，即可完成插入单行操作。如图 4-45 所示。

插入多行时，直接在【插入】命令的【行数】文本框内输入需要插入行的数值或使用上下调节按钮更改插入行的数值，再单击文本框右侧的【✓】按钮，完成插入多行的操作，如图 4-46 所示。

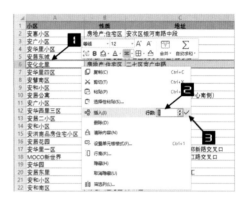

图 4-45　右键快捷菜单插入单行　　　　　图 4-46　使用右键快捷菜单插入多行

选中单个单元格，右击鼠标时快捷菜单中的【插入】命令有扩展下拉菜单可供选择操作。如图 4-47 所示。

图 4-47　选中单元格时右键快捷菜单【插入】命令

还可以使用键盘组合键快捷插入行或列。

选中单行或多行，在键盘上按<Ctrl+Shift+=>组合键，可以直接插入单行或相对应的多行。

在选定单元格的情况下，按<Ctrl+Shift+=>组合键，会弹出如图 4-48 所示的【插入】对话框，选中【整行】单选按钮，在“行数”文本框内输入需要插入行的数目，单击【确定】按钮完成操作。

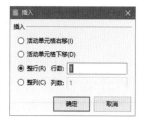

如果需要插入不连续的多行，可以选中单个行标签后按住<Ctrl>键不放，继续单击其他需要插入行位置的行标签，释放<Ctrl>键，按上述方法中的任意一种均可实现如图 4-49 所示效果。

图 4-48 【插入】对话框

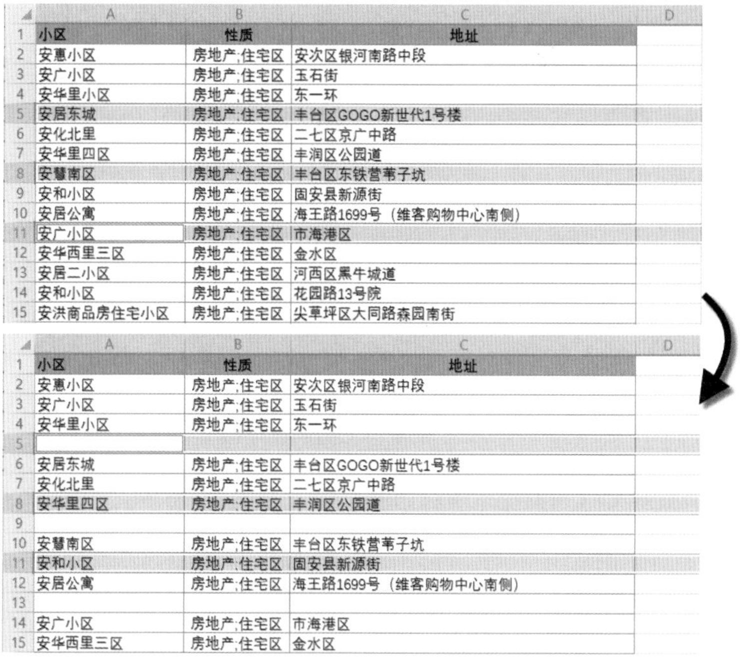

	A	B	C
1	小区	性质	地址
2	安惠小区	房地产;住宅区	安次区银河南路中段
3	安广小区	房地产;住宅区	玉石街
4	安华里小区	房地产;住宅区	东一环
5	安居东城	房地产;住宅区	丰台区GOGO新世代1号楼
6	安化北里	房地产;住宅区	二七区京广中路
7	安华里四区	房地产;住宅区	丰润区公园道
8	安慧南区	房地产;住宅区	丰台区东铁营苇子坑
9	安和小区	房地产;住宅区	固安县新源街
10	安居公寓	房地产;住宅区	海王路1699号（维客购物中心南侧）
11	安广小区	房地产;住宅区	市海港区
12	安华西里三区	房地产;住宅区	金水区
13	安居二小区	房地产;住宅区	河西区黑牛城道
14	安和小区	房地产;住宅区	花园路13号院
15	安洪商品房住宅小区	房地产;住宅区	尖草坪区大同路森园南街

	A	B	C
1	小区	性质	地址
2	安惠小区	房地产;住宅区	安次区银河南路中段
3	安广小区	房地产;住宅区	玉石街
4	安华里小区	房地产;住宅区	东一环
5			
6	安居东城	房地产;住宅区	丰台区GOGO新世代1号楼
7	安化北里	房地产;住宅区	二七区京广中路
8	安华里四区	房地产;住宅区	丰润区公园道
9			
10	安慧南区	房地产;住宅区	丰台区东铁营苇子坑
11	安和小区	房地产;住宅区	固安县新源街
12	安居公寓	房地产;住宅区	海王路1699号（维客购物中心南侧）
13			
14	安广小区	房地产;住宅区	市海港区
15	安华西里三区	房地产;住宅区	金水区

图 4-49 同时插入不连续的多行

在 WPS 表格中行与列的数目都有最大限制，行数不超过 1,048,576 行，列数不超过 16,384 列，所以在执行插入行或插入列的操作过程中，表格本身的行、列数并没有增加，只是将当前选定位置的行列连续往下或往后移动，位于表格最末位的空行或空列则被移除。

如果表格的最后一行或最后一列不为空，则不能执行插入新行或新列的操作，否则会弹出如图 4-50 所示的警告提示框，提示用户只有删除最末的行、列或清空其内容后才能在表格中插入新的行或列。

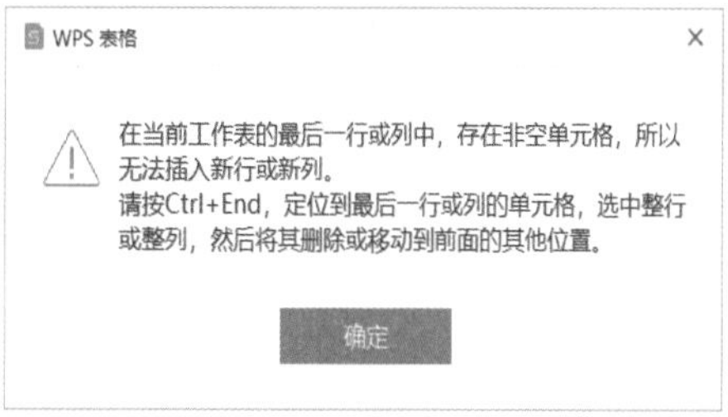

图 4-50 无法插入新行或新列的操作

4．行列的移动和复制

移动行和移动列及复制行和复制列的操作方法一致，较为常用的方法是使用右键快捷菜单进行操作，具体步骤如下。

↑ 步骤一 选定需要移动的行。

↑ 步骤二 鼠标右击，在弹出的菜单中选择【剪切】命令（也可以用<Ctrl+X>组合快捷键操作），此时所选定要移动的行出现绿色移动的虚线框。

↑ 步骤三 选定需要移动的目标位置行的下一行（或此行的第一个单元格）。

↑ 步骤四 鼠标右击，在弹出的快捷菜单中选择【插入已剪切的单元格】，如图 4-51 所示。

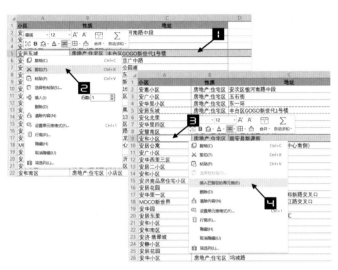

图 4-51 使用快捷菜单移动行

使用鼠标拖动方式移动行列的操作步骤如下。

↑ 步骤一 选定需要移动的行。

↑ 步骤二 将光标移至选定行的蓝色边框上。

↑ 步骤三 当鼠标指针显示为黑色十字箭头图标时，按住键盘上的<Shift>键不放，同时按住鼠标左键拖动，此时可以出现一条"工"字形虚线。

↑ 步骤四 拖动鼠标直到"工"字形虚线位于需要移动的目标位置，释放鼠标左键和<Shift>键，完成操作，如图 4-52 所示。

图 4-52 鼠标拖动方式移动行

复制行列与移动行列的操作方法相似，从结果上来说，两者的区别在于前者保留了原有对象行列，而后者是清除了原有对象。较为常用的方法是使用右键快捷菜单进行操作，具体步骤如下。

↑ 步骤一　鼠标右击需要复制的行。

↑ 步骤二　在弹出的快捷菜单中选择【复制】命令（也可以用<Ctrl+C>组合快捷键操作），此时所选定要复制的行出现绿色移动的虚线框。

↑ 步骤三　选定复制行所需放置的目标位置下方的行标签或所在行第一个单元格。

↑ 步骤四　鼠标右击，在弹出的快捷菜单中选择【插入复制单元格】命令，完成操作。

使用鼠标拖动方式复制行列的操作步骤如下。

↑ 步骤一　选定需要复制的行。

↑ 步骤二　将光标移至选定行的蓝色边框上。

↑ 步骤三　当鼠标指针显示为黑色十字箭头图标时，按住键盘上的<Ctrl+Shift>键不放，同时按住鼠标左键拖动，此时可以出现一条"工"字形虚线。

↑ 步骤四　拖动鼠标直到"工"字形虚线位于需要复制的目标位置，释放鼠标左键和<Ctrl+Shift>键，完成操作。

5. 删除行与列

对于一些不再需要的行列内容，用户可以选择直接删除整行或整列来进行清除。删除行和删除列的方法类似。

使用快捷菜单删除行列的操作步骤如下。

↑ 步骤一　选定目标单行或多行。

↑ 步骤二　鼠标右击，在弹出的快捷菜单中选择【删除】命令。

使用组合键也可以删除行列，选定目标单行或多行，同时按<Ctrl+->组合键，完成删除操作。

如果选定的不是整行，而是单元格区域，在使用工具栏菜单删除或快捷键删除操作过程中会弹出如图 4-53 所示的【删除】对话框。使用右键菜单栏删除时，单击【删除】命令还会显示扩展命令，供用户进行进一步选择，如图 4-54 所示。

图 4-53　【删除】对话框

6. 隐藏和取消隐藏行与列

在平时工作中，出于一定特殊需求，需要隐藏表格内的部分内容，如隐藏行或列。

使用右键快捷菜单方式隐藏的方法是，先选中需要隐藏的行，鼠标右击，然后在弹出的快捷菜单中选择【隐藏】命令。如图 4-55 所示。

图 4-54　选定单元格时右键快捷菜单中的【删除】命令

图 4-55　使用右键快捷菜单隐藏行

隐藏列的方法与隐藏行类似。

从实质上来说，被隐藏行列的行高或列宽相对应的值为零，所以用户可以通过设置目标行或目标列的行高、列宽来达到隐藏的目的。

还可以通过拖动鼠标改变行高或列宽实现行列的隐藏。

在隐藏行或列后，包含隐藏行列处的行标签或列标签不再显示连续序号，隐藏处的标签分隔线也会显示双分隔线，如图 4-56 所示。通过这些特征，用户可以发现表格中隐藏行列的位置。

图 4-56　隐藏行列后的标签状态

与隐藏行列的操作对应，取消隐藏同样可以通过多种方式来实现。

使用工具栏菜单：选定被隐藏行或列的区域，在【开始】选项卡中依次单击【行和列】→【隐藏与取消隐藏】→【取消隐藏行】（或【取消隐藏列】）命令。

使用快捷菜单：选定被隐藏行列的区域，鼠标右击，在弹出的菜单中选择【取消隐藏】命令。

还可以通过设置行高和列宽来取消行列的隐藏状态。

38.10 单元格和单元格区域

单元格是构成工作表最基础的组成元素。每个单元格都可以通过单元格地址来进行标识，单元格地址由它所在列的列标和所在行的行号组成，通常为"字母＋数字"的形式。例如"A1"单元格就是位于A列第1行的单元格。下面介绍单元格及其相关的基本操作。

1．单元格的选取

要选取某个单元格成为活动单元格，只需要通过鼠标选取或移动键盘方向键及<Page UP>、<Page Down>键等方式激活目标单元格即可。具体的按键使用及其含义如表4-1所示。

表4-1　活动单元格的移动按键

按键动作	作用含义
<方向键↑>	向上一行移动活动单元格
<方向键↓>	向下一行移动活动单元格
<方向键←>	向左一列移动活动单元格
<方向键→>	向右一列移动活动单元格
<Page Up>	向上一屏移动活动单元格
<Page Down>	向下一屏移动活动单元格
<Alt+Page Up>	向左一屏移动活动单元格
<Alt+Page Down>	向右一屏移动活动单元格

💬 注意

使用<Page UP>、<Page Down>等按键滚动移动活动单元格时，每次移动间隔的行列数并非固定数值，而是与当前屏幕中所包含显示的行列数有关。

除了上述方法外，在工作窗口的名称框中直接输入目标单元格地址也可以快速定位到目标单元格所在位置，如图4-57所示。

对于一些位于隐藏行列中的单元格，无法通过鼠标或键盘激活，只能通过名称框直接输入选取的方法来激活。

选取连续的单元格区域，有以下几种方法可以实现。

◆ **方法 1** 选定一个单元格，按住鼠标左键直接在工作表中拖动来选取相邻的连续区域。

◆ **方法 2** 选定一个单元格，按<Shift>键，然后使用方向键在工作表中选择相邻的连续区域。

◆ **方法 3** 在工作窗口的名称框中直接输入区域地址，如"B2:D10"，再按<Enter>键，即可选取并定位到目标区域。

对于不连续区域的选取，操作方法与上面类似。

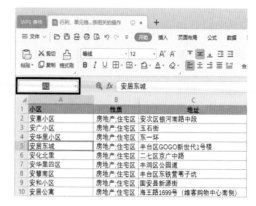

图 4-57　工作窗口的名称框

◆ **方法 1** 选定一个单元格或区域后，按<Ctrl>键，然后使用鼠标单击或拖动选择多个单元格或连续区域。

◆ **方法 2** 在工作窗口的名称框中输入多个单元格或区域地址，地址之间用半角状态下的逗号隔开，如"A1:C5,G8,J10:K15"，再按<Enter>键，即可选取并定位到目标区域。

除了可以在一张工作表中选取某个区域外，WPS 表格还可以同时在多张工作表上选取多表区域。选取多表区域后可以在这些被选中的位置输入相同的数值或设置相同的格式。操作步骤如下。

↑ **步骤一** 在当前工作簿的当前工作表中选取指定区域。如 Sheet1 工作表中的"A1:D12"区域。

↑ **步骤二** 按住<Shift>键，单击此工作簿中的其他工作表标签（如 Sheet2、Sheet3），再松开<Shift>键。

此时 Sheet1~Sheet3 的"A1:D12"区域构成了一个多表区域，并且进入了多表区域的成组工作表编辑模式。在此模式下设置单元格边框，切换 3 个工作表，可以看到每个工作表的"A1:D12"区域均被统一设置了边框，如图 4-58 所示。

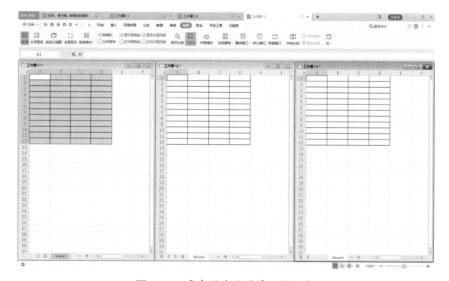

图 4-58　多表区域设置单元格格式

为了便于展示，图中进行了新建窗口和重排窗口操作，相关方法请参阅技巧36。

2. 特殊区域的选取

除了通过以上操作方法选取区域外，还可以用定位功能来选取一个或多个符合特定条件的单元格或单元格区域。

在【开始】选项卡依次单击【查找】→【定位】命令，显示【定位】对话框，如图4-59所示。

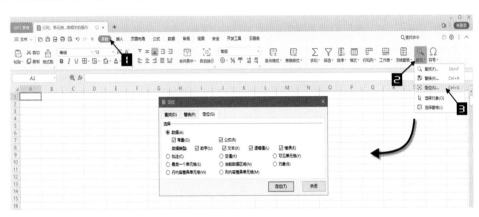

图4-59　【定位】对话框

在此对话框中选择特定的条件，然后单击【确定】按钮，就会在当前选定区域中查找符合选定条件的所有单元格。如果当前只选定了单个单元格，则定位的条件会在整个工作表中进行查找，如果查找范围中没有符合的单元格，则会显示"未找到单元格"对话框。

例如，在【定位】中选中【批注】单选按钮，再单击【确定】按钮后，当前所选定区域或整个工作表中所有包含【批注】的单元格均被选中。

【定位】各选项的含义如表4-2所示。

表4-2　【定位】各选项条件的含义

选项	含义
数据	包含常量和公式两个复选项。常量为所有不含公式的非空单元格，公式为所有包含公式的单元格。可在下方的数据类型中进一步筛选，包括数字、文本、逻辑值和错误
批注	所有包含批注的单元格
空值	所有空单元格
可见单元格	当前工作表选定区域中所有的可见单元格
最后一个单元格	选择工作表中含有数据或格式的区域范围中最右下角的单元格
当前数据区域	当前单元格周围矩形区域内的单元格。这个区域的范围由周围非空单元格的行列所决定
对象	当前工作表中的所有对象，包括图片、图表、自选图形、插入文件等
行内容差异单元格	定位选中区域中与当前活动行内容不同的单元格区域
列内容差异单元格	定位选中区域中与当前活动列内容不同的单元格区域

3．通过名称选取区域

用WPS表格的"定义名称"功能，可以给单元格和区域命名，以特定的名称来标识不同的区域，使得区域的选取和使用更加直观和方便。在本书的第11章中详细介绍了定义名称的方法。

当用户为工作表中的区域（连续的或非连续的）创建过名称以后，可以通过工作窗口中的【名称框】来调用名称以选取目标区域，如图4-60所示。

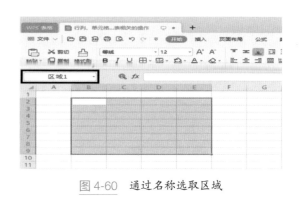

图 4-60　通过名称选取区域

技巧 39　选择性粘贴的妙用

复制与粘贴是WPS表格中最常见的操作之一。复制的单元格和区域会包含很多属性，比如公式、值、格式、列宽等，可以根据需要选择其中的一种或几种进行粘贴，以达到灵活运用的目的。

此外，在复制粘贴过程中还可以加入一些简单的处理，比如进行行列转换，用复制的值与目标单元格进行简单运算等。WPS表格中与之对应的功能称为选择性粘贴。

进行复制操作后，单击【开始】选项卡中的【粘贴】下拉按钮，或者鼠标右击均可在相应的菜单中看到【选择性粘贴】命令，单击该命令后即可打开【选择性粘贴】对话框，如图4-61所示。

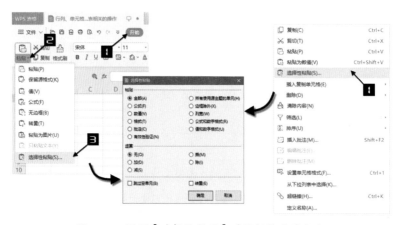

图 4-61　调用【选择性粘贴】对话框的两种方法

39.1　选择性粘贴选项

如图4-61所示，【选择性粘贴】对话框中有很多选项，下面对其含义进行简要解释，具体见表4-3。

表4-3　选择性粘贴选项

选项	含义
全部	粘贴所复制单元格的所有内容和格式
公式	仅粘贴所复制单元格的值和公式，即含公式的粘贴公式，不含公式的粘贴单元格的值
数值	仅粘贴所复制单元格的值
格式	仅粘贴所复制单元格的格式
批注	仅粘贴所复制单元格的批注
有效性验证	将所复制单元格的数据有效性验证规则粘贴到新单元格
所有使用源主题的单元	粘贴所有单元格内容，并保留所复制源原先使用的主题格式
边框除外	粘贴所复制单元格的内容和格式，边框除外
列宽	将所复制的某一列或某一列区域的宽度粘贴到另一列或另一列区域
公式和数字格式	仅粘贴所复制单元格中的公式、值和所有数字格式选项
值和数字格式	仅粘贴所复制单元格中的值和所属的数字格式选项
运算	对复制的值和目标单元格的值进行运算
跳过空单元	勾选此复选框，则当复制区域中有空单元格时，空单元格将当作透明处理，以避免空单元格覆盖目标单元格
转置	勾选此复选框，可将所复制区域进行行列互换，即第i行变成第i列，数据行沿工作表平面沿顺时针方向旋转90度

使用选择性粘贴时，某些粘贴选项可以分次进行，产生叠加效果，以便灵活地实现个性化需求。

39.2　运算的妙用

【选择性粘贴】的运算选项有很多妙用，比如批量取消超链接，对两个结构完全相同的表格进行数据汇总，对单元格区域的数值进行整体调整等。

1. 取消超链接

复制空白单元格，然后选中包含超链接的单元格区域，通过【选择性粘贴】→【加】运算的方式，可以快速取消使用鼠标右键快捷菜单创建的超链接。

2. 批量调整数值

如图4-62所示，需要将每个提成上调为现有数值的110%，通过【选择性粘贴】功能可以快速完成，操作步骤如下。

↑步骤一 在空白单元格输入"110%"，按<Ctrl+C>组合键复制。

↑步骤二 选中G2:G22单元格区域，鼠标右击，在弹出的快捷菜单中单击【选择性粘贴】命令，打开【选择性粘贴】对话框。

↑步骤三 在【选择性粘贴】对话框的【粘贴】中选中【数值】单选按钮，在【运算】中选中【乘】单选按钮。

↑步骤四 单击【确定】按钮完成操作。

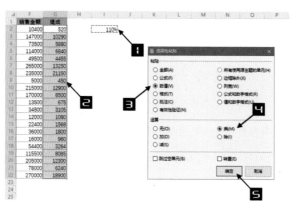

图 4-62 通过【选择性粘贴】批量调整提成

39.3 粘贴时忽略空单元格

在【选择性粘贴】对话框中勾选【跳过空单元】复选框，可以有效防止WPS表格用原始区域中的空白单元格覆盖目标区域中的单元格内容。

如图4-63所示，B列为原图号，E列为新图号，需要将新图号的内容更新到原图号列中，新图号中的空白单元格保留原图号的内容。操作步骤如下。

↑步骤一 复制E2:E18单元格区域，选中B2:B18单元格区域。

↑步骤二 鼠标右击，在弹出的快捷菜单中单击【选择性粘贴】命令，打开【选择性粘贴】对话框。在对话框中勾选【跳过空单元】复选框，单击【确定】按钮完成操作。

此时B6、B13和B16单元格中原有的数据在完成粘贴后仍得以保留。

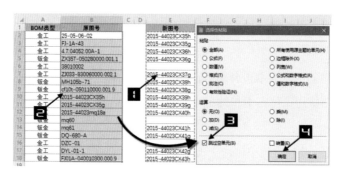

图 4-63 粘贴时跳过空单元格

39.4 转置

在【选择性粘贴】对话框中执行【转置】命令，能够让原始区域在粘贴后行列互换，而且自动调整所有公式，以便在转置后仍能继续正常计算。如图4-64所示，A1:F8单元格区域执行【转置】后，月份变成了列标题，部门变成了行标题。

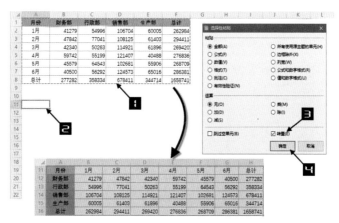

图4-64　使用【转置】功能进行行列互换

技巧40　使用分列功能处理数据

分列功能非常强大，不仅可以根据分隔符号将目标列拆分成多个列，也可以根据字符个数对目标列进行拆分，更神奇的是还可以通过设置列数据格式来规范数据。

40.1　以分隔符号方式拆分目标字段

如图4-65所示，F列数据包含三个级别科目信息，各科目之间以下画线分隔，需要将各级科目分开各自放入单独的一列。

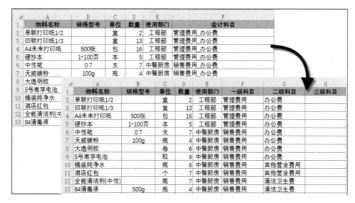

图4-65　以【分隔符号】方式对特定字段进行分列

具体操作步骤如下。

↑ 步骤一　选中要进行分列的数据列，如 F 列数据区域。

↑ 步骤二　在【数据】选项卡中，单击【分列】按钮，打开【文本分列向导-3 步骤之 1】对话框，选中【分隔符号】单选按钮，单击【下一步】按钮，如图 4-66 所示。

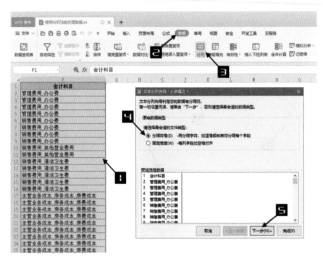

图 4-66　以【分隔符号】作为【分列】依据

↑ 步骤三　在【文本分列向导-3 步骤之 2】对话框中勾选【其他】复选框，在右侧的文本框内输入下画线"_"，单击【下一步】按钮。

↑ 步骤四　在【文本分列向导-3 步骤之 3】对话框保持默认设置，单击【完成】按钮。如图 4-67 所示。

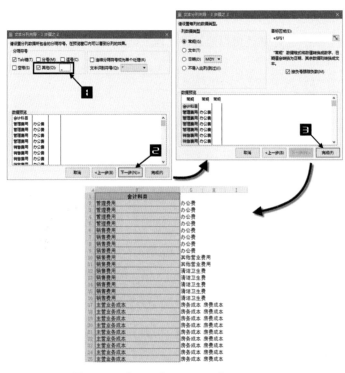

图 4-67　【分列】依据及 3 步骤之 2—3

此时得到F列、G列和H列数据，为其修改或添加字段名，比如设置F1单元格为"一级科目"，G1单元格为"二级科目"，H1单元格为"三级科目"，设置相应的格式就得到了图4-66所示效果。

40.2 以固定宽度方式提取信息

【分列】功能还提供了以【固定宽度】方式进行拆分的选项，即直接根据字符个数拆分单元格。如图4-68所示，需要从身份证号码中提取地区代码和出生日期信息，下面介绍具体的操作步骤。

图 4-68　从身份证号码中提取出生日期

↑ 步骤一　选中目标单元格或目标区域，如B2:B26单元格区域，在【数据】选项卡中，单击【分列】按钮，打开【文本分列向导-3步骤之1】对话框。

↑ 步骤二　选中【固定宽度】单选按钮，单击【下一步】按钮，打开【文本分列向导-3步骤之2】对话框。

↑ 步骤三　在【数据预览】区域【标尺】下方相应位置，单击建立分列线，比如分别在刻度6和14位置单击建立分列线，单击【下一步】按钮，打开【文本分列向导-3步骤之3】对话框。

要建立分列线，可以在数据预览区域对应位置直接单击；要删除分列线，可以直接双击分列线；要移动分列线可以按住分列线拖动至目标位置。

↑ 步骤四　将第1列和第3列"列数据格式"设置为【不导入此列(跳过)】，将第2列"列数据格式"设置为【日期】的"YMD"格式，表示以年月日的格式来识别日期数据。

↑ 步骤五　在【目标区域】编辑框中输入"=$D$2"，单击【完成】按钮，如图4-69所示。

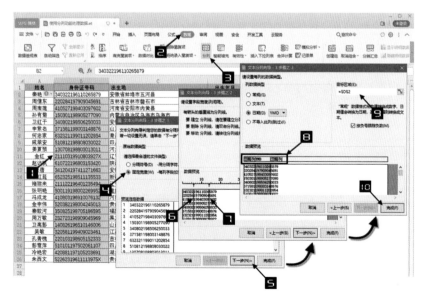

图 4-69　从身份证号码中提取出生日期

40.3 转换数值型日期

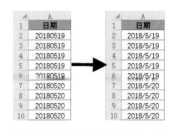

图 4-70 转换数值类型的日期

如图 4-70 所示,在实际工作中经常遇到如"20180519"的数值型日期表达方式,如需得到的数据类型是真正的日期"2018/05/19",可以通过分列功能直接转换,操作步骤如下。

↑ **步骤一** 选中 A 列,在【数据】选项卡中单击【分列】按钮。

↑ **步骤二** 在【文本分列向导-3 步骤之 1】和【文本分列向导-3 步骤之 2】对话框中单击【下一步】按钮。

↑ **步骤三** 在【文本分列向导-3 步骤之 3】对话框【列数据类型】中选中【日期】单选按钮,在【日期】下拉列表中选择"YMD",单击【完成】按钮完成操作。如图 4-71 所示。

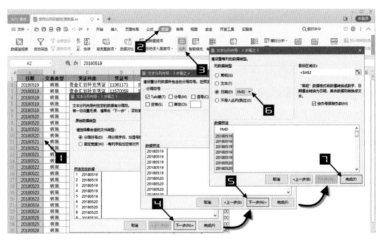

图 4-71 用【分列】功能转换数值型日期

技巧 41 使用智能填充功能拆分合并数据

智能填充直接以示例作为与 WPS 表格交互的输入,根据输入的示例揣摩用户的意图,分析识别输入的示例与同行数据间的规律,然后将这种规律应用于同列的空白单元格,完成填充。

41.1 智能识别分隔符

"分列"功能可以设置以分隔符作为提取文本的依据,而"智能填充"功能则可以自动识别分隔符号或是分隔位置。以图 4-72 所示表格为例,如要在同时包含门店名称、地址和门店类型的 A 列中提取门店名称,可以按照以下步骤操作。

↑ **步骤一** 在 B2 单元格输入 A 列单元格中对应的门店名称"食滋味"。

↑ **步骤二** 在【数据】选项卡中单击【智能填充】按钮。

图 4-72　用【智能填充】识别分隔符

此时，B列下方空白的单数据区域均被自动填充为对应A列单元格中的门店名称。

另外，也可以双击B2单元格右下方的绿色小方块，当数据填充至B23单元格时，依次单击【自动填充选项】图标"⊞▾"→【智能填充】完成设置，如图4-73所示。

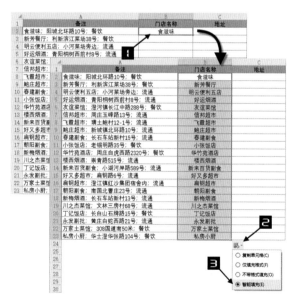

图 4-73　使用【自动填充】选项进行智能填充

41.2　识别固定位置字符串

以图4-74为例，B列是身份证号码，D列需要提取出生日期，出生日期是固定的身份证号码第7位开始的连续8位，利用【智能填充】可以提取出生日期。操作步骤如下。

↑ 步骤一　在 D2 单元格中输入对应 B 列单元格中的出生日期，即"19611026"，为身份证号码第 7 位开始的连续 8 位。

↑ 步骤二　按 <Ctrl+E> 组合键执行【智能填充】命令。

此时 D 列下方空白单元格均被填充为期望的出生日期字符串，即固定的第 7 位开始的连续 8 位字符。

图 4-74　【智能填充】识别固定位置的字符串

41.3　用"智能填充"合并多列数据

【智能填充】对已经输入的示例进行模式识别，然后将识别的规律应用于下方的空白单元格，从而完成智能填充。其所谓的模式识别是以行为单位，分析已输入的单元格内容与同行其他单元格之间的规律。【智能填充】不仅可以提取已有数据的相关字符，还可以合并多列数据。

如图 4-75 所示，在 F2 单元格中输入"秦艳明_安徽省蚌埠市五河县"，即用下画线"_"连接同行 A、C 列的数据，其含义类似公式"=A2&"_"&C2"，【智能填充】能识别其规律，并应用于下方空白单元格。

图 4-75　添加分隔符合并多列数据

利用【智能填充】不仅可以用简单的下画线"_"连接数据，而且可以添加其他文本，如图 4-76 所示。

图 4-76　自由添加其他文本合并数据

💬 注意

　　添加其他文本进行合并数据时，在首列数据内容前不能添加数字、字母、文字等其他内容，否则合并的内容将出现错误。虽然【智能填充】有多种优势，但用户无法确定表格是否按照自己的意图进行填充。当填充的数据量较大时，很难确定得到的结果是否正确。

技巧 42　查找替换那些事

　　在数据整理过程中，查找与替换是一项非常重要和常用的功能，用户可以通过查找替换来快速处理数据。

42.1　常规查找和替换

　　在使用查找或替换功能之前，必须先确定查找的目标范围。要在某一个区域中进行查找，则先选取该区域，要在整个工作表或工作簿的范围内进行查找，则只能先选定工作表中任意一个单元格。

　　在 WPS 表格中，"查找""替换"和"定位"功能位于同一个对话框的不同选项卡。

　　依次单击【开始】选项卡→【查找】按钮→【查找】命令，或者按<Ctrl+F>组合键，可以打开【查找】对话框。

　　依次单击【开始】选项卡→【查找】按钮→【替换】命令，或者按<Ctrl+H>组合键，可以打开【替换】对话框。如图 4-77 所示。

　　也可以在打开【查找】对话框后，在窗口选项卡中切换为【替换】对话框。

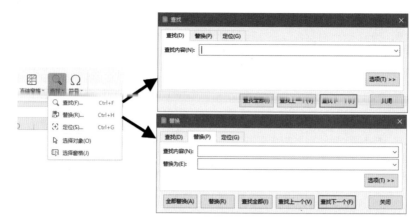

图 4-77　打开【查找】和【替换】对话框

　　如果只需要进行简单的搜索，可以使用【查找】或【替换】任意一个选项卡，在【查找内容】文本框中输入要查找的内容，然后单击【查找下一个】按钮，就可以定位到活动单元格右侧或下方的第一个包含查找内容的单元格。再次单击【查找下一个】按钮，就会定位到活动单元格右侧或下方的第二个包含查找内容的单元格，以此类推。如果单击【查找全部】按钮，对话框将扩展显示出所有符合条件结果的列表，如图 4-78 所示。

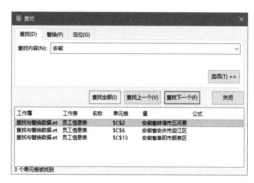

图 4-78　【查找全部】可以显示所有符合条件的单元格

　　此时单击列表中的任意一项即可定位到对应的单元格，按<Ctrl+A>组合键可以在工作表中选中列表中的所有单元格。

注意

　　如果查找结果列表中包含有多个工作表的匹配单元格，只能同时选中单个工作表中的匹配单元格，而无法一次性同时选中不同工作表的单元格。

　　查找到指定内容后，如需替换内容，则可以切换到【替换】选项卡，在【替换为】文本框中输入所替换的内容，然后单击【替换】按钮，即可将原有的内容替换为新内容。

　　如果要批量替换操作，则单击【全部替换】按钮即可将目标区域中所有满足【查找内容】条件的数据一次性替换成【替换为】中的内容。具体操作步骤如下。

↑步骤一　单击选中工作表中的任意一个单元格（如 C2）。

↑步骤二　按<Ctrl+H>组合键打开【替换】对话框。（或在【开始】选项卡依次单击【查找】→【替换】命令）

↑步骤三　在【查找内容】文本框中输入"主操"，在【替换为】文本框中输入"操作员"，单击【全部替换】按钮，如图 4-79 所示。

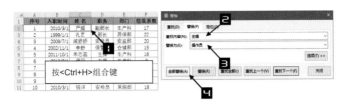

图 4-79　批量替换指定内容

↑ **步骤四** 单击提示框的【确定】按钮，完成操作。如图 4-80 所示。

图 4-80　批量替换的结果

💬 注意

WPS 表格允许在显示【查找】或【替换】对话框的同时返回工作表进行其他操作。如果进行了错误的替换操作，可以马上关闭对话框并按<Ctrl+Z>组合键（或快速访问工具栏中的撤销按钮"↺"）来撤销。

对于应用了数字格式的数据，查找的内容以实际内容为准，而不是应用数字格式后显示的内容。

42.2　更多查找选项

在【查找】或【替换】对话框中，单击【选项】按钮可以显示更多查找和替换选项，如图 4-81 所示。

各选项含义如表 4-4 所示。

图 4-81　更多的查找替换选项

表 4-4　查找替换选项的含义

查找替换选项	含义
范围	可在下拉列表中选择查找的目标范围，是当前工作表还是整个工作簿
搜索	可在下拉列表中选择查找时的搜索顺序，有"按行"和"按列"两种选择
查找范围	可在下拉列表中选择查找对象的类型。"智能"指查找的范围按系统默认方式自动查找；"公式"指查找所有单元格数据及公式中所包含的内容；"值"指仅查找单元格中的数值、文本及公式运算的结果，而不包括公式内容；"批注"指仅在批注内容中进行查找。其中在【替换】模式下，只有"公式"一种方式有效
区分大小写	可选择是否区分英文字母的大小写。如选择区分，查找"WPS"就不会查找到内容为"wps"的单元格
单元格匹配	可选择查找的目标单元格是否仅包含需要查找的内容。例如，选中"单元格匹配"，查找"WPS"就不会在结果中出现包含"金山WPS"的单元格
区分全/半角	可选择是否区分全角和半角字符。如果选择区分，查找"WPS"就不会在结果中出现内容为"Ｗ Ｐ Ｓ"的单元格

除了以上这些选项以外，还可以对查找对象的格式进行设定，以求在查找时只包含格式匹配的单元格。此外，在替换时也可以对替换对象的格式进行设定，使其在替换数据内容的同时更改其单元格格式。

下面以各示例来进行操作说明。

42.3 按行或列方式搜索查找

如图 4-82 所示，H5：J8 区域为横向、纵向相同的文本内容，选中该区域，在【开始】选项卡中依次单击【查找】下拉按钮→【查找】命令，在【查找】对话框【查找内容】文本框内输入"白菜"，单击【选项】按钮，在【搜索】下拉列表中选择"按行"，单击【查找下一个】，此时 H5为当前活动单元格，再单击【查找下一个】，当前活动单元格顺序依次为：J5→H8→J8→H5。【搜索】下拉列表中选择"按列"时，当前活动单元格顺序依次为：H8→J5→J8→H5。

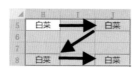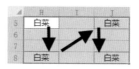

图 4-82 按行或列搜索查找

42.4 在查找范围为公式或值中查找数据

如图 4-83 所示，是在【查找范围】为"公式"的状态下查找出的所有数据，包含了数值为"4"的单元格和公式所引用单元格地址中含有"4"的单元格（如 E14），不包含公式的显示值为"4"的单元格（如 E13）。

图 4-83 查找范围"公式"查找数据

如图 4-84 所示，在【查找范围】为"值"的状态下查找出的所有数据，包含了数值为"4"的单元格和公式结果中包含"4"的单元格（如 E4、E13）。此时，公式引用地址中包含"4"的单元格未被选中。

图 4-84　查找范围"值"查找数据

42.5　通过格式进行查找

图 4-85 所示 A 列为"发票编号"，其中部分号码为红色字体，通过【查找】选项中的格式，可以快速选中这些数据，操作步骤如下。

↑ 步骤一　单击任意单元格，按 <Ctrl+F> 组合键。

↑ 步骤二　在【查找】对话框中依次单击【选项】→【格式】→【字体颜色】命令。

↑ 步骤三　此时光标变成吸管形状的图标（✐），单击含有目标格式的单元格（如 A2），提取"查找格式"。

↑ 步骤四　单击【查找全部】按钮。如图 4-85 所示。

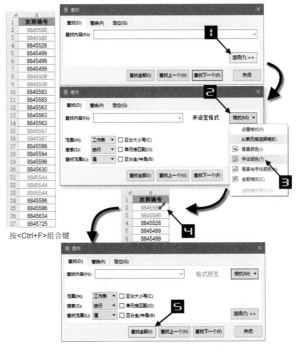

图 4-85　按格式查找

此时，在对话框下方会列出所有符合条件的单元格。按<Ctrl+A>组合键选中所有目标单元格，单击【关闭】按钮关闭【查找】对话框，如图 4-86 所示。

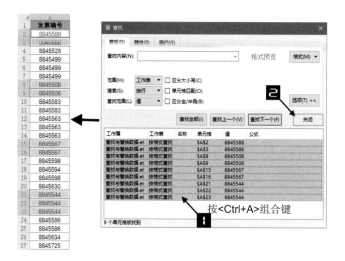

图 4-86　按格式查找的结果显示

💬 注意

　　经过【格式】选项查找数据后，需要【清除查找格式】，否则在 WPS 程序没有关闭之前，会默认记忆最近一次的查找设置，从而影响后续的数据查找，弹出如图 4-87 所示警告提示框。

图 4-87　找不到正在搜索的数据警示框

　　如果要清除查找格式，可以在【查找】对话框中依次单击【选项】→【格式】→【清除查找格式】命令，如图 4-88 所示。

图 4-88　清除查找格式

42.6 字符的添加与删除

如图 4-89 所示，需要将 A 列 "北京" 替换为 "北京市"，B 列的 "朝阳区" "崇文区" 等内容中的 "区" 删除，操作步骤如下。

	A	B	C
1	城市	区县	地址
2	北京	朝阳区	北京市朝阳区工人体育场北路
3	北京	朝阳区	朝阳区望京新兴产业开发区广泽路
4	北京	朝阳区	朝阳区西大望路与广渠路交叉路口
5	北京	崇文区	北京市丰台区GOGO新世代1号楼
6	北京	崇文区	崇文区东二环广渠门桥西
7	北京	大兴区	京开高速西红门
8	北京	东城区	北京市东城区东兴隆街
9	北京	东城区	北京市东城区东直门内大街
10	北京	丰台区	丰台区东铁营苇子坑
11	北京	海淀区	花园路13号院
12	北京	通州区	通州区通胡大街70号院
13	北京	通州区	通州区万盛北里城铁九棵树站
14	北京	通州区	通州通燕高速耿庄桥出口
15	北京	密云区	密云区西大桥路

	A	B	C
1	城市	区县	地址
2	北京市	朝阳	北京市朝阳区工人体育场北路
3	北京市	朝阳	朝阳区望京新兴产业开发区广泽路
4	北京市	朝阳	朝阳区西大望路与广渠路交叉路口
5	北京市	崇文	北京市丰台区GOGO新世代1号楼
6	北京市	崇文	崇文区东二环广渠门桥西
7	北京市	大兴	京开高速西红门
8	北京市	东城	北京市东城区东兴隆街
9	北京市	东城	北京市东城区东直门内大街
10	北京市	丰台	丰台区东铁营苇子坑
11	北京市	海淀	花园路13号院
12	北京市	通州	通州区通胡大街70号院
13	北京市	通州	通州区万盛北里城铁九棵树站
14	北京市	通州	通州通燕高速耿庄桥出口
15	北京市	密云	密云区西大桥路

图 4-89 添加和删除字符

↑ 步骤一 选中 A 列数据区域（如 A2：A15），按 <Ctrl+H> 组合键。

↑ 步骤二 在弹出的【替换】对话框中【查找内容】文本框内输入 "北京"，【替换为】文本框内输入 "北京市"。

↑ 步骤三 单击【全部替换】按钮，再单击提示框的【确定】按钮，如图 4-90 所示。

↑ 步骤四 再选中 B 列数据区域（如 B2：B15）。

↑ 步骤五 在【替换】对话框中【查找内容】文本框内输入 "区"，【替换为】文本框内不输入任何内容。

↑ 步骤六 单击【全部替换】按钮，再单击提示框的【确定】按钮完成操作。如图 4-91 所示。

图 4-90 将 "北京" 替换为 "北京市"

图 4-91 将 "区" 替换为空

42.7 精确替换

如图 4-92 所示，需要将员工绩效系数为 "0" 的值替换为 "待定"，可以按以下步骤操作。

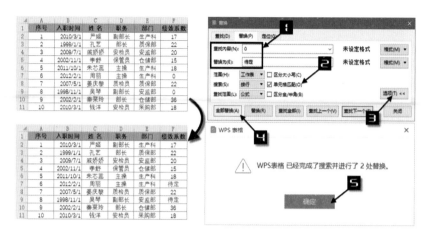

图 4-92　精确替换零值

↑ 步骤一　单击任意单元格，按<Ctrl+H>组合键。

↑ 步骤二　在【替换】对话框的【查找内容】文本框内输入"0"，在【替换为】文本框内输入"待定"。

↑ 步骤三　单击【选项】按钮，勾选【单元格匹配】复选框，单击【全部替换】按钮。

↑ 步骤四　单击提示框的【确定】按钮，再单击【关闭】按钮完成操作。

42.8　姓名列表的快速转置

在实际工作中，经常需要打印如图 4-93 中 A 列所示的姓名列表，为了打印效果美观同时节约纸张，可以将数据转换为右侧效果再进行打印操作。

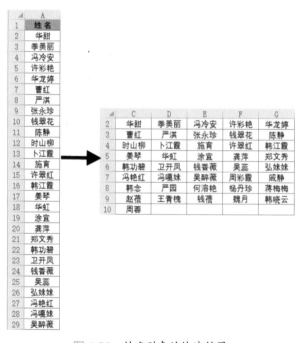

图 4-93　姓名列表的快速转置

具体操作步骤如下。

↑步骤一 在C2单元格输入"A2"，C3单元格输
入"A7"，选中C2:C3单元格区域，
光标移动到区域右下角出现黑色十字
图标时，按住鼠标左键往右拖动至G
列，选中C2:G3单元格区域，光标移
动到区域右下角出现黑色十字图标时，
拖动光标向下填充，如图4-94所示。

↑步骤二 按<Ctrl+H>组合键，在【替换】对话
框的【查找内容】文本框中输入"A"，
在【替换为】文本框内输入"=A"。

↑步骤三 依次单击【全部替换】→【确定】→【关闭】按
钮，关闭【替换】对话框，如图4-95所示。

↑步骤四 当公式引用的单元格内容为空时，会
返回无意义的零值，最后将多余的"0"
清除，完成操作。

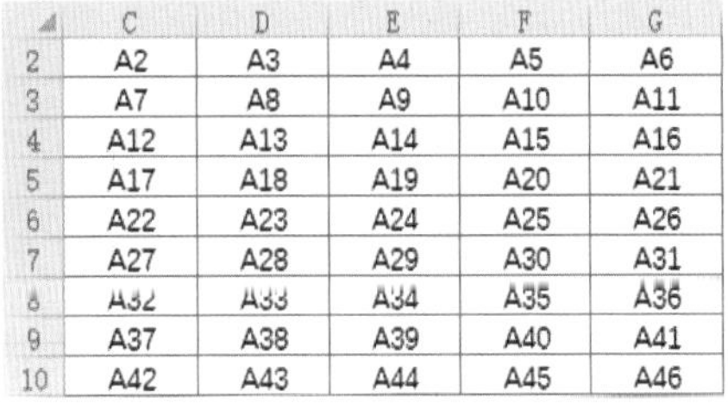

42.9　换行显示

如图4-96所示，需要将姓名和手机号由图
左侧的效果变换为图右侧效果，可以利用查找替
换功能来实现，具体操作步骤如下。

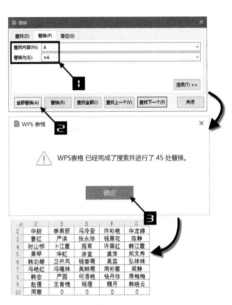

图 4-94　填充 C2:G10 单元格

图 4-95　将填充内容进行替换操作

图 4-96　换行显示结果

↑ 步骤一　在任意空白单元格内输入"1"，在编辑状态下按<Alt+Enter>组合键，再输入"2"，将此单元格设置成【自动换行】模式后，效果如图4-97中D1单元格所示。

↑ 步骤二　按<Ctrl+H>组合键，在弹出的【替换】对话框【查找内容】文本框中输入空格" "（如不确定姓名和手机号中是否为空格字符，可以在A列数据单元格内复制再粘贴到【查找内容】文本框内），复制D1单元格内容粘贴到【替换为】文本框内。

↑ 步骤三　删除【替换为】文本框内的""1"和"2""，注意中间的空白字符不能删除。

↑ 步骤四　单击【全部替换】按钮，再单击提示框的【确定】按钮。如图4-97所示。

　　此时，关闭【替换】对话框，将A2:A15单元格设置【自动换行】模式，完成所有操作。

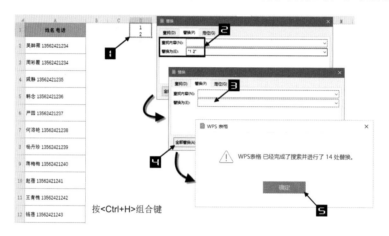

图 4-97　换行显示操作步骤

42.10　整理不规范日期

　　如图4-98所示，A列为文本型日期，在处理数据时不能被表格识别，可以用替换的方式来进行处理，具体操作如下。

↑ 步骤一　选中A列，按<Ctrl+H>组合键打开【替换】对话框。

↑ 步骤二　在【替换】对话框【查找内容】文本框中输入"."，【替换为】文本框中输入"-"或"/"，再依次单击【全部替换】→【确定】→【关闭】按钮。如图4-98所示。

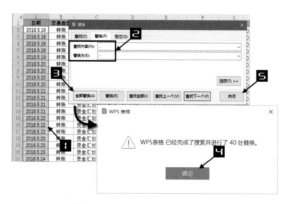

图 4-98　不规范日期的整理

↑ 步骤三 在【开始】选项卡中单击数字格式下拉列表中的【短日期】命令，完成操作。如图4-99所示。

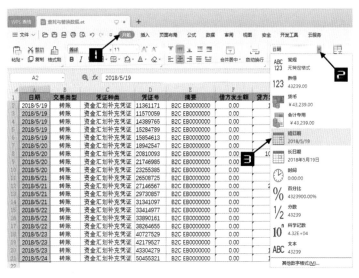

图 4-99　设置数字格式

42.11　通配符的运用

　　为了完成更为复杂的查找要求，在WPS表格中还可以使用包含通配符的模糊查找方式，所支持的通配符包括星号"*"和问号"?"。

　　"*"可代替任意数目的字符，可以是单个字符或多个字符。"?"可以代替任意单个字符。

　　如图4-100所示，需要删除姓名后面的手机号，按<Ctrl+H>组合键打开【替换】对话框，在【查找内容】文本框中输入空格加星号"*"，【替换为】文本框内不输入任何内容，单击【全部替换】按钮，此时表格中包含以空格开头的手机号码和列标签中的"电话"均被删除。

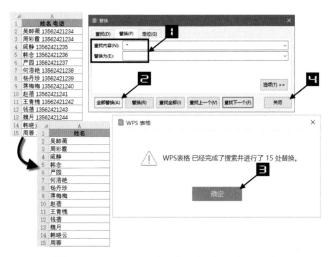

图 4-100　利用通配符"*"批量删除手机号

如果需要查找的字符是"*"或"?"本身，而不是它所代表的通配符，则需要在字符前加上波浪线符号"~"（如"~*"）。如果需要查找字符"~"，则需要以两个连续的波浪线"~"来表示。

如图 4-101 所示，需要将"型号"中的"*"替换为"×"。可以按 <Ctrl+H> 组合键打开【替换】对话框，在【查找内容】文本框中输入"~*"，【替换为】文本框内输入"×"，单击【全部替换】按钮，单击【确定】按钮，再单击【关闭】按钮，完成操作。

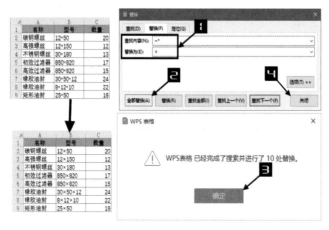

图 4-101　批量替换星号"*"

技巧 43　制作斜线表头

演示视频

在某些有特殊版式要求的报表中，经常会用到斜线表头，如图 4-102 所示。但是 WPS 表格并没有直接提供这种表头样式，需要借助其他技巧来变通实现，以下介绍具体的操作技巧。

43.1　单斜线表头

如果表头中只需设置一根斜线，可以借助表格的边框来实现，步骤如下。

图 4-102　斜线表头效果

↑ 步骤一　选定目标单元格，按 <Ctrl+1> 组合键打开【单元格格式】对话框。

↑ 步骤二　单击【边框】选项卡，在【边框】区域中单击右下角的斜线按钮，单击【确定】按钮完成设置，如图 4-103 所示。

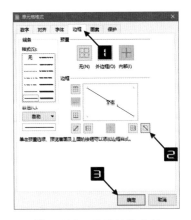

图 4-103　设置斜线边框

⬡ 注意

　　如需对斜线进行线条样式和颜色设置，需要先在左侧的【样式】和【颜色】中设置完成后再单击斜线按钮。

　　设置完斜线后，可以使用以下几种方法在单元格内输入表头文字。

1. 使用文本框

↑ **步骤一**　单击【插入】选项卡中的【文本框】→【横向文本框】命令，然后用鼠标在工作表中画出矩形文本框。

↑ **步骤二**　保持文本框处于选中状态，在文本框右侧快捷菜单中依次单击【形状填充】→【无填充颜色】命令。如图 4-104 所示。

↑ **步骤三**　继续保持文本框处于选中状态，在文本框右侧快捷菜单中依次单击【形状轮廓】→【无轮廓】命令。

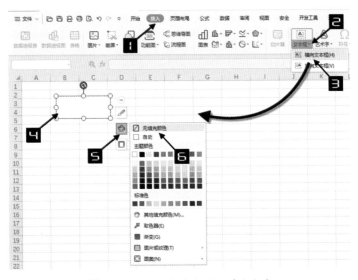

图 4-104　设置文本框为无填充颜色

↑步骤四　单击文本框，进入编辑状态，输入一项表头标题，如"费用"，然后将文本框移至表头单元格斜线的上方位置。

↑步骤五　复制步骤四中的文本框，将文本修改成第二项表头标题，如"部门"，然后将文本框移至表头单元格斜线下方位置，最终效果如图4-102中的B2单元格所示。

2. 使用上下标

↑步骤一　在设置有斜线的单元格中输入表头标题，如"部门费用"。

↑步骤二　选中标题中需要设置下标的部分，如"部门"，然后按<Ctrl+1>组合键，打开【单元格格式】对话框，勾选【特殊效果】区域的【下标】复选框，并根据实际情况调整字体大小（设置为上下标后，文字显示将比正常格式略小），单击【确定】按钮，关闭对话框完成表头标题"部门"的下标设置，如图4-105所示。

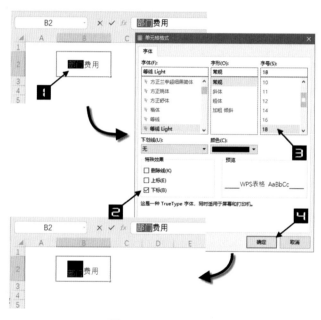

图4-105　设置下标

↑步骤三　参考步骤二将表头标题"费用"设置成上标，最终效果如图4-102中的B4单元格所示。

3. 单元格内换行

↑步骤一　在单元格内输入"费用部门"，将光标定位在"费用"和"部门"之间，然后按<Alt+Enter>组合键，插入换行符使其分行显示。

↑步骤二　在"费用"前插入适量的空格，使标题文字与单元格斜线相匹配，最终效果如图4-102中的B6单元格所示。

43.2　双斜线表头

在表头中需要设置两条或两条以上的斜线，可以用自选图形实现，操作步骤如下。

↑步骤一　单击【插入】选项卡中的【形状】命令，在弹出的扩展菜单【线条】区域中选择【直线】，然后在单元格中绘制斜线，如图4-106所示。

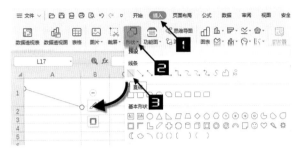

图4-106　绘制线条

↑步骤二　选中绘制好的斜线，在【绘图工具】选项卡中单击【轮廓】下拉按钮，在主题颜色面板中选择【黑色】，如图4-107所示。

图4-107　设置线条颜色

↑步骤三　使用文本框或单元格内换行的方法输入标题，效果如图4-102中的B8单元格所示。

技巧 44　使用批注标记特殊数据

在日常工作中，经常会遇到一些需要特殊说明或标记的数据，可以用批注功能来加以实现，以下介绍批注功能的一些基本操作。

44.1　新建批注

新建批注的操作步骤如下。

↑步骤一　选中要进行特殊标记的单元格（如E3）。

↑步骤二　在【审阅】选项卡中单击【新建批注】按钮（或在右键菜单中选择【插入批注】命令），此时单元格右上角会出现一个红色的小三角和文本框。

↑步骤三　在文本框内输入需要说明的文字（如"待定"），单击其他任意单元格退出批注编辑状态，完成新建批注操作，如图 4-108 所示。

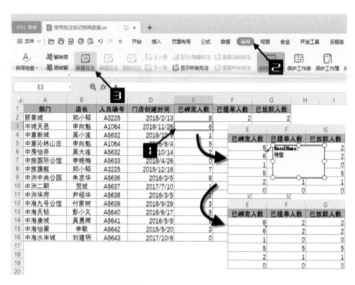

图 4-108　插入批注

44.2　批注相关命令的含义

选中包含批注的单元格，在【审阅】选项卡下与批注相关的命令被激活，各个命令的含义如表 4-5 所示。

表 4-5　批注相关命令的含义

命令	含义
编辑批注	选中含有批注的单元格后单击此命令，可进入批注的编辑状态
删除批注	删除单个批注，可以选中含有批注的目标单元格，单击此命令，将删除选定的这一个单元格的批注；如需删除多个或全部批注，则需要选中含有多个批注的单元格区域或整张工作表
上一条	如工作表中有多个批注，单击此命令，在当前活动单元格位置按从右向左、从下往上的顺序搜索并激活显示批注内容
下一条	如工作表中有多个批注，单击此命令，在当前活动单元格位置按从左向右、从上往下的顺序搜索并激活显示批注内容
显示/隐藏批注	含有批注的单元格为当前活动单元格时，单击此命令，批注文本框将被显示或隐藏
显示所有批注	工作表中含有单个或多个批注时，单击此命令，工作表中的所有批注文本框将被显示；再次单击此命令，工作表中所有的批注将被隐藏
重置当前批注	当批注文本框被移动至其他位置时，单击此命令，批注文本框恢复默认位置和大小
重置所有批注	当工作表中单个或多个批注文本框被移动至其他位置时，单击此命令，工作表中所有的批注文本框恢复默认位置和大小

44.3　移动批注文本框的显示位置

批注文本框被显示时经常会把表格内容遮挡，此时可以通过移动批注文本框位置来解决，操作方法如下。

↑ 步骤一　选中需要移动的批注文本框的单元格，单击【审阅】选项卡中的【编辑批注】按钮。

↑ 步骤二　将光标移动至批注文本框边缘，当鼠标指针成为十字双向箭头时，按住鼠标左键，拖动至合适位置。

↑ 步骤三　单击任意单元格，退出批注编辑状态，完成操作。如图 4-109 所示。

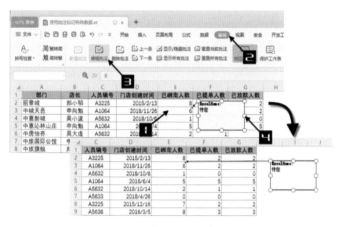

图 4-109　移动批注文本框位置

44.4　设置批注格式

在单元格中插入批注后，可以对批注的格式进行设置，具体操作如下。

选中批注的边框，右击鼠标，在弹出的快捷菜单中选择【设置批注格式】命令，打开【设置批注格式】对话框。如图 4-110 所示。

图 4-110　打开【设置批注格式】对话框

【设置批注格式】对话框包含了"字体""对齐""颜色与线条""大小""保护""属性""页边距"7个选项卡。通过这些选项卡的设置，可以对当前单元格批注的外观样式等属性进行设置。各选项卡的设置内容如表4-6所示。

表4-6 【设置批注格式】各选项卡设置内容

选项卡	设置内容
字体	设置批注字体类型、字形、字号、字体颜色及下画线、删除线等显示效果
对齐	设置批注文字的水平、垂直对齐方式、文本方向等
颜色与线条	设置批注背景的颜色、图案及外框线条的样式和颜色等
大小	设置批注文本框的大小
保护	设置锁定批注的保护选项，只有当前工作表被保护后该选项才生效
属性	设置批注的大小和显示位置是否跟随单元格而变化
页边距	设置批注文字与批注内边框的距离
图片	可对图像的亮度、对比度等进行控制。当前批注背景中插入图片后，该选项卡才会出现

技巧 45 使用分类汇总统计各科目金额

WPS表格的工作表分级显示功能提供了类似目录树的显示效果，它可以根据层次的需要显示不同级别的数据。可以根据需要展开某个级别，查看该级别下的明细数据，也可以收缩某个级别，只查看该级别的汇总数据。

分类汇总是处理汇总数据时的一项常用功能，可以将工作表的数据按字段、项目进行自动汇总计算。

45.1 使用分类汇总命令

操作步骤如下。

↑ 步骤一　选中"科目名称"列中任意一个单元格（如E5），在【数据】选项卡中单击【升序】按钮，完成数据表的排序，如图4-111所示。

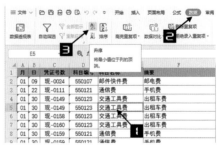

图4-111　按"科目名称"进行排序

↑ 步骤二　在【数据】选项卡中单击【分类汇总】命令，弹出【分类汇总】对话框。

↑ 步骤三　在【分类汇总】对话框的【分类字段】中选择"科目名称"，【汇总方式】中选择"求和"，【选定汇总项】的复选框中勾选"借方"复选框。

↑ **步骤四** 单击【确定】按钮完成操作，如图 4-112 所示。

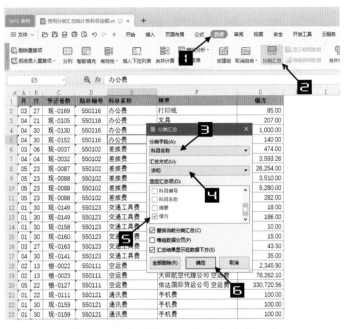

图 4-112 按"科目名称"进行分类汇总

分类汇总后的数据显示效果如图 4-113 所示，单击工作表左上角区域的数字序号，则可以展开对应级别的数据。

	月	日	凭证号数	科目编号	科目名称	摘要	借方
1	月	日	凭证号数	科目编号	科目名称	摘要	借方
2	03	27	现-0169	550116	办公费	打印纸	85.00
3	04	21	现-0105	550116	办公费	文具	207.00
4	04	30	现-0130	550116	办公费	护照费	1,000.00
5	04	30	现-0152	550116	办公费	ARP用C盘	140.00
6					办公费 汇总		1,432.00
7	03	06	现-0037	550102	差旅费	差旅费	474.00
8	04	04	现-0032	550102	差旅费	差旅费	3,593.26
9	05	23	现-0087	550102	差旅费	差旅费	26,254.00
10	05	23	现-0088	550102	差旅费	差旅费	3,510.00
11	05	23	现-0088	550102	差旅费	差旅费	5,280.00
12	05	23	现-0088	550102	差旅费	差旅费	282.00
13					差旅费 汇总		39,393.26

图 4-113 分类汇总完成后的显示

💬 注意

　　如果在【分类汇总】对话框中取消勾选"汇总结果显示在数据下方"的复选框，则汇总结果会显示在每一组数据的上方。

　　如需要恢复原数据显示状态，可在【数据】选项卡中单击【分类汇总】按钮，在弹出的【分类汇总】对话框中单击【全部删除】按钮，如图 4-114 所示。

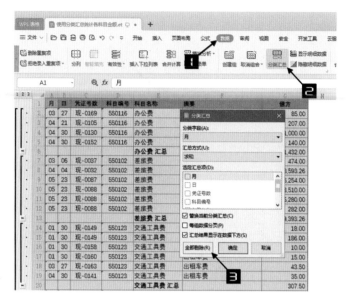

图 4-114　恢复原数据表状态

💬 注意

　　使用分类汇总功能时，必须先对要分类的字段进行排序，否则分类汇总的结果可能和预期效果不一致。

45.2　手动创建组

　　在图 4-111 所示工作表中，如需对已经过排序处理的数据进行手动添加分组，具体操作步骤如下。

↑步骤一　在每个"科目名称"下方插入一个空白行，选中"借方"数据区域（如 G2：G47）。

↑步骤二　按<Ctrl+G>组合键，定位空白单元格。

↑步骤三　在【开始】选项卡中单击【求和】按钮，如图 4-115 所示。

图 4-115　插入空行及"借方"求和

↑ **步骤四** 选中 2∶5 行，在【数据】选项卡中单击【创建组】按钮，再对下面的科目做同样的【创建组】操作。

↑ **步骤五** 在各"科目名称"下方的空白单元格内添加"（科目）汇总"，如图 4-116 所示。

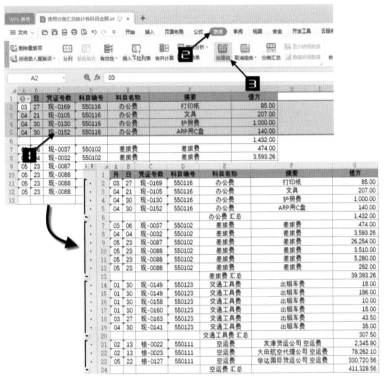

图 4-116　手动创建组

如需要把多个科目创建成一个组（如"办公费"和"差旅费"），则选中包含"办公费"和"差旅费"科目的行，在【数据】选项卡中单击【创建组】按钮即可。

如需要删除这些分组，可在【数据】选项卡上依次单击【取消组合】→【清除分级显示】命令，如图 4-117 所示。

图 4-117　清除分级显示

技巧 46　快速删除重复值

在实际工作中，经常需要在一列或多列数据中提取不重复数据记录，WPS表格【数据】选项卡中的【删除重复项】功能，可以快速删除单列或多列数据中的重复项。

46.1　在单列数据表中删除重复值

如图4-118所示，A列是各种商品名称，需要从中提取一份不重复的商品名称清单，操作步骤如下。

↑ 步骤一　选中单列数据区域（如A1：A51单元格区域），也可以直接选中A列数据区域中的任意单元格。

↑ 步骤二　在【数据】选项卡中单击【删除重复项】命令，打开【删除重复项】对话框。

↑ 步骤三　单击【删除重复项】按钮，在弹出的【WPS表格】提示框中单击【确定】按钮，如图4-118所示。

图 4-118　删除单列数据中的重复值

此时，直接在原始数据区域返回删除重复项后的清单。如果要将删除重复项后的数据导出到其他位置，可以事先将原始区域复制到目标区域再进行操作。

46.2　在多列数据表中删除重复值

图4-119所示，是一份商品的销售记录表，需要从中提取各营业员的上班日期信息。利用【删除重复项】功能，选择"销售日期""营业员"作为记录是否重复的参考，即可得到去重复后每个营业员的上班日期，具体操作步骤如下。

↑ 步骤一　选中数据区域内的任意单元格，如A1单元格。

↑ 步骤二　单击【数据】选项卡中的【删除重复项】命令，打开【删除重复项】对话框。

↑ 步骤三　单击取消【全选】复选框，在下拉列表中勾选【销售日期】和【营业员】复选框，单击【删除重复项】按钮，然后在【WPS表格】提示框中单击【确定】按钮，如图4-119所示。

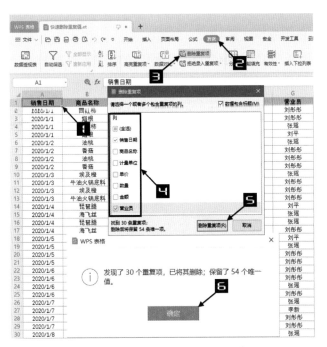

图 4-119　根据指定的多列删除重复值

↑ 步骤四　依次以"销售日期"和"营业员"作为依据排序，对数据区域进行排序，即可在销售
日期列得到营业员的上班日期，如图 4-120 所示。

销售日期	商品名称	计量单位	单价	数量	金额	营业员
2020/1/8	每日坚果	袋	109	10	168	黄岳中
2020/1/10	菠萝蜜	KG	28	6	96	黄岳中
2020/1/12	五花肉	KG	60	14	535.5	黄岳中
2020/1/14	榴莲	KG	52	8	88	黄岳中
2020/1/16	泡椒	KG	4	10	252	黄岳中
2020/1/18	土豆	KG	6	5	416	黄岳中
2020/1/20	奇麦朗曲奇礼盒	盒	36	15	140	黄岳中
2020/1/21	澳洲牛腱	KG	59.5	9	798	黄岳中
2020/1/22	香梨	盒	22	7	540	黄岳中
2020/1/7	福临门	桶	80	7	1090	李新
2020/1/10	菠萝蜜	KG	28	6	96	李新
2020/1/12	五花肉	KG	60	14	70	李新
2020/1/14	桂花糕	KG	10	7	340	李新
2020/1/16	洗发水	瓶	12	8	140	李新
2020/1/21	澳洲牛腱	KG	59.5	9	252	李新
2020/1/1	翅根	KG	18	7	160	刘平

图 4-120　销售日期即为营业员上班日期

技巧 47　认识 WPS 表格中的"超级表"

"数据列表"通常指的是具备结构化特征的数据区域，此区域的每一列称为"字段"，用于
存放同一类型和特性的数据。每一行可以称为记录，首行为标题行，即字段名。数据列表应该
是一个完整和独立的数据区域，其中不应该包含空白行或空白列。

"表格"实际上是具有各种附加属性和增强功能的数据列表，可以称之为"超级表"。

47.1 创建"超级表"

要将数据列表转化为超级表，可以使用下面介绍的任意一种方法。

● **方法 1** 在数据列表中单击任意一个单元格，或者选中整个数据列表，然后在【插入】选项卡中单击【表格】按钮，在弹出的【创建表】对话框中确认当前的设置正确无误，最后单击【确定】按钮，如图 4-121 所示。

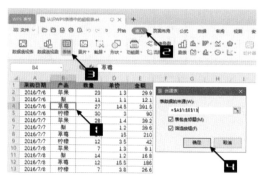

图 4-121 使用插入【表格】命令创建"超级表"

单击数据列表中的任意一个单元格后，按下 <Ctrl+T> 或 <Ctrl+L> 组合键，也可以调出【创建表】对话框。

● **方法 2** 单击数据列表中的任意一个单元格，或者按 <Ctrl+A> 组合键选中整个数据列表，在【开始】选项卡中单击【表格样式】下拉按钮，在弹出的表格样式库中单击合适的样式，此时会弹出【套用表格样式】对话框。

选中【转换成表格，并套用表格样式】单选按钮，最后单击【确定】按钮，即可完成数据列表到"超级表"的转换，如图 4-122 所示。

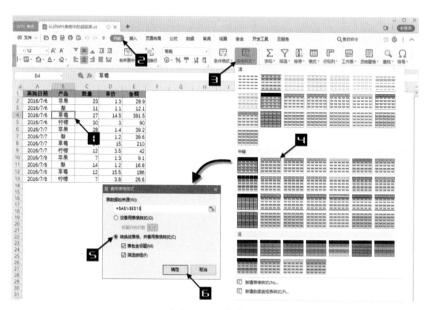

图 4-122 使用【表格样式】命令创建"超级表"

47.2 "超级表"的特性

创建完成的"超级表"如图 4-123 所示，主要包括以下几个特性。

1．激活"超级表"中的任意一个单元格，功能区中将出现【表格工具】选项卡，专门为"超级表"提供各种功能。

2．"超级表"具备筛选功能，列标题行的每个单元格都会出现下拉箭头。WPS 表格的"筛选"功能在同一张工作表内通常只能被应用于一个数据区域，但"超级表"的筛选不受此限制，同一张工作表中如果存在多个"超级表"，则每一个都具备筛选功能。

3．"超级表"中不支持使用合并单元格，如果常规单元格区域中包含合并单元格，在转换为"超级表"时会自动取消合并状态。

4．向下滚动工作表，直到"超级表"的标题行不在当前窗口中，此标题行仍将显示，它会替代所在列的列标字母，如图 4-124 所示。

	A	B	C	D	E
1	采购日期	产品	数量	单价	金额
2	2016/7/6	苹果	23	1.3	29.9
3	2016/7/6	梨	11	1.1	12.1
4	2016/7/6	草莓	27	14.5	391.5
5	2016/7/6	柠檬	30	3	90
6	2016/7/7	苹果	28	1.4	39.2
7	2016/7/7	梨	33	1.2	39.6
8	2016/7/7	草莓	14	15	210
9	2016/7/7	柠檬	12	3.5	42
10	2016/7/8	苹果	7	1.3	9.1
11	2016/7/8	梨	14	1.2	16.8
12	2016/7/8	草莓	12	15.5	186
13	2016/7/8	柠檬	7	3.8	26.6

图 4-123　创建完成的"超级表"

采购日期	产品	数量	单价	金额
7	2016/7/7	梨	33	1.2	39.6
8	2016/7/7	草莓	14	15	210
9	2016/7/7	柠檬	12	3.5	42
10	2016/7/8	苹果	7	1.3	9.1
11	2016/7/8	梨	14	1.2	16.8
12	2016/7/8	草莓	12	15.5	186
13	2016/7/8	柠檬	7	3.8	26.6

图 4-124　始终显示的"超级表"标题行

5．"超级表"提供自动计算的汇总行，只要在【表格工具】选项卡中勾选【汇总行】的复选框，就可以在表格末尾显示汇总行，并支持多种汇总方式，如图 4-125 所示。

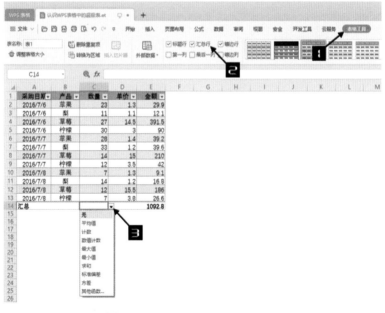

图 4-125　具备计算功能的汇总行

113

"超级表"具有自动扩展功能，从而成为一个动态引用区域，这对于创建数据透视表动态图表等应用非常有帮助。数据区域可以排序，筛选可以自动求和，即使是求平均值等操作也不用输入任何公式，可以随时转换为普通的单元格区域，从而极大方便了数据管理和分析操作。

47.3 将"超级表"转换为普通数据列表

如果需要将"超级表"转换为普通的数据列表，可以先选中"超级表"中的任意一个单元格，然后在【表格工具】选项卡中单击【转换为区域】按钮，在弹出的【WPS表格】提示框中单击【确定】按钮，如图 4-126 所示。

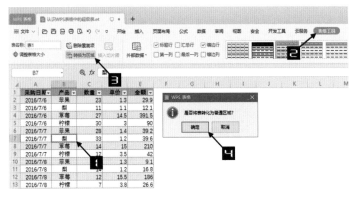

图 4-126　将"超级表"转换为普通数据列表

第 5 章　格式化数据

WPS表格提供了丰富的格式化命令和方法，用户可以利用这些命令和方法对工作表进行布局和对数据进行格式化，使得表格更加美观，数据更易于阅读。

技巧 48　轻松设置单元格格式

演示视频

工作表的整体外观由各单元格的样式构成，单元格的样式外观主要包括数据显示格式、字体样式、文本对齐方式、边框样式及单元格颜色等。

48.1　格式设置工具

对于单元格格式的设置和修改，可以通过功能区命令、浮动工具栏及【单元格格式】对话框等多种方法来操作。

1．功能区命令组

WPS表格的【开始】选项卡中提供了多个命令组用于设置单元格格式，包括【字体】【对齐方式】【数字】【样式】等，如图5-1所示。

字体　　　　对齐方式　　　　数字　　　样式

图 5-1　格式工具之一"功能区命令组"

● 【字体】命令组：包括字体、字号、加粗、倾斜、下画线、填充颜色、字体颜色等字体相关设置，还包括单元格边框、清除（格式或内容）命令。

● 【对齐方式】命令组：包括顶端对齐、垂直居中、底端对齐、左对齐、居中、右对齐及调整缩进量、分散对齐、自动换行、合并居中等命令。

● 【数字】命令组：包括对数字进行格式化的常用命令。

● 【样式】命令组：包括条件格式、表格样式等命令。

2. 浮动工具栏

选中单元格后鼠标右击，会弹出快捷菜单及【浮动工具栏】，在【浮动工具栏】中包括了常用的单元格格式设置命令，如图 5-2 所示。

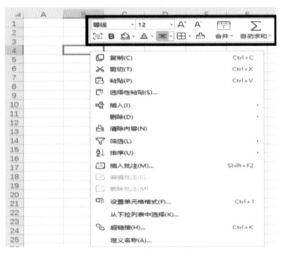

图 5-2 【浮动工具栏】

3. "单元格格式"对话框

用户还可以通过【单元格格式】对话框来更加详细地设置单元格格式，打开该对话框有多种方法。

● **方法 1** 在【开始】选项卡中，单击【字体】命令组、【对齐方式】命令组或【数字】命令组右下角的【对话框启动】按钮，可直接打开【单元格格式】对话框，如图 5-3 所示。

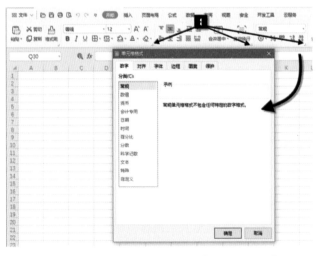

图 5-3 使用【对话框启动】按钮打开【单元格格式】对话框

● **方法 2** 按<Ctrl+1>组合键。

◆ **方法3** 鼠标右击任意单元格，在弹出的快捷菜单中单击【设置单元格格式】命令，如图 5-4 所示。

图 5-4 使用右键菜单打开【单元格格式】对话框

48.2 实时预览功能的启用和关闭

设置字体和字号时，在默认状态下支持实时预览格式效果，关闭或启用此功能的操作步骤如下。

↑ **步骤一** 依次单击【文件】→【选项】命令，打开【选项】对话框。

↑ **步骤二** 在【选项】对话框的【视图】选项卡中，勾选【显示】区域下的【启用实时预览】复选框。如果要关闭实时预览，则需取消勾选该复选框。最后单击【确定】按钮，如图 5-5 所示。

图 5-5 启用或关闭"实时预览"功能

48.3　对齐方式

打开【单元格格式】对话框，切换到【对齐】选项卡，在该选项卡中可以对文本对齐方式进行详细设置，如图 5-6 所示。

在【对齐】选项卡中还可以对文字方向及文本控制等内容进行相关设置。各选项设置的具体含义如下。

1．文本方向

在设置格式时，有时需要将文本以一定倾斜度进行显示，可以通过【对齐】选项卡中的【方向】命令来实现。

● 倾斜文本角度

在【对齐】选项卡右侧的【方向】设置区域，可以通过操作鼠标光标直接选择倾斜角度，或通过下方的【度】微调框来设置文本的倾斜角度，改变文本的显示方向，文本倾斜角度设置范围为 -90°~90°，如图 5-6 所示。

如图 5-7 所示的方向标，展示了文本"东""西"分别倾斜了 90°和 -90°。

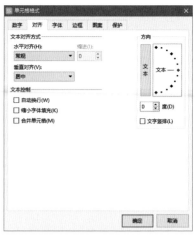

图 5-6　【对齐】选项卡

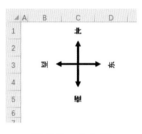

图 5-7　方向标

> 注意
>
> 还可以在"字体"文本框的字体前添加"@"符号，如"@宋体"，使文本逆时针方向旋转，增加文本倾斜角度，以实现大于 90°的倾斜角度，如图 5-7 所示中的"南"字，倾斜角度为 180°。

● "竖排文本"与"垂直角度文本"

"竖排文本"方向是指文本由水平排列状态转为竖直排列状态，文本中的每一个字符仍保持水平显示。设置方法及效果如图 5-8 所示。

图 5-8　竖排文本

选中竖排文本后再次单击图 5-8 右侧的竖排文本方向按钮，可取消竖排方向设置，恢复常规样式。

"垂直角度"是指文本垂直旋转 90°或 -90°后所形成的垂直显示文本，可通过【对齐】选项卡右侧的【方向】设置区域，将文本方向设置为 90°或 -90°来实现。

2. 水平对齐

水平对齐包括"常规""靠左（缩进）""居中""靠右（缩进）""填充""两端对齐"及"跨列居中""分散对齐（缩进）"等多种对齐方式，图 5-9 所示是"跨列居中"的设置方法及效果。

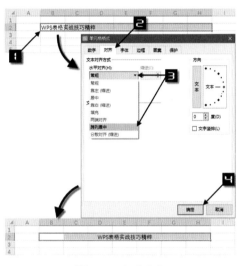

图 5-9　跨列居中

3. 垂直对齐

垂直对齐包括"靠上""居中""靠下""两端对齐"及"分散对齐"5 种对齐方式。

"两端对齐"是指单元格内容在垂直方向上向两端对齐，并且在垂直距离上平均分布。应用此格式的单元格当文本内容过长时会自动换行显示。

"分散对齐"是指文本为水平方向的情况下，显示效果与"两端对齐"相同，而当文本方向为垂直方向（±90°）时，多行文本的末行文字会在垂直方向上平均分布排满整个单元格高度，并且两端靠近单元格边框。设置此格式的单元格，当文本内容过长时会自动换行显示。

上述两种垂直对齐方式，设置的效果如图 5-10 所示。

对文本方向设置为"竖排"方式时，"垂直对齐"的效果如图 5-11 所示。

图 5-10　两种垂直方式设置效果

图 5-11　"竖排"方式下的"垂直对齐"

119

4．文本控制

在设置文本对齐的同时，还可以对文本进行输出控制，包括"自动换行""缩小字体填充""合并单元格" 3 个选项，如图 5-12 所示。

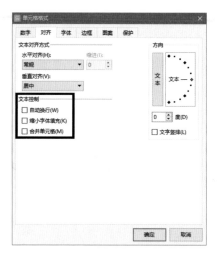

图 5-12　文本控制

注意

"自动换行"和"缩小字体填充"不能同时使用。

5．合并单元格

合并单元格是将两个或两个以上的连续单元格区域合并成占有两个或多个单元格空间的"超大"单元格。WPS 表格提供了"合并居中""合并单元格""合并相同单元格""合并内容"等 4 种合并方式。

难能可贵的是，WPS 表格还提供了"设置默认合并方式"选项供用户进行合并方式的选择和设置。如图 5-13 所示，展示了"拆分单列合并单元格时"，将默认单击后由"询问"后执行，设置为单击后直接"拆分并填充内容"。

图 5-13　设置默认合并方式

合并单元格会对表格数据的排序、筛选、复制、粘贴等造成影响。因此建议不要过多使用合并单元格。

48.4 字体格式

单元格字体格式包括字体、字号、字体颜色等，如图 5-14 所示。

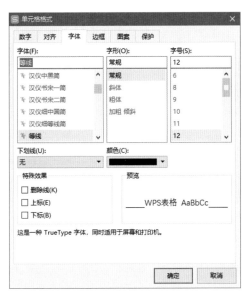

图 5-14 【字体】选项卡

WPS 表格的默认字体为"正文字体"，字号为 11 号。依次单击【文件】→【选项】命令，打开【选项】对话框，可以在【常规与保存】选项卡修改默认字体与字号，最后单击【确定】完成修改，如图 5-15 所示。

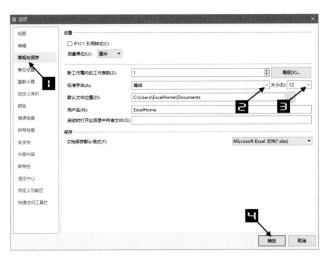

图 5-15 修改默认字体与字号

48.5　单元格边框

　　边框常用于划分表格区域，增加单元格视觉效果。在【开始】选项卡的【字体】命令组中，单击【所有框线】下拉按钮，在下拉列表中有多种边框设置选项，如图5-16所示。

　　用户还可以通过【单元格格式】对话框中的【边框】选项卡来设置更多的边框效果，如边框颜色、线条样式等，如图5-17所示。

图5-16　功能区边框命令

图5-17　【边框】选项卡

48.6　单元格底纹与图案

　　通过【单元格格式】对话框中的【图案】选项卡，可以对单元格的背景色进行填充修饰，如图5-18所示。

图5-18　【图案】选项卡

如果需要将现有的单元格格式复制到其他单元格区域，常用的方法有以下两种。

49.1 仅复制粘贴格式

选中需要复制的单元格，按<Ctrl+C>组合键，选中目标单元格后按<Ctrl+V>组合键，单击【粘贴选项】按钮，在下拉列表中选择【格式】命令，如图 5-19 所示。

49.2 通过【格式刷】复制单元格格式

更快捷复制单元格格式的方法是使用【格式刷】命令，操作步骤如下。

↑ 步骤一 选中需要复制格式的单元格区域，依次单击【开始】→【格式刷】命令。

↑ 步骤二 移动光标到目标单元格区域，此时光标变为⊕▲，单击鼠标左键，将格式复制到目标单元格区域，如图 5-20 所示。

如果需要将现有单元格区域的格式复制到更大的连续单元格区域，可以在步骤一操作完成后，在目标单元格左上角单元格位置按下鼠标左键，并向右下拖动至需要的位置，释放鼠标左键即可。

图 5-19 仅粘贴格式

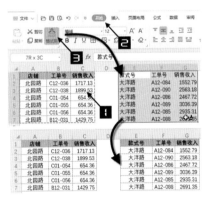

图 5-20 使用格式刷复制格式

如果在步骤一中双击【格式刷】，将进入重复使用模式，以便将现有单元格的格式复制到多个不连续单元格，直至再次单击【格式刷】命令，或按<Esc>键结束。

使用"单元格样式"可以为不同用途的单元格快速套用相应的样式，从而提高工作效率，同时也增强了工作表的规范性和可读性。

50.1 快速套用单元格样式

实际工作中常常需要为各种用途的单元格（如标题、数字和解释性文本等）设置特定的单元格样式，以增强可读性和规范性，方便后期进行各种处理。WPS表格预置了一些典型的样式，可以直接套用以快速地完成单元格样式设置。操作步骤如下。

↑ 步骤一　选中A1:E1单元格区域的字段标题。

↑ 步骤二　依次单击【开始】→【格式】→【样式】命令，弹出【单元格样式】样式库。

↑ 步骤三　在弹出的【单元格样式】样式库里单击需要的样式，如【标题1】，如图5-21所示。

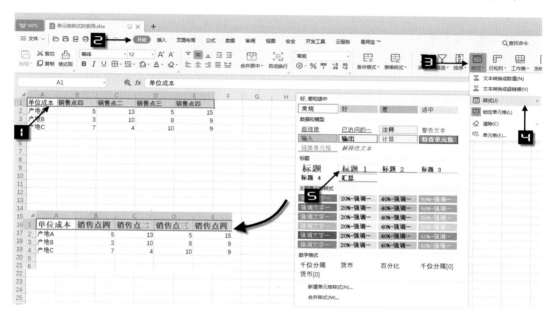

图 5-21　套用单元格样式

50.2 修改内置样式

用户可以对WPS表格的内置样式进行修改，之后所有应用此样式的单元格将随之自动更新。如图5-22所示，A1:E5单元格区域在套用几种内置样式后，效果如I1:M5单元格区域所示。其中J2:M4单元格区域使用了内置样式【好】。

图 5-22　套用单元格样式的效果

如果要将J2:M4单元格区域的背景填充由默认的"浅绿"改成"浅蓝"，可以通过修改【好】内置样式来实现，具体操作步骤如下。

↑ 步骤一　依次单击【开始】→【格式】→【样式】命令，弹出【单元格样式】的样式库。在【好】按钮上单击鼠标右键，在弹出的快捷菜单中单击【修改】命令，如图 5-23 所示。

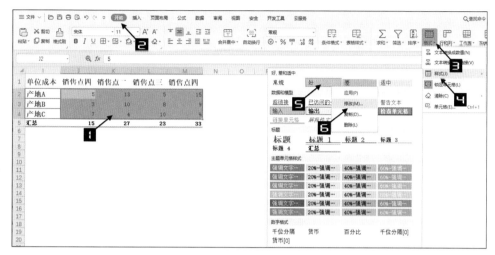

图 5-23　修改内置单元格样式

↑ 步骤二　在弹出的【样式】对话框中单击【格式】按钮打开【单元格格式】对话框，单击【图案】选项卡，选择适当的颜色，如"浅蓝"，单击【确定】按钮关闭【单元格格式】对话框，如图 5-24 所示。

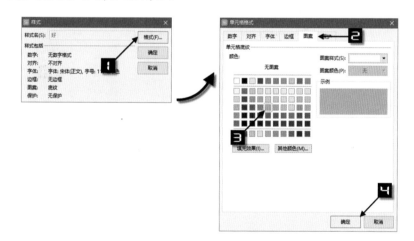

图 5-24　修改【好】样式的背景色为"浅蓝"

↑ 步骤三　再次单击【样式】对话框的【确定】按钮，完成对【好】样式的修改，如图 5-25 所示。

此时，J2:M4 单元格区域将自动更新单元格格式，使之与修改后的样式相匹配，效果如图 5-26 所示。

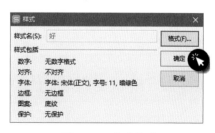

图 5-25　完成修改

格式化数据

单位成本	销售点四	销售点二	销售点三	销售点四
产地A		5	13	5	15
产地B		3	10	8	9
产地C		7	4	10	9
汇总	15	27	23	33

图 5-26　最终效果图

当用户对某个已定义的样式进行修改后，同一工作簿所有使用了该样式的单元格都会自动更新单元格格式，这种格式联动的特性将大大提升操作效率。

⏢ 注意

单元格样式的修改只影响当前工作簿。

技巧 51　轻松设置数字格式

数字格式用于单元格数值的格式化。在【开始】选项卡的【数字格式】下拉列表中包括了一些内置的常用数字格式，通过选择这些内置格式可以快速设置单元格的数字格式效果，如图 5-27 所示。

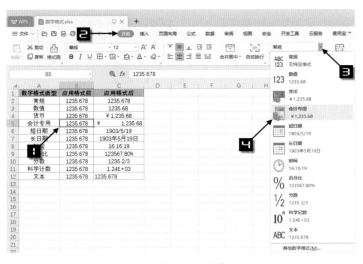

图 5-27　轻松设置数字格式

技巧 52　自定义数字格式

功能区的【数字格式】下拉列表中仅包含一些常用的数字格式类型，如果需要设置其他的数字格式，可以借助【单元格格式】对话框完成，并且能够设置自定义的数字格式。

52.1 创建自定义数字格式

在图 5-27 中的【数字格式】下拉列表中，选择最后一项【其他数字格式】命令，或按<Ctrl+1>组合键打开【单元格格式】对话框，在【数字】选项卡中可以进行有关数字格式的各项设置。

WPS表格内置了多种常用的数字格式，能够满足用户在一般情况下的需要。如果内置的数字格式无法满足实际工作中的需求，还可以创建自定义数字格式。以设置带千分位的数字格式为例，操作步骤如下。

↑ 步骤一 选中需要设置自定义数字格式的单元格区域。

↑ 步骤二 按<Ctrl+1>组合键打开【单元格格式】对话框，然后在【数字】选项卡【分类】列表框中选中【自定义】类别。

↑ 步骤三 在【类型】文本框中输入自定义的数字格式代码"#,##0;-#,##0"，单击【确定】按钮关闭对话框，如图 5-28 所示。

图 5-28 自定义数字格式

此时，该单元格数值"20201424"显示为"20,201,424"。

如果在【单元格格式】对话框中选中一个内置的数字格式，然后再切换到【自定义】类别，则会在右侧的【类型】文本框中显示该数字格式对应的格式代码。这样可以在原有格式代码的基础上进行修改，从而更好更快地创建所需要的自定义格式代码。

52.2 自定义数字格式代码的组成规则

很多用户面对貌似复杂的自定义数字格式代码无从下手，其实只要掌握了自定义数字格式代码的组成规则，正确使用约定的代码符号，写出自己需要的自定义格式代码就不困难了。

完整的自定义数字格式代码结构如下：

对正数应用的格式；对负数应用的格式；对零值应用的格式；对文本应用的格式

自定义数字格式代码的每个区段以半角分号";"为分隔符，各区段代码对不同类型的数据内容产生作用。例如，第 1 区段中的代码只会在单元格中数据为正数数值时产生格式化作用，第 2 区段作用于负数，第 3 区段作用于零值，第 4 区段作用于单元格内数据为文本的情况。

除了以数值的正负作为格式分隔依据外，也可以分区段设置所需要的条件。如下的格式代码结构也是符合规则的。

大于条件值；小于条件值；等于条件值；文本

或者

条件值 1；条件值 2；不满足以上两个条件的数值；文本

可以使用"比较运算符+数值"的方式来表示条件值，包括大于号">"、小于号"<"、等于号"="、大于等于">="、小于等于"<="和不等于"<>"。

例如，以下自定义格式代码，会将大于 0 的数值显示为"进步"，小于 0 的数值显示为"退步"，等于 0 的数值显示为"不变"，文本返回本身的内容。

[>0] 进步 ;[<0] 退步 ; 不变 ;@

> **注意**
>
> 第 3 区段自动以"除此之外"的情况作为其条件值，不能再使用"比较运算符+数值"的形式。

除此之外，在实际应用中，不必每次都严格按照 4 个区段的结构来编写格式代码，区段数少于 4 个甚至只有 1 个都是被允许的。表 5-1 列出了少于 4 个区段的自定义格式代码结构含义。

表 5-1　少于 4 个区段的自定义格式代码结构含义

区段数	代码结构含义
1	格式代码作用于所有类型的数值
2	第 1 区段作用于正数和零值，第 2 区段作用于负数
3	第 1 区段作用于正数，第 2 区段作用于负数，第 3 区段作用于零值

技巧 53　自定义数字格式的典型应用

以下介绍部分自定义数字格式的典型实例。

53.1　零值不显示

利用以下自定义数字格式代码，WPS 表格将不显示单元格区域中的零值。

G/ 通用格式 ;G/ 通用格式 ;

代码解析：第 1 区段和第 2 区段中对正数和负数使用"G/通用格式"，即常规显示。而第 3 区段留空，就可以使单元格中的数值为 0 时显示为空白。

53.2　智能显示百分比

当单元格中的数字小于 1 时，数字按"百分比"格式显示，大于等于 1 的数字按标准格式显示，同时让所有数字按小数点位置排列整齐，如图 5-29 所示。

▲	A	B
1	原始数据	显示为
2	12	12.00
3	0.06	6.00%
4	1	1.00
5	0.9	90.00%
6	15	15.00
7	1.2	1.20

图 5-29　智能显示百分比

格式代码如下。

```
[<1]0.00%;#.00_%
```

代码解析：第 1 区段使用了条件值判断，对应数值小于 1 时的格式为显示保留两位小数的百分比格式，第 2 个区段对应不小于 1 时的数字和文本格式。第 2 个区段中，百分号前使用了一个下划线，目的是保留一个与百分号等宽的空格，使应用数字格式后的单元格数值能够按照小数点位置对齐。

> **注意**
>
> 建议在单元格数值全部输入完成后再设置单元格数字格式，因为设置完此代码后，单元格将具有百分比样式，即输入其中的数值都将缩小为原来的 1/100，如输入 12，则返回 12.00%。

53.3 隐藏某些类型的数据

可以使用自定义数字格式隐藏某些类型的数据，或者把某些类型的数据用特定的字符串代替，如图 5-30 所示。

原始数据	显示为	格式代码	说明
20		▷ 100 0.00;	大于100才显示
123	123.00	▷ 100 0.00;	大于100才显示
220		;;	只显示文本，不显示数字
WPS表格	WPS表格	;;	只显示文本，不显示数字
1114	*************	**;*-;"空"@	只显示文本，数字显示为特定字符
WPS实用精粹	WPS实用精粹	**;*-;"空"@	只显示文本，数字显示为特定字符
-1		**;*-;"空"@	只显示文本，数字显示为特定字符
0	空	**;*-;"空"@	只显示文本，数字显示为特定字符
996		;;;	任何类型的数值都不显示

图 5-30 隐藏某些类型的数据

其中，代码"**"的含义是使用"*"来填充。类似地，代码"*-"的含义是使用"-"填充，第一个"*"是功能字符，其后跟随的是待填充的字符。

> **注意**
>
> 使用代码格式";;;"时，可以隐藏单元格中的所有数值及文本内容，但如果单元格中的内容为错误值，如#N/A，则仍然会显示出来。

53.4 简化输入操作

在某些情况下，使用带有条件判断的自定义格式可以起到简化输入的效果，其作用类似于"自动更正"功能。

🔹 用数字 0 和 1 代替"×"和"√"的输入格式代码：

```
[=1]"√";[=0]"×";;
```

单元格中只要输入 0 或 1，就会自动显示为"×"和"√"，而如果输入的数字不是 0 或 1，则显示为空白。

- 用数字代码"男"或"女"的输入格式代码：

" 男 ";;" 女 ";

输入的数字大于 0 时显示为"男"，等于 0 时为"女"，其余则显示为空。

- 特定前缀的编码格式代码：

" 晋 D-"0000

使用特定前缀的编码，末尾是 4 位数值，如果不足 4 位将以 0 补齐。例如输入 12，将显示为"晋 D-0012"。

技巧 54 在自定义格式中设置判断条件

在自定义格式代码中用户还可以设置自己所需的特定条件，以突出显示某些数据，增强数据的可读性。

图 5-31 是某校初三年级的一模成绩，其中">600"为优秀且绿色显示，小于等于 600 并且大于等于 550 为达线且蓝色显示，低于 550 分为待提高且红色显示。

自定义格式代码：

[绿色][>600]0" 优秀 ";[蓝色][>550]0" 达线 ";
[红色]0" 待提高 "

代码解析：代码分三段，第一段大于 600 分显示为"分数+优秀"，且呈绿色；第二段分数介于 600 分与 550 分之间的显示为"分数+达线"，且呈蓝色；其余的显示为"分数+待提高"，且呈红色。

班级	姓名	成绩
263班	牛江红	538待提高
263班	李新颖	598 达线
263班	徐刚强	616 优秀
263班	刘志强	634 优秀
263班	李小伟	652 优秀
263班	靳小强	580 达线
263班	景玉斌	529待提高
263班	韩森林	545待提高
263班	杨玉清	587 达线
263班	郭卓奇	602 优秀
263班	任树文	635 优秀
263班	王景宏	589 达线
263班	贾俊生	648 优秀
263班	李红旗	649 优秀
263班	赵玉飞	643 优秀
263班	田进庆	651 优秀

图 5-31　自定义条件格式效果

技巧 55 按不同单位显示金额

在会计工作中，常常会遇到需要输入金额数字的情况。在输入金额时，如果数字较大，则需要金额数字以千、以万，甚至是以亿为单位来显示。使用WPS表格内置的数字格式可以轻松搞定，具体的操作步骤如下。

↑ 步骤一　选中目标单元格区域（如F2:F10）。

↑ 步骤二　按<Ctrl+1>组合键打开【单元格格式】对话框，依次单击【数字】→【特殊】→【单

第1篇　常用数据处理与分析

第2篇　函数与公式

第3篇　数据可视化

第4篇　文档安全与打印输出

位：万元】选项，然后在右侧的列表中单击需要的显示单位，如"万元"，最后单击【确定】按钮，如图 5-32 所示。

此时，目标单元格区域内的数值以"万元"为单位呈现，如图 5-33 所示。

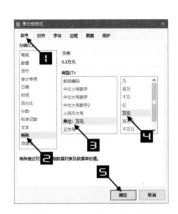

图 5-32 金额万元显示

图 5-33 万元显示效果图

注意

WPS表格还内置了"人民币大写""中文小写数字"及"中文大写数字"等多种独具特色的内置自定义格式效果，用户可根据显示需要来选择。使用自定义格式代码仅改变单元格的显示效果，不影响单元格中的实际内容。

技巧 56 用自定义格式直观展示费用增减

图 5-34 所示是某公司的每月销售额与平均销售额的比较，表中用箭头和颜色直观地呈现出了各月份的业绩变化情况。

使用WPS表格的数字自定义格式就可以实现这种个性化的效果，自定义代码如下。

[绿色]↑0.0%;[红色]↓0.0%;0.0%

月份	销售额	业绩比较
1月份	32.00	↓9.5%
2月份	71.00	↑29.5%
3月份	23.00	↓18.5%
4月份	22.00	↓19.5%
5月份	37.00	↓4.5%
6月份	12.00	↓29.5%
7月份	27.00	↓14.5%
8月份	95.00	↑53.5%
9月份	41.00	↓0.5%
10月份	23.00	↓18.5%
11月份	73.00	↑31.5%

图 5-34 直观显示业绩的增减

代码解析：

格式代码共分为 3 个字段，第一字段是当业绩比较值高于 0 时，字体颜色为绿色，显示↑，百分数保留一位小数位；第二字段是当业绩比较值低于 0 时，字体颜色为红色，显示↓，百分数保留一位小数位；第三字段是当业绩比较值为 0 时，百分数保留一位小数位。

技巧 57 将自定义格式效果转换为实际存储值

单元格应用数字格式，只是改变了数字在单元格的显示形式，而不会改变实际的存储值。想要得到单元格的实际存储值，可以借助记事本功能来实现，操作步骤如下。

↑步骤一　选定应用了自定义格式的单元格或单元格区域，按<Ctrl+C>组合键复制。

↑步骤二　在桌面上鼠标右击，依次单击【新建】→【文本文档】命令，在桌面上新建一个文本文档，如图 5-35 所示。

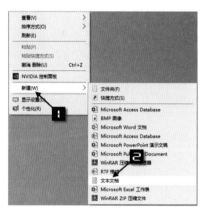

图 5-35　新建文本文档

↑步骤三　双击打开新建的文本文档，按<Ctrl+V>组合键粘贴。然后选中文档中的内容按<Ctrl+C>组合键复制，再返回 WPS 表格中按<Ctrl+V>组合键粘贴，即可得到原始区域的显示内容。

第 **6** 章 排序与筛选

对数据列表进行排序，可以变更记录的排列方式，而筛选功能则可以帮助用户只关注符合要求的数据集。本章将重点介绍在WPS表格中进行排序和筛选的有关操作。

技巧 **58** 按多个关键词排序

在对WPS表格中的记录进行排序时，如果只将其中的一个字段作为关键字，可以选中该字段中的任意一个单元格，然后在【数据】选项卡中单击【升序】（或【降序】）按钮即可。如果需要同时按多个关键字进行排序，则需要使用下面的方法来操作。

58.1　使用【排序】对话框

图 6-1 所示，是第 31 届夏季奥林匹克运动会奖牌榜的部分内容，需要对各参赛国家/地区的奖牌数进行排序，关键字依次为"金牌""银牌"和"铜牌"。

▲	A	B	C	D	E
1	国家/地区	金牌	银牌	铜牌	总数
2	阿尔及利亚	0	2	0	2
3	阿根廷	3	1	0	4
4	阿拉伯联合酋长国	0	0	1	1
5	阿塞拜疆	1	7	10	18
6	埃及	0	0	3	3
7	埃塞俄比亚	1	2	5	8
8	爱尔兰	0	2	0	2
9	爱沙尼亚	0	0	1	1
10	奥地利	0	0	1	1
11	澳大利亚	8	11	10	29
12	巴哈马	1	0	1	2
13	巴林	1	1	0	2
14	巴西	7	6	6	19
15	白俄罗斯	1	4	4	9

图 6-1　需要进行排序的表格

具体步骤如下。

↑ 步骤一　选中表格中的任意一个单元格（如A4），依次单击【数据】→【排序】按钮，在弹出的【排序】对话框中选择【主要关键字】为"金牌"，【排序依据】为"数值"，【次序】为"降序"，然后单击【添加条件】按钮，如图 6-2 所示。

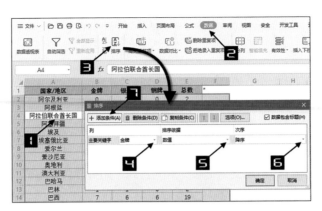

图 6-2　排序对话框

↑ **步骤二**　继续在【排序】对话框中设置新条件，将【次要关键字】依次设置为"银牌"和"铜牌"，设置【排序依据】均为"数值"，【次序】均为"降序"，最后单击【确定】按钮关闭【排序】对话框，完成排序，如图 6-3 所示。

图 6-3　同时添加多个排序关键字

经过排序后的表格，先按金牌数排序，金牌数相同的再按银牌数进行排序，如果银牌数仍然相同的，则继续按铜牌数进行排序，排序后的部分效果如图 6-4 所示。

	A	C	D	E
1	国家/地区	金牌	银牌	铜牌	总数
2	美国	46	37	38	121
3	英国	27	23	17	67
4	中国	26	18	26	70
5	俄罗斯	19	18	19	56
6	德国	17	10	15	42
7	日本	12	8	21	41
8	法国	10	18	14	42
9	韩国	9	3	9	21
10	意大利	8	12	8	28
11	澳大利亚	8	11	10	29

图 6-4　多个关键字排序后的表格

💬 **注意**

在 WPS 2019 表格的【排序】对话框中，最多允许同时设置 64 组关键字进行排序。

58.2　多次快速排序

除了使用【排序】对话框，也可以像按单个关键字排序时所做的那样来处理多关键字排序的需求，只不过需要多次操作才能完成。

↑ 步骤一　选中 D 列中的任意单元格（如 D7），在【数据】选项卡中单击【降序】按钮，如图 6-5 所示。

↑ 步骤二　重复以上步骤，依次按"银牌""金牌"为关键字对表格进行排序。

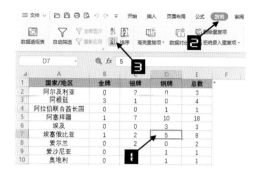

图 6-5　按"铜牌"为关键字进行排序

WPS 表格对多次排序的处理原则是，在多列表格中，先被排序过的列，会在以后其他列的排序过程中尽量保持自己的顺序。因此在使用这种方法时应该遵循的规则是，先排序较次要（或称为排序优先级较低）的列，后排序较重要（或称为排序优先级较高）的列。

💬 注意

应尽量避免仅选中数据表中的部分区域单独排序，否则有可能会造成数据记录的错乱。

技巧 59　返回排序前的状态

对表格中的数据进行排序后，表格的原有次序将被打乱。虽然 WPS 表格的撤销功能（<Ctrl+Z>组合键）可以方便地取消最近的操作，但如果操作的步骤较多，使用撤销功能较为不便。

排序前，可以借助辅助列记录原有的数据次序，具体方法如下。

在表格的左侧（或右侧）插入一列空白列，在首行输入列名（如序号），并填充一组连续的数字。在图 6-6 所示的表格中，E 列就是用序号来记录表格的原有次序。

姓名	职务	工作津贴	联系方式	序号
李成忠	销售代表	750	022-8888800697	1
李仲立	销售代表	995	022-8888800698	2
孟继兰	销售代表	535	022-8888800699	3
金福松	销售代表	675	022-8888800700	4
陆国春	总裁	1275	022-8888800701	5
杨忠明	销售助理	1240	022-8888800702	6
王弘坤	销售助理	895	022-8888800703	7
李淑媛	销售代表	895	022-8888800704	8
沈文明	副总裁	870	022-8888800705	9
成忠强	销售代表	870	022-8888800706	10
张占军	销售代表	870	022-8888800707	11
张国顺	销售经理	675	022-8888800708	12
秦勇	副总裁	970	022-8888800709	13
董连清	销售经理	645	022-8888800710	14
阎京明	销售代表	645	022-8888800711	15

图 6-6　使用辅助列记录表格的当前次序

现在，无论对表格如何进行排序，只要最后以 E 列为关键字做一次升序排序，就能够返回表格的原始次序。

第 6 章

排序与筛选

技巧 60 按笔画排序

在默认情况下，WPS表格对汉字的排序方式是按照拼音首字母的顺序。以中文姓名为例，字母顺序即按姓氏拼音的首字母在 26 个英文字母中出现的顺序进行排列，如果同姓，则依次计算姓名的第二、第三个字。

然而，在日常工作中，有时还需要按照"笔画"顺序来排列姓名。这种排序的规则大致是：按姓名首字的笔画数多少排列，同笔画数的按起笔顺序排列（横、竖、撇、捺、折），画数和笔形都相同的字，按字体结构排列，先左右、再上下，最后整体字。如果首字相同，则依次对姓名中的第二、第三个字进行排序处理，排序规则相同。如图 6-7 所示。

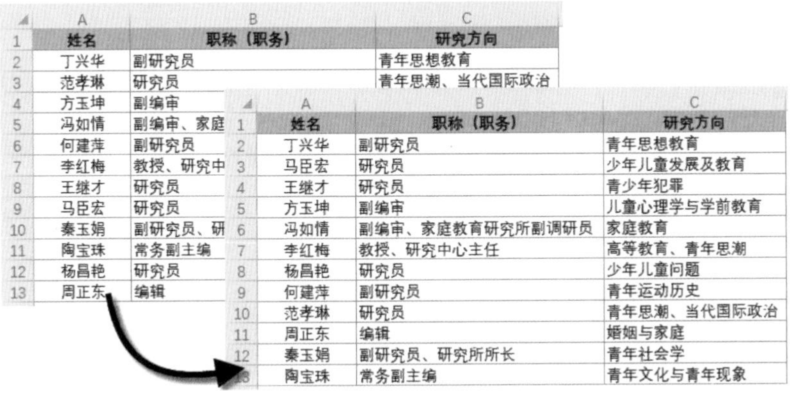

图 6-7　按字母顺序排列的姓名

使用笔画顺序排序的步骤如下。

↑ 步骤一　单击数据区域中的任意单元格（如A4）。

↑ 步骤二　在【数据】选项卡中单击【排序】按钮，弹出【排序】对话框。在【排序】对话框中选择【主要关键字】为"姓名"，【排序依据】为"数值"，【次序】为"升序"，单击【排序】对话框中的【选项】按钮，如图 6-8 所示。

图 6-8　【排序】对话框

↑步骤三　在弹出的【排序选项】对话框中选中【笔画排序】单选按钮，单击【确定】按钮，关闭【排序选项】对话框，返回【排序】对话框，单击【确定】按钮，关闭【排序】对话框。如图 6-9 所示。

图 6-9　设置以姓名为关键字并按笔画排序

技巧 61　按行排序

WPS表格不但能够按列排序，也能够按行排序。

在如图 6-10 所示的表格中，A列是行标题，用来表示城市；第1行是列标题，用来表示日期，现在需要按"日期"来对表格排序。

	A	B	C	D	E	F	G
1		8月19日	12月9日	2月28日	5月6日	9月10日	7月21日
2	上海	1,835	4,480	1,333	220	2,955	3,315
3	北京	55	159	190	1,860	1,008	680
4	广州						
5	武汉						
6	重庆						

	A	B	C	D	E	F	G
1		2月28日	5月6日	7月21日	8月19日	9月10日	12月9日
2	上海	1,333	220	3,315	1,835	2,955	4,480
3	北京	190	1,860	680	55	1,008	159
4	广州	1,714	3,965	1,558	3,220	3,522	754
5	武汉	2,523	2,264	1,130	1,143	2,691	302
6	重庆	2,563	2,289	860	3,488	2,215	765

图 6-10　待处理的表格

操作步骤如下。

↑步骤一　选中B1:G6单元格区域。

↑步骤二　依次单击【数据】→【排序】按钮，在打开的【排序】对话框中，单击【选项】按钮。

↑步骤三　在弹出的【排序选项】对话框中选中【按行排序】单选按钮，单击【确定】按钮，返回【排序】对话框。最后单击【确定】按钮，关闭【排序】对话框，如图 6-11 所示。

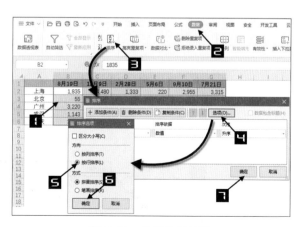

图 6-11　设置按行排序

技巧 62 按颜色排序

在实际工作中，用户经常会通过为单元格设置背景色或字体颜色来标注表格中较特殊的数据。WPS表格能够在排序时识别单元格颜色和字体颜色，甚至是由条件格式生成的各种单元格图标，从而帮助用户进行更加灵活的数据整理操作。

在如图6-12所示的表格中，部分单元格的背景颜色进行了特殊设置，如果希望将这些特别的数据行排列到表格的顶端，可以按如下步骤操作。

	A	B	C	D	E
1	日期	客户名	产品	数量	销售额
2	2018/1/3	北京福东	宠物垫	1	34
3	2018/2/3	北京福东	睡袋	2	400
4	2018/1/3	南京万通	宠物垫	3	102
5	2018/1/11	南京万通	宠物垫	5	170
6	2018/1/21	南京万通	宠物垫	5	102
7	2018/1/1	上海嘉华	衬衫	5	475
8	2018/1/20	上海嘉华	床罩	3	465
9	2018/1/11	上海嘉华	睡袋	5	1000
10	2018/1/				

	A	B	C	D	E
1	日期	客户名	产品	数量	销售额
2	2018/1/11	上海嘉华	睡袋	5	1000
3	2018/2/3	天津大宇	床罩	4	620
4	2018/2/8	天津大宇	床罩	5	775
5	2018/1/3	北京福东	宠物垫	1	34
6	2018/1/18	天津大宇	宠物垫	1	34
7	2018/1/26	天津大宇	宠物垫	1	34
8	2018/2/4	天津大宇	袜子	2	18
9	2018/2/3	北京福东	睡袋	2	400
10	2018/1/3	南京万通	宠物垫	3	102

图 6-12 按背景颜色排序的表格

↑ 步骤一 单击数据区域中的任意单元格（如A5）。

↑ 步骤二 依次单击【数据】→【排序】按钮，弹出【排序】对话框。在【排序】对话框中选择【主要关键字】为"销售额"，【排序依据】为"单元格颜色"，【次序】为"粉红色"，保持【数据包含标题】复选框的勾选状态，然后单击【添加条件】按钮，如图6-13所示。

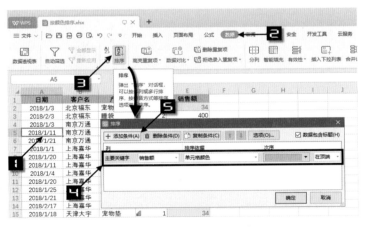

图 6-13 按单元格颜色排序

↑ **步骤三** 设置【次要关键字】为"销售额",并完成【排序依据】和【次序】的设置,如图6-14所示,最后单击【确定】按钮,完成数据的排序。

图 6-14　添加排序条件

除单元格颜色外,WPS表格还能根据单元格的字体颜色和由条件格式生成的单元格图标来进行相应的排序。操作方法与本技巧中已经介绍过的方法类似,不再赘述。

技巧 63　自定义排序

以数字或字母为参照对WPS表格进行排序时,很容易指定排序的规则,比如从小到大排列数值,或者按字母顺序排列文本。如果希望按照某些特定的顺序来排序,还可以设置自定义序列。

图6-15所示的表格是某公司部分员工的津贴数据,其中B列是员工的职务信息,现在需要按职务大小来排序整张表格。

	A	B	C	D
1	姓名	职务	级别	津贴
2	杜事	销售代表	P	1,935
3	龚发钧	销售代表	P	2,586
4	杭勇杰	销售代表	P	998
5	焦群颖	销售代表	P	1,813
6	李子	销售代表		
7	柳红	销售代表		
8	蒋绍国	销售副总裁		
9	林全	销售经理		
10	刘嘉	销售经理		
11	韩瑾娴	销售助理		
12	胡雅琼	销售助理		
13	林兰琼	销售助理		

	A	B	C	D
1	姓名	职务	级别	津贴
2	蒋绍国	销售副总裁	E	1,084
3	林全	销售经理	SL	4,419
4	刘嘉	销售经理	L	2,715
5	韩瑾娴	销售助理	SP	1,209
6	胡雅琼	销售助理	P	525
7	林兰琼	销售助理	MP	899
8	杜事	销售代表	P	1,935
9	龚发钧	销售代表	P	2,586
10	杭勇杰	销售代表	P	998
11	焦群颖	销售代表	P	1,813
12	李子	销售代表	P	1,810
13	柳红	销售代表	P	2,088

图 6-15　员工津贴数据

使用自定义序列排序时,首先需要告诉WPS表格职务大小的顺序。在H1:H4单元格中依次输入职务名称"销售副总裁""销售经理""销售助理"和"销售代表"。选中H1:H4单元格区域,依次单击【文件】→【选项】命令,打开【选项】对话框。切换到【自定义序列】选项卡下,单击【导入】按钮,最后单击【确定】按钮,创建一个自定义序列,如图6-16所示。

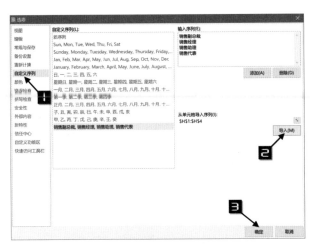

图 6-16　添加有关职务大小的自定义序列

然后按照下面的步骤，对表格按职务大小进行排序。

↑ 步骤一　单击数据区域中的任意一个单元格（如B3）。

↑ 步骤二　依次单击【数据】→【排序】按钮，在弹出的【排序】对话框中选择【主要关键字】为"职务"，【排序依据】为"数值"，【次序】为"自定义序列"，如图6-17所示。

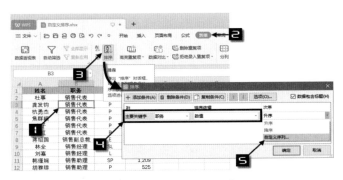

图 6-17　自定义序列排序

↑ 步骤三　在弹出的【自定义序列】对话框中选中之前添加的新序列，单击【确定】按钮返回【排序】对话框，单击【排序】对话框中的【确定】按钮完成排序，如图6-18所示。

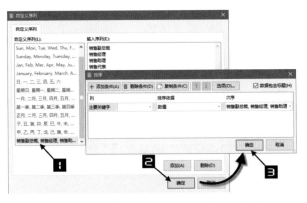

图 6-18　按职务大小的自定义序列进行排序

技巧64 随机排序

在某些情况下，用户并不希望按照既定的规则来排序，而是希望数据能够“乱序”，也就是对数据进行随机排序。比如在一份库存表格中，如果希望随机抽取一部分产品进行盘点，可以按照以下步骤操作。

个 步骤一 在C1单元格中输入“次序”。

个 步骤二 在C2单元格中输入公式“=RAND()”，将公式复制填充到数据区域的最后一行。

个 步骤三 单击C2单元格，在【数据】选项卡中单击【升序】按钮，就能够对库存表格的现有数据进行随机排序，然后选择靠前或靠后的一部分产品进行盘点即可，结果如图6-19所示。

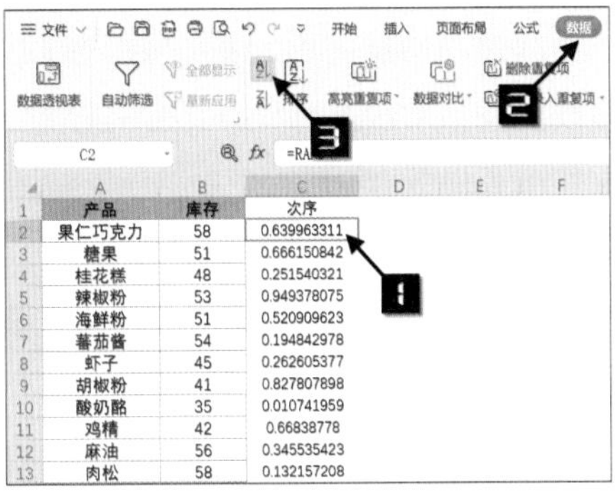

图6-19 随机排序盘点表

注意

因为RAND函数是易失性函数，每次排序操作都将改变其返回的值，从而每次排序都会有不同的结果。

技巧65 了解自动筛选

管理数据列表时，根据某种条件筛选出匹配的数据是一项常见的需求。WPS表格提供了“自动筛选”功能，专门帮助用户应对这类问题。

对于工作表中的普通数据列表，以下三种等效的方法都可以进入筛选状态。

方法1 以图6-20所示的数据列表为例，选中列表中任意单元格（如C4），依次单击【开始】→【筛选】命令，如图6-20所示。

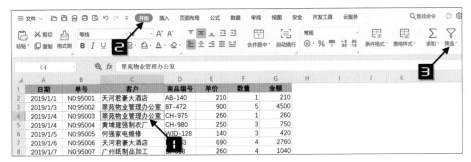

图6-20 对普通数据列表启用筛选（一）

● **方法 2** 鼠标右击数据区域的任意单元格，在弹出的快捷菜单中依次单击【筛选】→【筛选】命令，如图 6-21 所示。

● **方法 3** 选中列表中的任意单元格（如 C3），然后在【数据】选项卡中单击【自动筛选】按钮，即可启用筛选功能。

此时，功能区中的【自动筛选】按钮将呈现高亮显示状态，数据列表中所有字段的标题单元格中也会出现下拉箭头，如图 6-22 所示。

图 6-21　对普通数据列表启用筛选（二）

使用 WPS 表格的"表格"功能默认启用筛选功能，所以也可以先将普通数据列表转换为"表格"，然后就能使用筛选功能。

数据列表进入筛选状态后，单击每个字段标题单元格中的下拉箭头，都将弹出下拉菜单，提供有关"排序"和"筛选"的详细选项，如单击 C1 单元格中的下拉箭头，弹出的下拉菜单如图 6-23 所示。不同数据类型的字段能够使用的筛选选项也不相同。

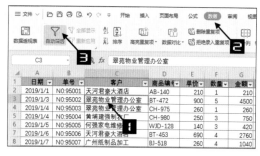

图 6-22　对普通数据列表启用筛选（三）

图 6-23　包含排序和筛选选项的下拉菜单

完成筛选后，被筛选字段的下拉按钮形状会发生改变，同时数据列表中的行号颜色也会改变，如图 6-24 所示。

如果要取消对某一列的筛选，则可以单击该列的下拉箭头，在弹出的列表框中单击【(全选)】右侧的【清除筛选】命令，或勾选【(全选)】复选框，再单击【确定】按钮。如图 6-25 所示。

	日期	单号	客户	商品编号	单价
16	2019/1/12	NO:95015	好好喝饮料有限公司	280	610
25	2019/1/21	NO:95025	好好喝饮料有限公司	AB-343	1000
27	2019/1/26	NO:95027	好好喝饮料有限公司	WJD-484	320
28	2019/1/28	NO:95028	好好喝饮料有限公司	MT-641	1000
46	2019/2/10	NO:95046	好好喝饮料有限公司	RJ-183	730
53	2019/2/15	NO:95053	好好喝饮料有限公司	BT-854	450
71	2019/3/3	NO:95071	好好喝饮料有限公司	CH-887	610
83	2019/3/11	NO:95083	好好喝饮料有限公司	BT-934	210
89	2019/3/14	NO:95089	好好喝饮料有限公司	MT-641	1000
106	2020/3/26	NO:95106	好好喝饮料有限公司	CH-207	200

图 6-24　筛选状态下的数据列表

如果要取消数据列表中的所有筛选，则可以单击【数据】选项卡中的【全部显示】按钮，如图 6-26 所示。

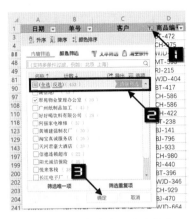

图 6-25　取消对某一列的筛选

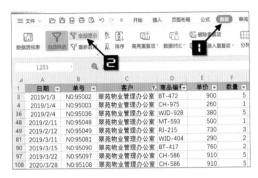

图 6-26　取消筛选内容

如果要取消所有的"筛选"下拉箭头，则可以再次单击【开始】选项卡中的【筛选】按钮，或【数据】选项卡中的【自动筛选】按钮。

技巧 66　灵活筛选出符合条件的数据

66.1　在不重复值列表中筛选

在【自动筛选】下拉菜单的底部区域，会根据当前字段的所有数据生成不重复值的列表，通过选中或取消选中列表中的项目，就可以设置筛选目标。

当列表中的项目较多时，为了快速设置目标，可以使用下面的方法。

💧　如果需要设置列表中的大部分项目作为目标，只需找到并取消勾选非目标项目的复选框即可。

💧　如果只需要设置列表中的单项或少量项目作为目标，可以先取消勾选【全选】复选框，然后再找到并勾选目标项目的复选框即可。在本例中，假设要筛选出客户为"广州纸制品加工"的所有数据，可以参照以下步骤完成。

图 6-27　快速设置单项或少量项目作为筛选目标

↑ 步骤一　在下拉菜单中取消勾选【（全选）】复选框，此时所有项目将同时被取消勾选。

↑ 步骤二　勾选"广州纸制品加工"复选框，然后单击【确定】按钮，如图 6-27 所示。

现在，数据列表将只显示筛选结果。同时，C1 单元格中的下拉箭头变为漏斗形状，表示当前字段应用了筛选条件，状态栏则提示筛选结果数量，如图 6-28 所示。

如果要从数目特别多的唯一值列表中寻找某个筛选目标项目，或者要筛选的项目不止一个，可以借助【自动筛选】下拉菜单中的【搜索框】进行条件筛选。例如，在搜索框中输入用空格间隔的关键字"金山 WPS"，如果选择"搜索 同时包含所有关键字的内容"命令，就会把同时包含"金山"和"WPS"的项目筛选出来。如果选择"搜索 包含任一关键字的内容"命令，那么只要包含"金山"或"WPS"的项目都会筛选出来，最后单击【确定】按钮即可，如图 6-29 所示。

	A	B	C	D	E
1	日期	单号	客户	商品编号	单价
8	2019/1/7	N0:95007	广州纸制品加工	BJ-518	260
10	2019/1/10	N0:95009	广州纸制品加工	BJ-481	110
13	2019/1/11	N0:95012	广州纸制品加工	CH-665	300
20	2019/1/16	N0:95020	广州纸制品加工	CH-123	680
31	2019/1/31	N0:95031	广州纸制品加工	AB-618	480
39	2019/2/8	N0:95039	广州纸制品加工	CH-824	840
45	2019/2/10	N0:95045	广州纸制品加工	BT-532	250
72	2019/3/4	N0:95072	广州纸制品加工	CH-766	670
86	2019/3/13	N0:95086	广州纸制品加工	RJ-597	900
98	2019/3/22	N0:95098	广州纸制品加工	BT-561	510

常规筛选 +

在 453 个记录中筛选出 45 个

图 6-28　只显示筛选结果的数据列表

图 6-29　借助搜索框定义筛选项目

66.2　导出不重复列表中的数据

在【自动筛选】下拉菜单中生成的不重复值列表，不但可以进行各种筛选的设置，还可以导出以便进一步对这些内容进行统计分析。

例如，要导出图 6-28 数据列表中"客户"的所有不重复值列表中的数据，直接单击"客户"单元格的下拉箭头，在弹出的下拉列表中单击【导出】按钮，WPS 表格将自动把这些数据保存至名为"导出计数_客户"的工作表中，如图 6-30 所示。

图 6-30　导出计数客户

【自动筛选】下拉菜单中的数据列表默认按名称升序排列，如果单击其中的【计数↓】按钮，则可以按每个名称的出现次数降序排序，便于用户查看和选择。在按出现次数排序状态下单击【导出】按钮时，WPS表格会将这些数据按【自动筛选】下拉菜单中的显示顺序导出到新工作表中。

66.3 按照文本特征筛选

对于文本型数据字段，【自动筛选】下拉菜单中会显示【文本筛选】的更多选项，如图6-31所示。事实上，无论选择其中哪一个选项，最终都将进入【自定义自动筛选方式】对话框，通过选择逻辑条件和输入具体条件值，完成自定义的条件筛选。

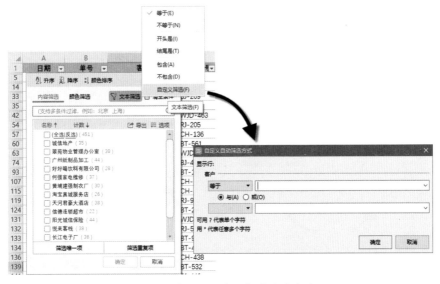

图 6-31　文本型数据字段相关的筛选选项

例如，要筛选出"客户"中结尾是"厂"的所有数据，可以参照图6-32所示的方法来设置。

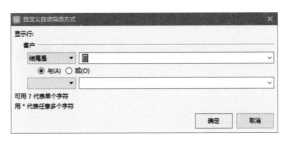

图 6-32　筛选出"客户"中结尾是"厂"的所有数据

66.4 按照数字的特征筛选

对于数值型数据字段，【自动筛选】下拉菜单中会显示【数字筛选】的更多选项，如图6-33所示。

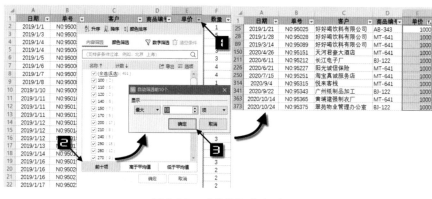

图 6-33　数字筛选

单击【前十项】选项，则会进入【自动筛选前 10 个】对话框，用于筛选最大（或最小）的 N 个项（百分比）。如图 6-34 所示，能筛选出"单价"前十项的数据。

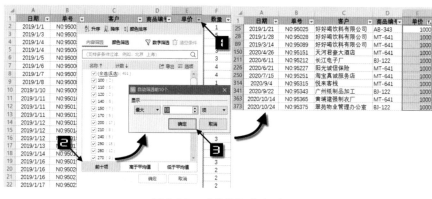

图 6-34　"单价"前十项

【高于平均值】和【低于平均值】选项则根据当前字段所有数据的值来进行相应的筛选。

如果要筛选出"金额"介于 1000 和 2000 之间的所有数据，可以参照图 6-35 所示的方法来设置。

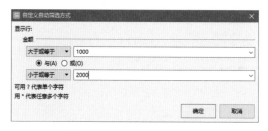

图 6-35　筛选"金额"介于 1000 和 2000 之间的所有数据

66.5　按照日期的特征筛选

对于日期型数据字段，【自动筛选】下拉菜单中会显示【日期筛选】的更多选项，与文本筛选和数字筛选相比，这些选项更具特色。如图 6-36 所示。

不重复值列表中并没有直接显示具体的日期，而是以年、月分组后的分层形式显示。单击【更多】按钮，还可以看到更多的日期筛选的选项。

除了上面的选项以外，还提供了【自定义筛选】选项，如图 6-37 所示。

图 6-36 更具特色的日期筛选选项

图 6-37 日期筛选的自定义筛选

66.6 按照字体颜色或单元格颜色筛选

许多用户喜欢在数据列表中使用字体颜色或单元格颜色来标识数据，WPS 表格的筛选功能支持这些特殊标识作为条件来筛选数据。

当要筛选的字段中设置过字体颜色或单元格颜色后，筛选下拉菜单中的【颜色筛选】选项会变为可用状态，并列出当前字段中所有用过的字体颜色或单元格颜色，如图 6-38 所示。选中相应的颜色项，可以筛选出应用了该种颜色的数据。如果选中【空】选项，则可以筛选出没有应用过颜色的数据。

图 6-38 按照字体颜色或单元格颜色筛选

技巧 **67** 包含合并单元格的自动筛选

日常工作中，经常会遇到如图 6-39 所示的包含合并单元格的数据列表，一般情况下，在此类包含合并单元格的数据列表中使用筛选将无法得到正确的筛选结果。

单击启用了【自动筛选】功能的包含合并单元格字段的下拉按钮，在弹出的下拉列表中单击【选项】按钮，选中下拉列表中的【允许筛选合并单元格】命令，如图 6-40 所示。此时，即可筛选出正确的结果。

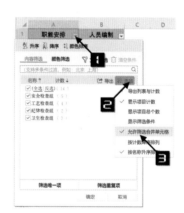

图 6-39 包含合并单元格的数据列表　　　图 6-40 允许筛选合并单元格

技巧 **68** 筛选条件的重新应用

图 6-41 所示，是一组启用了【自动筛选】，并且在一定条件下筛选后显示的数据。此时在数据列表后新增加部分数据记录，但是新增的数据并不满足现有的筛选条件。

	日期	单号	客户	商品编号	单价	数量	金额
341	2020/9/22	N0:95343	广州纸制品加工	BJ-122	1000	3	3000
376	2020/10/26	N0:95378	广州纸制品加工	AB-884	980	3	2940
394	2020/11/10	N0:95396	广州纸制品加工	BJ-141	690	3	2070
413	2020/11/26	N0:95415	广州纸制品加工	BJ-141	690	4	2760

	日期	单号	客户	商品编号	单价	数量	金额
341	2020/9/22	N0:95343	广州纸制品加工	BJ-122	1000	3	3000
376	2020/10/26	N0:95378	广州纸制品加工	AB-884	980	3	2940
394	2020/11/10	N0:95396	广州纸制品加工	BJ-141	690	3	2070
413	2020/11/26	N0:95415	广州纸制品加工	BJ-141	690	4	2760
454	2020/11/28	N0:95003	广州纸制品加工	BT-472	800	4	3200

图 6-41 筛选后显示的数据

只要单击【数据】选项卡中【筛选】组的【重新应用】按钮，此前设置的筛选条件将重新应用于现有的数据列表，如所图 6-42 示。

图 6-42　师选条件的重新应用

技巧 69　粘贴值到筛选后的数据区域

图 6-43 所示的数据列表中，需要把 J32：J35 单元格区域中的数据粘贴到筛选后的数据列表中。

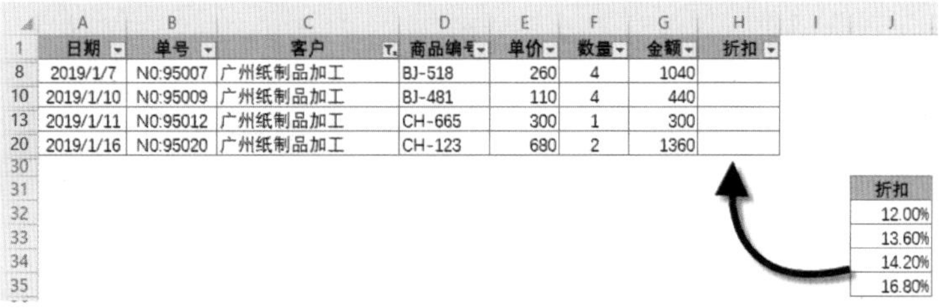

图 6-43　筛选后的显示结果

选中 J32：J35 单元格区域后，按 <Ctrl+C> 组合键复制，然后选中目标单元格，本例为 H 8 单元格，然后右击鼠标，在弹出的下拉列表中选择【粘贴值到可见单元格】命令，如图 6-44 所示。这样即可轻松将目标值粘贴到筛选后的数据区域内。

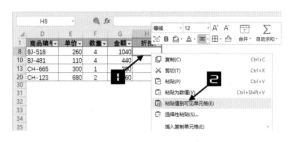

图 6-44　粘贴值到可见单元格

技巧 70　了解高级筛选

如果表格中有多个字段，需要根据不同字段设置多个条件来筛选数据，使用自动筛选将会有一些局限性。因为自动筛选只能将不同字段条件之间的关系视作"与"，即必须同时成立。这时"自动筛选"显得功能不足，好在 WPS 表格还为用户打造了功能更强大的"高级筛选"。

"高级筛选"与"自动筛选"不同，它要求在一个工作表区域内单独指定筛选条件，并与数据列表的数据分开。因为在执行筛选的过程中，部分行的数据将会被隐藏起来，所以把筛选条件放在数据列表的左侧或右侧时，有可能使筛选条件显示不完整。因此，通常把这些条件区域放置在数据列表的上方或下方。

以下三种等效的方法均可以启动高级筛选。

●　**方法 1**　选中数据列表中的任意单元格，然后依次单击【开始】→【筛选】命令，在弹出的下拉列表中单击【高级筛选】命令，即可打开【高级筛选】对话框，如图 6-45 所示。

图 6-45　启动高级筛选之一

●　**方法 2**　选中数据列表中任意单元格，然后单击【数据】选项卡下【筛选】命令组的【对话框启动】按钮，即可打开【高级筛选】对话框，如图 6-46 所示。

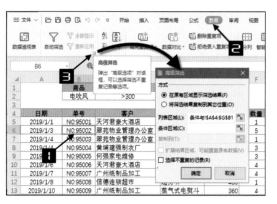

图 6-46　启动高级筛选之二

●　**方法 3**　鼠标右击数据列表中的任意单元格，在弹出的快捷菜单中依次单击【筛选】→【高级筛选】命令，即可打开【高级筛选】对话框，如图 6-47 所示。

"高级筛选"的方式包括以下两种。

●　在原有数据区域显示筛选结果。

●　将筛选结果复制到其他位置。新的位置可以与数据列表在同一工作表内或是在不同的工作表。

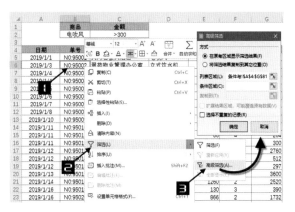

图 6-47 启动高级筛选之三

WPS表格根据以下规则认定"高级筛选"条件区域中的条件。

- 同一行中的条件之间的关系是逻辑"与"。
- 不同行中的条件之间的关系是逻辑"或"。
- 条件区域中的空白单元格表示任意条件,即保留所有记录不做筛选。

71.1 "关系与"条件的设置方法

"关系与"条件是指,条件与条件之间是必须同时满足的并列关系,即各条件之间是"并且"的关系。在使用WPS表格高级筛选时,条件区域内同一个行方向上的多个条件之间是"关系与"条件。例如,图6-48所示的数据列表,如果要筛选同时满足"商品"字段为"电吹风"且"金额"字段"大于300"的记录,利用"高级筛选"完成的步骤如下。

	A	B	C	D	E	F	G
1	日期	单号	客户	商品	单价	数量	金额
2	2019/1/1	N0:95001	天河君豪大酒店	电吹风	99	1	99
3	2019/1/3	N0:95002	翠苑物业管理办公室	立式饮水机	900	5	4500
4	2019/1/4	N0:95003	翠苑物业管理办公室	吸尘器	1260	1	1260
5	2019/1/4	N0:95004	黄埔建强制衣厂	电水瓶	130	3	390
6	2019/1/5	N0:95005	何强家电维修	电磁炉	866	3	2598
7	2019/1/6	N0:95006	天河君豪大酒店	充电式剃刀	75	4	300
8	2019/1/7	N0:95007	广州纸制品加工	台式饮水机	260	4	1040
9	2019/1/8	N0:95008	信德连锁超市	随身听	480	1	480
10	2019/1/10	N0:95009	广州纸制品加工	蒸气式电熨斗	360	4	1440
11	2019/1/11	N0:95010	淘宝真诚服务店	干式电熨斗	250	1	250
12	2019/1/11	N0:95011	诚信地产	干电式剃须刀	66	4	264
13	2019/1/11	N0:95012	广州纸制品加工	自动电饭煲	300	1	300

图 6-48 需要根据多个条件来筛选数据的表格

↑ 步骤一 选中表格的 1~3 行,按<Ctrl+Shift+=>组合键,这样可以在原表格上方新插入 3 个空行。

↑步骤二　在第一行中输入字段标题，注意字段标题必须和数据源中的标题一致。在第二行中输入用于描述条件的文本和表达式。

↑步骤三　单击表格中的任意单元格，如 C8 单元格。

↑步骤四　在【数据】选项卡中单击【筛选】命令组中的【对话框启动】按钮，弹出【高级筛选】对话框。

↑步骤五　此时的【列表区域】框内会自动选中当前数据范围，即 A4:G81 单元格区域。将光标定位到【条件区域】框内，拖动鼠标选中 B1:C2 单元格区域，最后单击【确定】按钮，如图 6-49 所示。

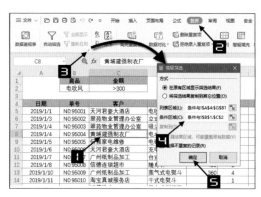

图 6-49　"条件与"条件设置方法

按目标条件筛选出来的数据效果如图 6-50 所示。

	A	B	C	D	E	F	G
1		商品	金额				
2		电吹风	>300				
3							
4	日期	单号	客户	商品	单价	数量	金额
33	2019/1/30	NO:95030	天河君豪大酒店	电吹风	99	5	495
47	2019/2/10	NO:95044	阳光诚信保险	电吹风	99	4	396

图 6-50　"条件与"条件筛选出的结果

💬 注意

　　运用高级筛选功能时，最重要的一步是设置筛选条件。高级筛选的条件需要按照一定的规则手工编辑到工作表中。一般情况下，将条件区域置于原表格的上方，将有利于条件的编辑及表格数据的筛选结果显示。

编辑条件时，必须遵循以下规则。

（1）条件区域的首行内容必须与目标表格中的列标题相同。但是条件区域标题行中内容的排列顺序与出现次数，可以不必与目标表格中相同。

（2）条件区域标题行下方为条件值的描述区，出现在同一行的各个条件之间是"与"的关系，出现在不同行的各个条件之间则是"或"的关系。

如果需要取消对表格的筛选设置，使其恢复到原始状态，可以在【数据】选项卡下单击【全部显示】按钮，如图 6-51 所示。

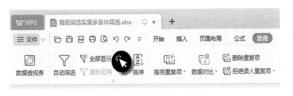

图 6-51　清除对表格的筛选设置

71.2　“关系或”条件的设置方法

“关系或”条件是指，条件与条件之间是只需满足其中任意条件即可的平行关系，即条件之间是“或”的关系。在使用WPS表格高级筛选时，不在同一行上的条件即为“关系或”条件。

对于不同字段之间的“关系或”条件设置，可以将各字段条件错行排列，如图 6-52 所示。其中的条件区域表示筛选满足“商品”字段为“电吹风”或“金额”字段“大于 3000”的所有记录。

对于同一字段内不同条件的“关系或”设置，可以将同一字段内的多个条件排列成多行，也可以将同一字段标题设置在不同列，所对应的条件错行排列，如图 6-53 所示。

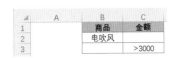

	A	B	C
1		商品	金额
2		电吹风	
3			>3000

图 6-52　不同字段“条件或”条件设置

	I	J	K	L	M
1		商品	商品		商品
2		电吹风			电吹风
3			吸尘器		吸尘器
4					

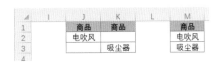

图 6-53　同一字段“条件或”条件设置方法

71.3　同时使用“关系与”和“关系或”条件

图 6-54 所示的数据列表包含一个多重条件关系的条件区域，它同时包含了“关系与”和“关系或”的条件，表示筛选“客户”为“翠苑物业管理办公室”，“商品”为“电吹风”的“金额”大于200的记录；或显示“客户”为“阳光诚信保险”，“商品”为“吸尘器”的“金额”大于1500的记录；或显示“客户”为“悦来客栈”，“商品”为“随身听”的所有记录。

	A	B	C
1	客户	商品	金额
2	翠苑物业管理办公室	电吹风	>200
3	阳光诚信保险	吸尘器	>1500
4	悦来客栈	随身听	

图 6-54　多重条件关系

技巧72　使用高级筛选，提取出符合条件的部分字段

使用高级筛选功能，可以根据需要将结果存放到其他区域或其他工作表中，也可以从数据列表中仅提取符合条件的部分字段。

如图 6-55 所示，需要以C1:D2 单元格区域指定的高级筛选条件，在数据表中提取出符合条件的“商品”“数量”和“金额”三个字段的内容。

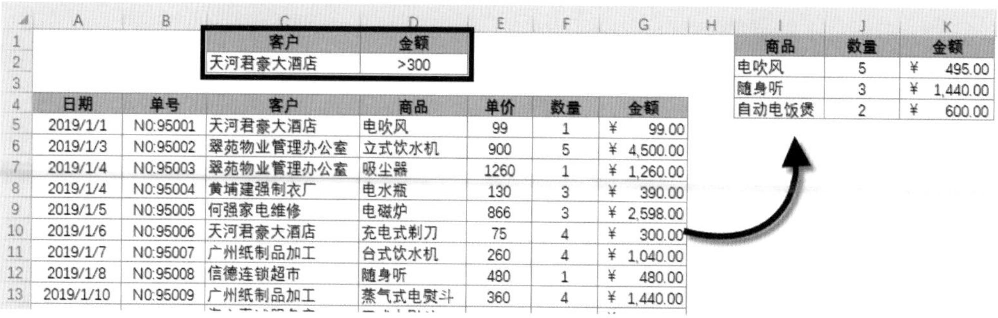

图 6-55　提取符合条件的部分字段内容

操作步骤如下。

↑步骤一　首先在空白单元格中依次输入要提取的字段名称，本例为I1:K1单元格区域。注意字段名称必须和数据源中的字段名称一致。

↑步骤二　单击数据区域任意单元格（如C6），在【数据】选项卡中单击【筛选】命令组中的【对话框启动】按钮，弹出【高级筛选】对话框。

↑步骤三　在【高级筛选】对话框中，选中【将筛选结果复制到其它位置】单选按钮，然后单击【条件区域】编辑框，拖动鼠标选择C1:D2单元格区域中的筛选条件。单击【复制到】编辑框，拖动鼠标选择I1:K1单元格区域中的字段标题，最后单击【确定】按钮即可，如图6-56所示。

图 6-56　设置高级筛选的条件区域和存放结果区域

💬注意

指定【复制到】区域时，如果所选区域是包含字段标题在内的多行范围，则最多仅提取到该区域的最大行数为止。如果同时勾选【扩展结果区域，可能覆盖原有数据】复选框，则会筛选出符合条件的所有项目，不受所选区域大小的影响。如果符合条件的记录中有重复项目，勾选【选择不重复的记录】复选框，则筛选出的结果不会包含重复项目。

技巧 73 使用切片器进行快速筛选

WPS表格中的切片器功能是一个常用的筛选利器，可以帮助用户快速筛选数据。但切片器无法在普通表格使用，只能在"超级表"和数据透视表中才可以使用此功能。

图6-57是一个通过在【插入】选项卡下单击【表格】按钮创建的"超级表"，使用【切片器】进行"商品"字段筛选的步骤如下。

日期	单号	客户	商品	单价	数量	金额
2019/1/1	NO:95001	天河君豪大酒店	电吹风	99	1	99
2019/1/3	NO:95002	翠苑物业管理办公室	立式饮水机	900	5	4500
2019/1/4	NO:95003	翠苑物业管理办公室	吸尘器	1260	1	1260
2019/1/4	NO:95004	黄埔建强制衣厂	电水瓶	130	3	390
2019/1/5	NO:95005	何强家电维修	电磁炉	866	3	2598
2019/1/6	NO:95006	天河君豪大酒店	充电式剃刀	75	4	300
2019/1/7	NO:95007	广州纸制品加工	台式饮水机	260	4	1040
2019/1/8	NO:95008	信德连锁超市	随身听	480	1	480
2019/1/10	NO:95009	广州纸制品加工	蒸气式电熨斗	360	4	1440

图 6-57　数据表格

↑步骤一　选中表格中的任意单元格，然后依次单击【插入】→【切片器】按钮，即可打开【插入切片器】对话框。

↑步骤二　在弹出的【插入切片器】对话框中勾选【商品】复选框，单击【确定】按钮，如图6-58所示。

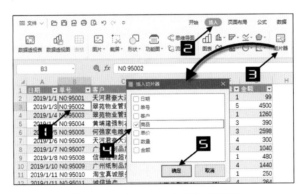

图 6-58　【插入切片器】对话框

↑步骤三　此时，将弹出【商品】切片器，在切片器内单击任意"商品名称"，即可快速将商品的记录筛选出来，如图6-59所示显示的是"电吹风"的所有记录。

日期	单号	客户	商品	单价	数量	金额		商品
2019/1/1	NO:95001	天河君豪大酒店	电吹风	99	1	99.00		充电式剃刀
2019/1/12	NO:95015	好好喝饮料有限公司	电吹风	99	3	297.00		电吹风
2019/1/30	NO:95030	天河君豪大酒店	电吹风	99	5	495.00		电磁炉
2019/2/10	NO:95044	阳光诚信保险	电吹风	99	4	396.00		电脑电饭煲
2019/2/18	NO:95058	诚信地产	电吹风	99	1	99.00		电水壶
2019/3/4	NO:95072	广州纸制品加工	电吹风	99	1	99.00		

图 6-59　筛选"电吹风"的记录

按住<Ctrl>键，可以同时选择多个项目进行筛选。

要清除筛选记录，只要单击【切片器】右上角的【清除】按钮，或者按<Alt+C>组合键即可，如图 6-60 所示。

在同一个"表格"里，可以插入多个切片器对多列进行筛选，如图 6-61 所示。

图 6-60　清除筛选

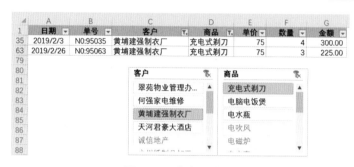

图 6-61　多条件筛选

如需删除切片器，可以单击切片器边框，然后按<Delete>键。或在该切片器上鼠标右击，在弹出的快捷菜单中单击【删除"商品"】命令即可，如图 6-62 所示。

图 6-62　删除切片器

💬 注意

数据表中的切片器功能仅可以在.xlsx格式的工作簿中，并且通过【插入】选项卡下的【表格】按钮创建了"超级表"的前提下使用。如果是.et格式的文件，可以按<F12>功能键，将其另存为.xlsx格式后，关闭该工作簿再重新打开，否则切片器命令将呈灰色不可用状态。

第 **7** 章 借助数据透视表分析数据

数据透视表有机结合了数据排序、筛选、分类汇总等数据分析工具的优点，可方便地调整分类汇总的方式，以多种不同方式灵活地展示数据的内在含义。一张数据透视表，仅靠鼠标操作进行布局修改，即可变换出各种类型的报表。同时，数据透视表也是突破函数与公式运算速度瓶颈的工具之一。本章主要介绍动态数据透视表的创建、数据透视表布局设置、字段的分组、字段的排序，筛选、数据透视表值汇总依据设置、数据透视表值显示方式设置、在数据透视表中插入切片器、在数据透视表中使用简单公式。

技巧 74 使用数据透视表快速汇总数据

图 7-1 为某金融公司一段时间的销售明细数据，如果用户需要按分公司、产品名称来汇总销售金额，可以使用数据透视表快速完成。

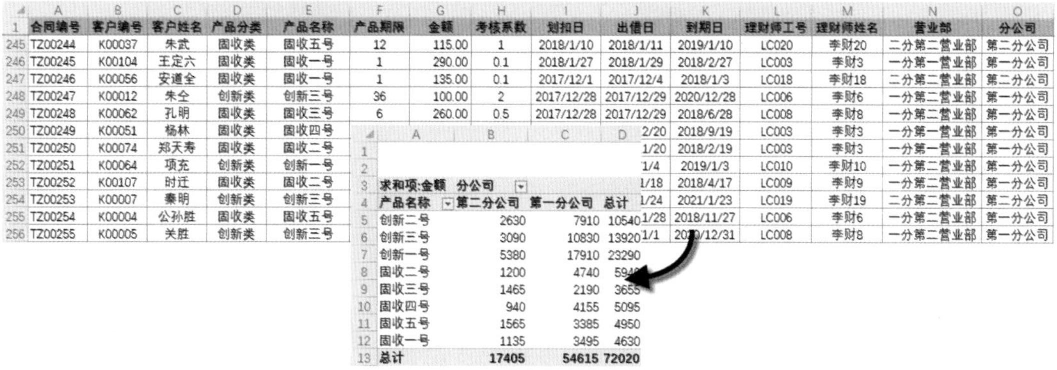

图 7-1 使用数据透视表快速汇总数据

操作步骤如下。

↑ 步骤一 在图 7-1 所示的销售明细数据中单击任意一个单元格（如 D4），在【插入】选项卡中单击【数据透视表】按钮，弹出【创建数据透视表】对话框，如图 7-2 所示。

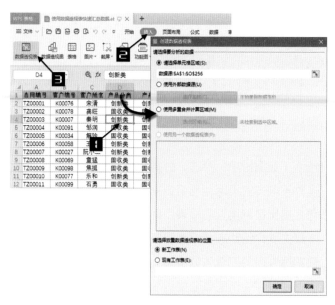

图 7-2　创建数据透视表

↑步骤二　保持【创建数据透视表】对话框内默认的设置不变，单击【确定】按钮后即可在新工作表中创建一张空白数据透视表，如图 7-3 所示。

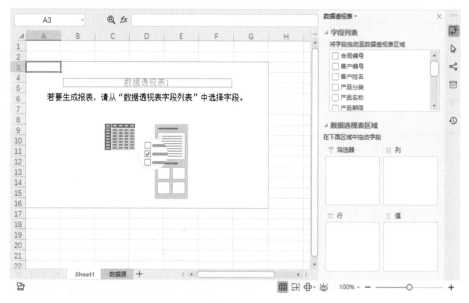

图 7-3　创建的空白数据透视表

↑步骤三　在【数据透视表字段列表】中依次勾选"产品名称"和"金额"字段的复选框，被勾选的字段自动显示在【数据透视表字段列表】的【行】区域和【值】区域，同时，相应的字段数据也被添加到数据透视表中，如图 7-4 所示。

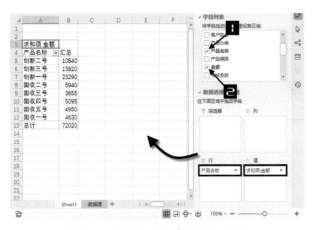

图 7-4　向数据透视表中添加字段

↑ 步骤四　在【数据透视表字段列表】中单击"分公司"字段，按住鼠标左键，将其拖曳至【列】区域，"分公司"字段将作为列出现在数据透视表中，生成的数据透视表如图 7-5 所示。

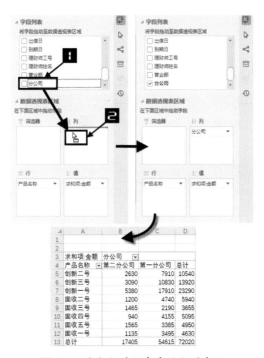

图 7-5　向数据透视表中添加列字段

↑ 步骤五　选中数据透视表区域的任意单元格（如 A3），单击【设计】选项卡下的【数据透视表样式】下拉按钮，在弹出的【数据透视表样式】列表中选择"数据透视表样式 浅色 16"，如图 7-6 所示。

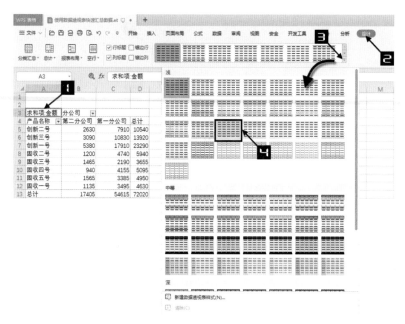

图 7-6　更改数据透视表样式

↑步骤六　在【视图】选项卡下取消勾选【显示网格线】复选框，如图 7-7 所示。

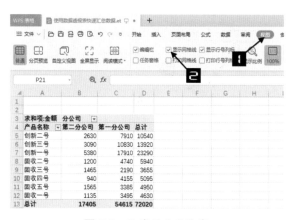

图 7-7　取消显示网格线

完成后的数据透视表如图 7-8 所示，通过数据透视表，可清晰地看出不同"分公司"、不同"产品名称"的销售金额情况及分别按"分公司"和"产品名称"的"金额"总计。

图 7-8　完成后的数据透视表

图 7-9 展示的是根据"销售数据表"创建的数据透视表，在实际工作场景中，数据源中的数据记录往往会随时增加。通常创建数据透视表时是选择一个已知的固定区域，当数据源中的记录增加时，需要手动更改数据透视表的数据源范围，此问题可以使用定义名称法创建动态数据透视表来解决。

操作步骤如下。

↑ 步骤一 在【公式】选项卡中单击【名称管理器】按钮，或是按<Ctrl+F3>组合键打开【名称管理器】对话框，单击【新建】按钮，弹出【新建名称】对话框，在【名称】文本框中输入"data"，在【引用位置】文本框中输入以下公式。

=OFFSET(数据源 !$A$1,0,0,COUNTA(数据源 !$A:$A),COUNTA(数据源 !$1:$1))

单击【确定】按钮关闭【新建名称】对话框，单击【关闭】按钮关闭【名称管理器】对话框，如图 7-10 所示。

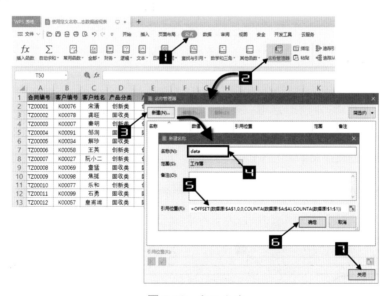

图 7-10 定义名称

OFFSET 函数是一个引用函数，第一参数表示引用区域的基点。第二参数和第三参数表示行、列的偏移数，本例中使用 0，表示不发生偏移。第四参数和第五参数表示新引用范围的行数和列数，公式中用 COUNTA 函数分别统计 A 列和第 1 行的非空单元格数量。当数据源中新增了数据记录或新增了字段，这个行数和列数会自动变化，从而实现对数据区域的动态引用。

> **注意**
>
> 此方法要求"数据源"区域中用于公式判断的行和列（本例中的第 1 行和 A 列）数据中不能包含空单元格，否则公式无法取得正确的数据区域。

↑ **步骤二** 选中数据透视表中任意一个单元格，如 A5 单元格，在【分析】选项卡下依次单击【更改数据源】→【更改数据源】命令，打开【更改数据透视表数据源】对话框。在【请选择单元格区域】文本框中输入已定义的名称"data"，单击【确定】按钮关闭对话框，如图 7-11 所示。

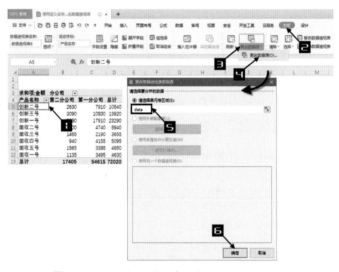

图 7-11 更改数据透视表的数据源为定义名称

此时，数据透视表的数据源已经成功设置为名称为"data"的动态区域，用户可以向数据源中添加新的记录来检验。例如，新增一条"合同编号"为"TEST001"，"产品名称"为"测试产品一号"，"分公司"为"第一分公司"，"金额"为"100"的记录，然后在数据透视表任意一个单元格鼠标右击，在弹出的快捷菜单中选择【刷新】命令，即可查看到新增的数据，如图 7-12 所示。

图 7-12 动态数据透视表自动添加新数据

注意

本技巧中创建的名称以"data"为例，用户可根据实际情况修改此名称。

技巧 76 使用"表格"功能创建动态数据透视表

除自定义名称的方法以外，还可以利用"表格"的自动扩展功能创建动态数据透视表。
操作步骤如下。

↑ **步骤一** 选中数据区域内的任意一个单元格，如 B3 单元格，单击【插入】选项卡下的【表格】命令，弹出【创建表】对话框，保留默认选项，单击【确定】按钮关闭【创建表】对话框，如图 7-13 所示。

↑ **步骤二** 表格创建成功后，即可在【表格工具】选项卡下最左侧查看自动产生的"表名称"，本例中表名称为"表 1"，如图 7-14 所示。

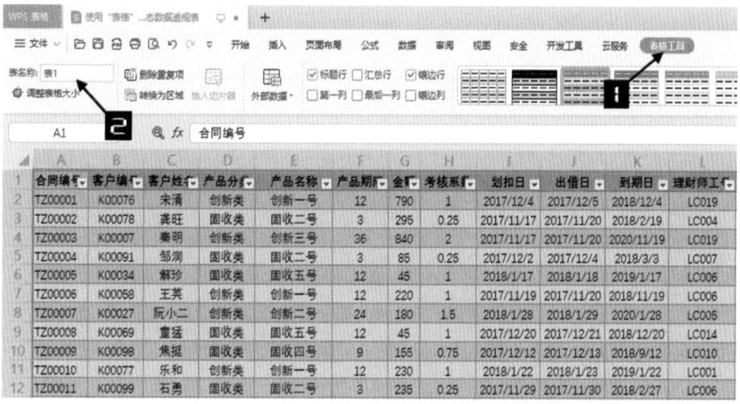

图 7-13 创建表格

图 7-14 查看表格的表名称

↑ **步骤三** 选中"表 1"中的任意一个单元格，如 B3 单元格，依次单击【插入】→【数据透视表】按钮，弹出【创建数据透视表】对话框，保留默认选项，单击【确定】按钮即可以"表 1"为数据源创建一张空白的数据透视表，如图 7-15 所示。

↑ **步骤四** 在数据透视表字段列表中调整字段，设置数据透视表布局，生成的数据透视表如图 7-16 所示。

第 7 章

借助数据透视表分析数据

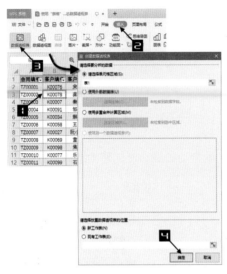

图 7-15　以“表 1”为数据源创建数据透视表

	A	B	C	D
1				
2				
3	求和项:金额	分公司		
4	产品名称	第二分公司	第一分公司	总计
5	创新二号	2630	7910	10540
6	创新三号	3090	10830	13920
7	创新一号	5380	17910	23290
8	固收二号	1200	4740	5940
9	固收三号	1465	2190	3655
10	固收四号	940	4155	5095
11	固收五号	1565	3385	4950
12	固收一号	1135	3495	4630
13	总计	17405	54615	72020

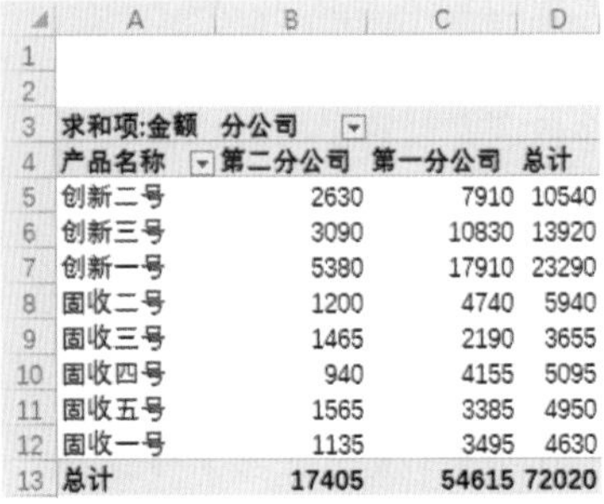

图 7-16　数据透视表

用户可以按照技巧 75 中的检验方法，向“表 1”中添加新的记录进行检验，此处不再赘述。

技巧 77　创建数据透视表时需要注意的几个小问题

77.1　字段标题不全

创建数据透视表时，数据源字段标题中如果存在空单元格，会导致创建数据透视表失败，并出现“数据透视表字段名无效”的错误提示，如图 7-17 所示。

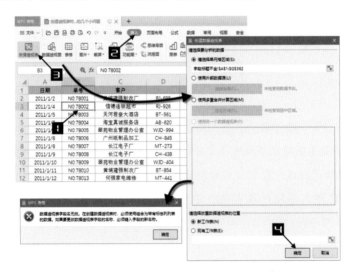

图 7-17　因“字段标题不全”，创建数据透视表错误提示

此时，需要将数据源的标题补全。本例中除 D 列标题不全外，隐藏列 F 列也存在标题不

全现象，需要先取消隐藏F列，然后分别在D1单元格和F1单元格补全字段标题，即可正常创建数据透视表。

操作步骤如下。

个 步骤一　单击E列列标，按住鼠标左键，向右选中E:G列单元格区域，然后鼠标右击，在弹出的快捷菜单中单击【取消隐藏】命令，将F列取消隐藏，如图7-18所示。

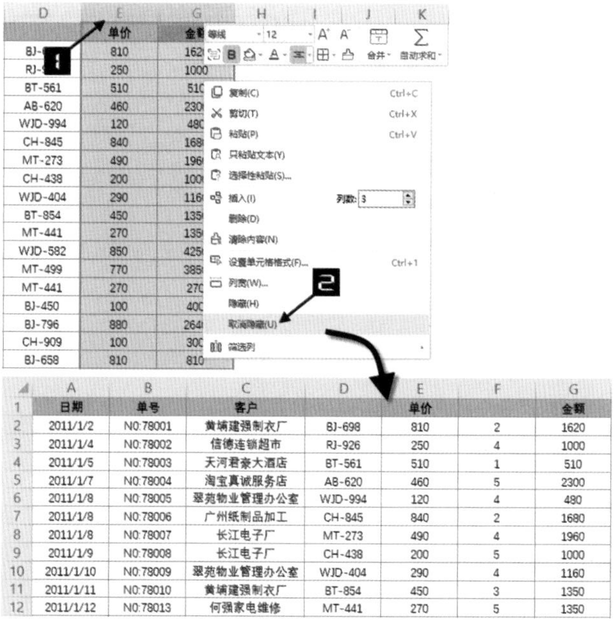

	A	B	C	D	E	F	G
1	日期	单号	客户		单价		金额
2	2011/1/2	NO:78001	黄埔建强制衣厂	BJ-698	810	2	1620
3	2011/1/4	NO:78002	信德连锁超市	RJ-926	250	4	1000
4	2011/1/5	NO:78003	天河君豪大酒店	BT-561	510	1	510
5	2011/1/7	NO:78004	淘宝真诚服务店	AB-620	460	5	2300
6	2011/1/8	NO:78005	翠苑物业管理办公室	WJD-994	120	4	480
7	2011/1/8	NO:78006	广州纸制品加工	CH-845	840	2	1680
8	2011/1/8	NO:78007	长江电子厂	MT-273	490	4	1960
9	2011/1/9	NO:78008	长江电子厂	CH-438	200	5	1000
10	2011/1/10	NO:78009	翠苑物业管理办公室	WJD-404	290	4	1160
11	2011/1/11	NO:78010	黄埔建强制衣厂	BT-854	450	3	1350
12	2011/1/12	NO:78013	何强家电维修	MT-441	270	5	1350

图7-18　将F列取消隐藏

个 步骤二　在D1单元格和F1单元格分别输入字段标题“产品型号”和“数量”。如图7-19所示。

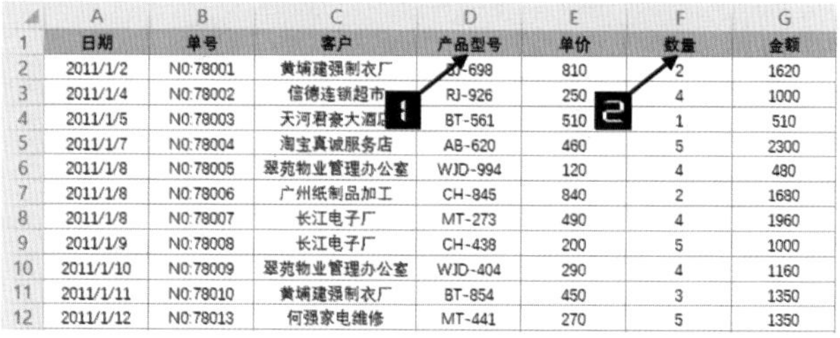

	A	B	C	D	E	F	G
1	日期	单号	客户	产品型号	单价	数量	金额
2	2011/1/2	NO:78001	黄埔建强制衣厂	BJ-698	810	2	1620
3	2011/1/4	NO:78002	信德连锁超市	RJ-926	250	4	1000
4	2011/1/5	NO:78003	天河君豪大酒店	BT-561	510	1	510
5	2011/1/7	NO:78004	淘宝真诚服务店	AB-620	460	5	2300
6	2011/1/8	NO:78005	翠苑物业管理办公室	WJD-994	120	4	480
7	2011/1/8	NO:78006	广州纸制品加工	CH-845	840	2	1680
8	2011/1/8	NO:78007	长江电子厂	MT-273	490	4	1960
9	2011/1/9	NO:78008	长江电子厂	CH-438	200	5	1000
10	2011/1/10	NO:78009	翠苑物业管理办公室	WJD-404	290	4	1160
11	2011/1/11	NO:78010	黄埔建强制衣厂	BT-854	450	3	1350
12	2011/1/12	NO:78013	何强家电维修	MT-441	270	5	1350

图7-19　补全字段标题

此时，使用补全字段标题后的数据源，即可正常创建数据透视表。

77.2　数据源区域中存在合并单元格

图7-20所示，是包含合并单元格的数据源及使用该数据源创建的数据透视表，可以看出，该数据透视表对“客户”字段的“求和项:金额”统计存在错误。以客户“诚信地产”为例，其“求和项:金额”显示为“600”，仅为数据源中该客户第一行的金额。造成此错误的原因是合并单元格中只有最左上角的单元格有数据信息。

	A	B	C	D	E	F	G	H
1	合同编号	日期	单号	客户	商品	单价	数量	金额
2	TZ00001	2011/1/26	NO:78035		CH-438	200	3	600
3	TZ00002	2011/1/27	NO:78039		CH-422	650	3	1950
4	TZ00003	2011/1/31	NO:78049		AB-473	520	5	2600
5	TZ00004	2011/1/31	NO:78050	诚信地产	AB-758	380	2	760
6	TZ00005	2011/2/18	NO:78065		BJ-658	810	4	3240
7	TZ00006	2011/2/27	NO:78084		BT-472	900	1	900
8	TZ00007	2011/12/23	NO:78449		BT-854	450	2	900
9	TZ00008	2011/1/8	NO:78005					480
10	TZ00009	2011/1/10	NO:78009					1160
11	TZ00010	2011/1/27	NO:78038					400
12	TZ00011	2011/2/4	NO:78056					380
13	TZ00012	2011/2/20	NO:78069	翠苑物业管理办公室				600
14	TZ00013	2011/8/4	NO:78277					1830
15	TZ00014	2011/8/18	NO:78293					2760
16	TZ00015	2011/9/11	NO:78318					1280
17	TZ00016	2011/9/12	NO:78320					2940

求和项:金额

客户	汇总
诚信地产	600
翠苑物业管理办公室	480
广州纸制品加工	1680
好好喝饮料有限公司	400
何强家电维修	1350
黄埔建强制衣厂	1620
淘宝真诚服务店	2300
天河君豪大酒店	510
信德连锁超市	1000
阳光诚信保险	3850
悦来客栈	300
长江电子厂	1960
志辉文具	270
(空白)	557040
总计	573360

图 7-20 存在合并单元格的数据源创建的数据透视表

上述数据透视表要想得到正确结果，必须对数据源中的合并单元格进行处理，操作步骤如下。

↑ 步骤一 单击"客户"所在的D列列标，选中D列整列单元格区域，单击【开始】选项卡下的
【合并居中】下拉按钮，在弹出的下拉菜单中单击【拆分并填充内容】命令，"客户"字
段的合并单元格将被拆分，并批量填充相应的客户名称，如图 7-21 所示。

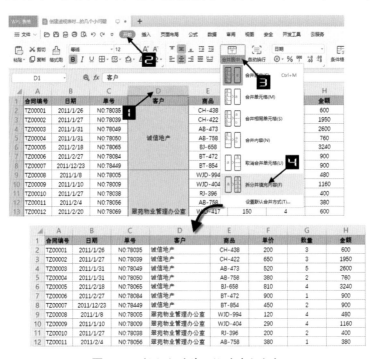

图 7-21 拆分合并单元格并填充内容

↑ 步骤二 选中数据透视表中的任意单元格，如 J5 单元格，在【分析】选项卡下单击【刷新】按钮命令，即可得到正确的统计结果，如图 7-22 所示。

图 7-22 刷新数据透视表后得到正确统计结果

77.3 数据源中有小计或合计

如图 7-23 所示，数据源中含有"小计"和"合计"信息，使用该数据源创建数据透视表时，"小计"或"合计"行也会被识别为一条记录，从而返回错误的统计结果。在创建数据透视表之前需要先删除"小计"和"合计"行。

	A	B	C	D	E	F	G	H	I	J	K	L
1	仓库编码	出库日期	出库单号	出库类别编码	部门编码	材料编码	材料名称	规格型号	主计量单位	数量	单价	记账金额
109	212	2020-02-25	0000012193	201	20307	97947399945	不锈钢法兰	DN40	个	4	50.4	201.6
110	212	2020-02-25	0000012193	201	20307	97944399937	PVC球阀	D40	个	2	7	14
111	212	2020-02-25	0000012193	201	20307	97944399933	PVC管	直径40	米	6	4.3	25.8
112	212	2020-02-25	0000012193	201	20307	97949799796	碳钢螺丝	18*90	套	10	1.9	19
113	212	2020-02-25	0000012193	201	20307	97944599943	拖布		把	3	15.4344	46.3032
114	212	2020-02-25	0000012211	201	20307	97949499538	电缆	4*1.5	米	80	4.2	336
115	212	2020-02-25	0000012211	201	20307	97949499445	断路器	40A	个	2	18.2	36.4
116	212	2020-02-25	0000012211	201	20307	97939794	铁板	2MM	kg	120	4.2	504
117	212	2020-02-25	0000012211	201	20307	97939793	铁板	2.5MM	kg	96	4.2	403.2
118	小计									2934.05		
119	合计									2934.05		

	A	B
1		
2		
3	求和项:数量	
4	仓库编码 ▼	汇总
5	001	739.05
6	108	205
7	119	200
8	212	586
9	合计	2934.05
10	小计	2934.05
11	总计	7598.15

图 7-23 含有"小计"和"合计"的数据源导致数据透视表统计错误

第 7 章 借助数据透视表分析数据

技巧 78 以多种方式统计不同理财产品的销售金额

如果希望对图 7-24 所示的数据透视表进行不同理财产品销售金额的统计，同时统计出每个理财产品的销售金额总计、件均销售金额（销售金额的平均值）和大单金额（最高金额），操作步骤如下。

图 7-24　按不同理财产品汇总的数据透视表

↑ **步骤一**　选中数据透视表内的任意一个单元格，如 A3 单元格，在【数据透视表】窗格的【字段列表】中将"金额"字段连续两次拖曳至【值】区域中，数据透视表中将增加两个新的字段"求和项：金额 2"和"求和项：金额 3"，如图 7-25 所示。

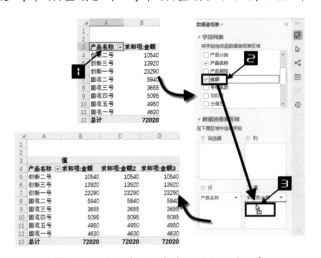

图 7-25　出现多个重复字段的数据透视表

↑ **步骤二**　在字段"求和项：金额 2"任意单元格上鼠标右击，然后在弹出的快捷菜单中依次选择【值汇总依据】→【平均值】命令，如图 7-26 所示。

↑步骤三 重复步骤二的操作，将"求和项:金额3"的【值汇总依据】设置为"最大值"，生成的数据透视表如图 7-27 所示。

图 7-26 设置【值汇总依据】为平均值　　图 7-27 设置【值汇总依据】后的数据透视表

↑步骤四 在"平均值项:金额"字段任意单元格鼠标右击，在弹出的快捷菜单中选择【数字格式】命令，弹出【单元格格式】对话框。在【分类】菜单下选择【数值】，其他选项保持默认，最后单击【确定】按钮关闭对话框，如图 7-28 所示。

图 7-28 设置汇总字段的数字格式

↑步骤五 最后分别将"行标签"字段名称更改为"产品名称"，"求和项:金额"字段名称更改为"销售金额总计"，"平均值项:金额"字段名称更改为"件均销售金额"，"最大值项:金额"字段名称更改为"大单金额"，最终完成的数据透视表如图 7-29 所示。

图 7-29 以多种方式统计各营业部的销售金额

技巧 **79** 快速将二维表转换成一维表

日常工作中，经常会接触到如图 7-30 所示的二维形式的表格，在二维表中，数据区域的值需要通过行列同时确定。然而在制作数据透视表或导入系统时，往往只支持一维表形式，在一维表中，每列都有相对独立的属性，有固定的列标题，每行是一条独立的记录。使用数据透视表可以轻松地将二维表转换为一维表。

◢	A	B	C	D	E	F	G	H	I
1	理财师姓名	创新一号	创新二号	创新三号	固收一号	固收二号	固收三号	固收四号	固收五号
12	李财19	2660	430	1850	35	0	160	230	485
13	李财2	1060	420	1340	50	395	75	40	345
14	李财20	0	620	0	0	155	690	370	115
15	李财3	1040	870	930	480	595	0	605	585
16	李财4	3390	130				435	235	625
17	李财5	1290	1060				0	500	0
18	李财6	1100	1040				95	415	415
19	李财7	1640	0				0	290	0
20	李财8	680	1550				950	405	745
21	李财9	870	520				80	0	0

◢	A	B	C
1	理财师 ▾	产品名称 ▾	金额 ▾
147	李财8	创新二号	1550
148	李财8	创新三号	1860
149	李财8	固收一号	830
150	李财8	固收二号	600
151	李财8	固收三号	950
152	李财8	固收四号	405
153	李财8	固收五号	745
154	李财9	创新一号	870
155	李财9	创新二号	520
156	李财9	创新三号	0
157	李财9	固收一号	0
158	李财9	固收二号	240
159	李财9	固收三号	80
160	李财9	固收四号	0
161	李财9	固收五号	0

图 7-30 快速将二维表转换成一维表

操作步骤如下。

↑ 步骤一　选中数据源中任意一个单元格，如 E2 单元格，单击【文件】下拉按钮，然后在文件下拉菜单中依次选择【数据】→【数据透视表和数据透视图】命令，也可以依次按下 <Alt>、<D>、<P> 键。在弹出的【创建数据透视表和数据透视图】对话框中选择【使用多重合并计算区域】单选按钮，然后单击【选定区域】按钮。

↑ 步骤二　在弹出的【数据透视表向导 - 第 1 步，共 2 步】对话框中直接单击【下一步】按钮，在【数据透视表向导 - 第 2 步，共 2 步】对话框的【选定区域】编辑框中选择单元格区域为 "二维表!$A$1:$I$21"，依次单击【添加】→【完成】按钮，最后单击【创建数据透视表和数据透视图】对话框中的【确定】按钮。如图 7-31 所示。

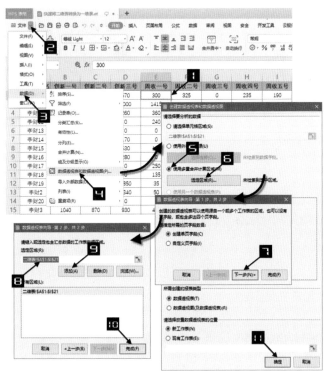

图 7-31　使用多重合并计算数据区域创建数据透视表

↑ 步骤三　在创建好的数据透视表中，双击右下角行列总计所在的单元格，如 J25 单元格，

Excel 会在新工作表中生成明细数据，并且呈一维表样式显示，如图 7-32 所示。

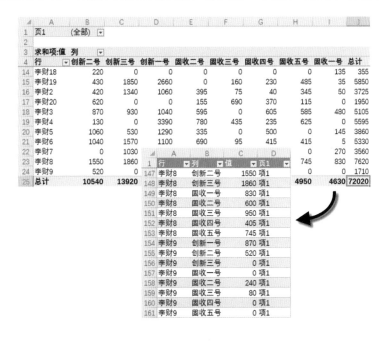

图 7-32　显示明细数据

↑ 步骤四　修改明细数据中 A:C 列的字段名称，然后选中"页1"字段（D列）所在的整列单元格区域，鼠标右击，在弹出的快捷菜单中选择【删除】命令，完成二维表到一维表的转换，如图 7-33 所示。

图 7-33　修改字段名称并删除"页1"字段

技巧 80　在多行多列中提取人员详单

图 7-34 是某学校各班级不同学科的教师任课表，如果想通过此表快速查看本校各学科老师名单，可以使用数据透视表实现。

图 7-34　显示各学科老师姓名的数据透视表

操作步骤如下。

↑ 步骤一　选中数据源中任意一个单元格，如 B3 单元格，单击【插入】选项卡下的【数据透视表】命令，打开【创建数据透视表】对话框。

↑ 步骤二　在【创建数据透视表】对话框中，选中【使用多重合并计算区域】单选按钮，单击【选定区域】按钮，在打开的【数据透视表向导-第 1 步，共 2 步】对话框中单击【下一步】按钮。

↑ 步骤三　在打开的【数据透视表向导-第 2 步，共 2 步】对话框中，单击【选定区域】编辑框，在单元格区域中，拖动鼠标选取"数据源"工作表的 A1:P21 单元格区域，然后单击【添加】按钮，将当前"数据源"区域添加至【所有区域】列表，单击【完成】按钮，关闭对话框，单击【确定】按钮，完成创建数据透视表，如图 7-35 所示。

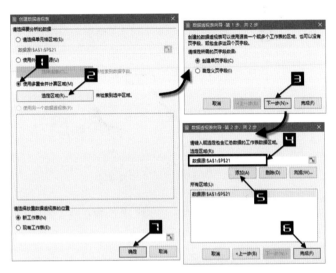

图 7-35　使用多重合并计算区域创建数据透视表 2

此时，使用多重合并计算区域创建的数据透视表及字段列表如图 7-36 所示。

图 7-36　使用多重合并计算区域创建的数据透视表及字段列表

↑ **步骤四**　在【数据透视表字段列表】中，分别取消勾选【行】和【页 1】的复选框，然后将【值】区域中的"计数项:值"拖曳至【行】区域、将【列】区域中的"列"拖曳至【行】区域，并放置于"值"的上方，生成的数据透视表如图 7-37 所示。

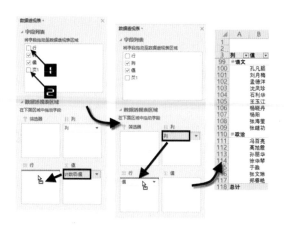

图 7-37　数据透视表字段调整

↑ **步骤五**　选中数据透视表的任意一个单元格，如B5单元格，在【设计】选项卡下，依次进行

以下设置。

设置【分类汇总】选项为【不显示分类汇总】。

设置【总计】选项为【对行和列禁用】。

设置【报表布局】选项为【以表格形式显示】。

设置【报表布局】选项为【重复所有项目标签】。

如图 7-38 所示。

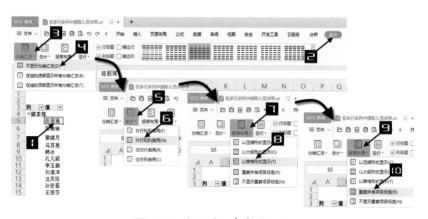

图 7-38　数据透视表布局设置

↑ **步骤六**　选中数据透视表的任意一个单元格，如B5单元格，在【分析】选项卡下，单击【+/-
按钮】按钮，取消数据透视表中的"+/-"按钮显示，如图 7-39 所示。

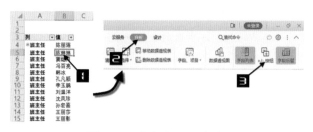

图 7-39　取消显示 +/- 按钮

个 步骤七　将字段名称“列”修改为“科目”，将字段名称“值”修改为“老师姓名”。最终生成的各科老师名单数据透视表如图 7-40 所示。

	A	B
1		
2		
3	科目	老师姓名
85	英语	张明霞
86	语文	孔凡颖
87	语文	刘月梅
88	语文	孟德洋
89	语文	沈凤珍
90	语文	石利华
91	语文	王玉江
92	语文	杨晓丹
93	语文	杨阳
94	语文	张海莹
95	语文	张继功
96	政治	冯百亮
97	政治	高旭霞
98	政治	孙丽华
99	政治	徐华琴
100	政治	于淼
101	政治	张文琳
102	政治	郑春艳

图 7-40　各科老师名单

技巧 81　按年、月、季度快速汇总销售数据

图 7-41 所示的数据透视表中，通过对“出库日期”字段按年、月、季度快速汇总，用户可以快速查看不同时间维度的销售金额汇总。使用数据透视表的【组合】功能可以快速实现，操作步骤如下。

	A	B	C	D	E	F	G	H
1	出库日期	出库单号	发票号	商品名称及型号	销售数量	单位	单价	销售金额
10641	2020/3/3	CK937124	243555	南方全站仪木脚架	1	付	285.71	285.71
10642	2020/3/3	CK937124	758800	南方水准仪木脚架	1	付	505.91	505.91
10643	2020/3/3	CK937124(1)	331083	水平仪	1	台	645.74	645.74
10644	2020/3/3	CK937124(1)	397776	塔尺	1	把	235.01	235.01
10645	2020/3/3	CK937125	124487	CLS12	1	套	260.93	260.93
10646	2020/3/3	CK937125	648120	对讲机	3	只	616.59	1849.77
10647	2020/3/3	CK937125	192052	单棱镜	1	套	479.16	479.16
10648	2020/3/3	CK937125	430744	全站仪	1	台	297.91	297.91
10649	2020/3/3	CK937125	328253	南方全站仪木脚架	1	付	276.34	276.34
10650	2020/3/4	CK937126	533294	维修	1	台	93.99	93.99
10651	2020/3/4	CK					.48	137.48
10652	2020/3/4	CK					.53	195.53
10653	2020/3/4	CK					.35	301.35
10654	2020/3/4	CK					.41	566.41
10655	2020/3/4	CK					.93	323.93
10656	2020/3/4	CK					.18	604.18
10657	2020/3/4	CK					.19	457.19

	A	B	C	D
1				
2				
3	求和项:销售金额			
4	年	季度	出库日期	汇总
14			11月	131789.616
15			12月	66144.54
16	2019年	第一季	1月	228114.604
17			2月	218472.258
18			3月	203613.112
19		第二季	4月	289334.187
20			5月	254836.704
21			6月	280465.971
22		第三季	7月	238138.362
23			8月	315520.872
24			9月	152272.533
25		第四季	10月	223162.635
26			11月	199130.904
27			12月	223846.413
28	2020年	第一季	1月	237098.67
29			2月	160012.09
30			3月	292844.064
31	总计			4401938.453

图 7-41　按年、月、季度汇总的数据透视表

个 步骤一　选中数据源中的任意一个单元格，如 B2 单元格，单击【插入】选项卡下的【数据透视表】命令，在打开的【创建数据透视表】对话框中，保持默认设置，单击【确定】按钮。

个 步骤二　在【数据透视表字段列表】中，勾选“出库日期”和“销售金额”字段的复选框，生成的数据透视表如图 7-42 所示。

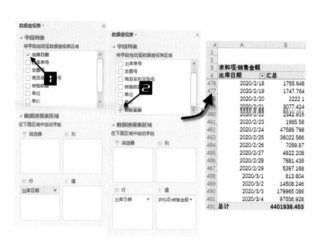

图 7-42　设置数据透视表字段

↑ **步骤三**　鼠标右击数据透视表"出库日期"字段的任意一个单元格，如A5单元格，在弹出的快捷菜单中单击【组合】命令。在打开的【组合】对话框中，选中【月】【季度】【年】组合选项，单击【确定】按钮，如图7-43所示。

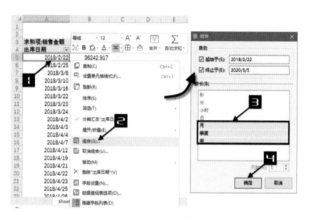

图 7-43　设置数据透视表字段组合

最后生成的按年、月、季度汇总的数据透视表如图7-44所示。

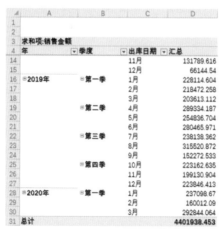

图 7-44　按年、月、季度汇总的数据透视表

注意

在对日期类型字段进行组合时，所选日期字段中不能存在日期类型以外的数据类型（如文本和数字，但空值除外），否则不能使用日期自动组合功能，并弹出如图 7-45 所示错误提示。

图 7-45　日期不能分组

技巧 82　统计不同年龄段的员工人数

演示视频

如图 7-46 所示，要统计员工花名册中不同年龄段、不同性别的人数，可使用数据透视表功能快速实现，操作步骤如下。

年龄	男	女	总计
20-24	6	7	13
25-29	8	6	14
30-34	9	3	12
35-39	12	6	18
40-44	3	5	8
45-49	5	4	9
50-54	8	7	15
55-59	3	5	8
总计	54	43	97

图 7-46　统计不同年龄段、不同性别的员工人数

↑ 步骤一　选中数据源中的任意一个单元格，如 B2 单元格，单击【插入】选项卡下的【数据透视表】命令，在打开的【创建数据透视表】对话框中保持默认设置，单击【确定】按钮关闭对话框。

↑ 步骤二　在【数据透视表字段列表】中，依次将"年龄"拖曳至【行】区域、将"性别"拖曳至【列】区域、将"姓名"拖曳至【值】区域，如图 7-47 所示。

第 7 章　借助数据透视表分析数据

第1篇 常用数据处理与分析

第2篇 函数与公式

第3篇 数据可视化

第4篇 文档安全与打印输出

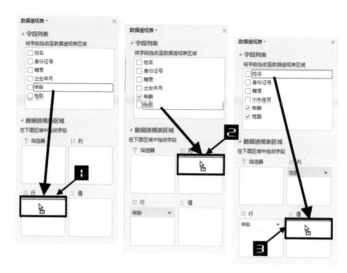

图 7-47　设置数据透视表字段

生成按年龄和性别统计的数据透视表，如图 7-48 所示。

↑ **步骤三**　鼠标右击"年龄"字段的任意一个单元格，如 A5 单元格，在弹出的快捷菜单中选择【组合】命令，在打开的组合对话框中，【起始于】文本框中输入"20"、【终止于】文本框中输入"59"、【步长】文本框中输入"5"，然后单击【确定】按钮，如图 7-49 所示。

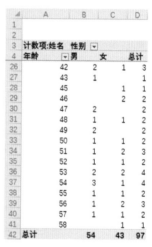

图 7-48　按年龄和性别统计的数据透视表

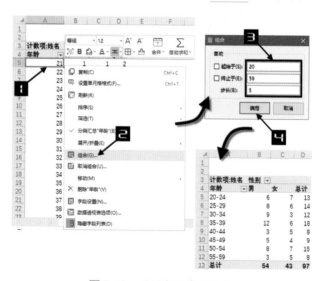

图 7-49　设置年龄字段组合

图 7-50 展示了一张按"产品分类"和"产品名称"统计"金额"的数据透视表，通过右侧的【营业部】切片器，可动态查看不同"营业部"的统计结果。

图 7-50 使用切片器查看不同营业部金额的数据透视表

操作步骤如下。

↑ 步骤一 选中数据透视表中的任意一个单元格，如B6单元格，在【插入】选项卡下，单击【切片器】按钮，在打开的【插入切片器】对话框中，勾选【营业部】复选框，单击【确定】按钮，即可插入名为"营业部"的切片器，如图 7-51 所示。

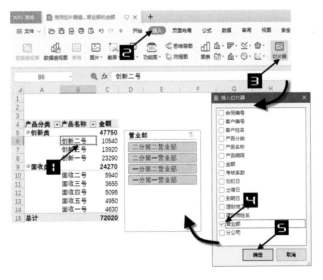

图 7-51 插入"营业部"切片器

注意

在 WPS 表格中，默认的 .et 文件格式不支持“切片器”功能，【插入切片器】按钮为不可用状态。用户如需使用此功能，可以按<F12>功能键，将文件另存为 .xlsx 格式，重新打开文件即可。

步骤二 单击“营业部”切片器中不同的营业部名称，数据透视表即可动态展示当前选中营业部的统计结果。

注意

在切片器中选择项目时，同时按住<Ctrl>键可实现多选。

技巧 84 使用切片器同时控制多个数据透视表

使用数据透视表的“切片器”功能，不仅能够对数据透视表的字段进行筛选操作，还可以非常直观地在切片器内查看该字段所有数据项信息。共享后的切片器还可以应用到使用同一个数据源创建的其他数据透视表中，相当于在多个数据透视表之间架起了一座桥梁，轻松地实现多个数据透视表联动。

图 7-52 所示，是依据同一个数据源创建的不同分析维度的多个数据透视表，对报表筛选字段“年”在各个数据透视表中分别进行筛选后，数据透视表显示出相应的结果。

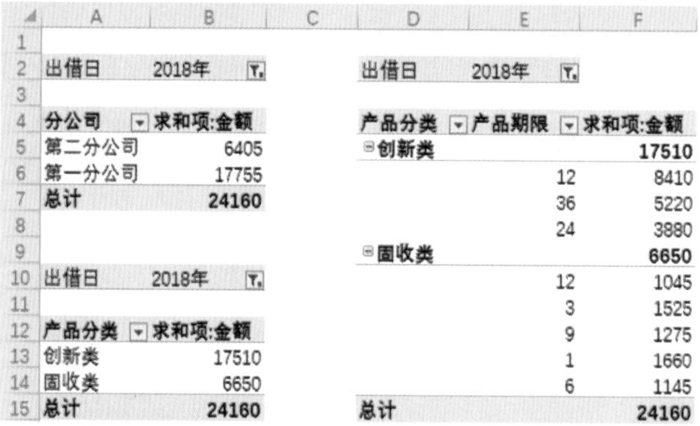

	A	B	C	D	E	F
1						
2	出借日	2018年		出借日	2018年	
3						
4	分公司	求和项:金额		产品分类	产品期限	求和项:金额
5	第二分公司	6405		⊟创新类		17510
6	第一分公司	17755			12	8410
7	总计	24160			36	5220
8					24	3880
9				⊟固收类		6650
10	出借日	2018年			12	1045
11					3	1525
12	产品分类	求和项:金额			9	1275
13	创新类	17510			1	1660
14	固收类	6650			6	1145
15	总计	24160		总计		24160

图 7-52 不同分析维度的数据透视表

通过在切片器内设置数据透视表连接，使切片器实现共享，最终使多个数据透视表进行联动。每当筛选切片器内的一个字段项时，多个数据透视表同时刷新，显示出同一年份下不同分析维度的数据信息。

操作步骤如下。

步骤一 单击任意一个数据透视表的任意单元格，如B4 单元格，在【分析】选项卡下单击【插入切片器】按钮，在弹出的【插入切片器】对话框中勾选“出借日”复选框，单击【确定】按钮，插入【出借日】字段的切片器，如图 7-53 所示。

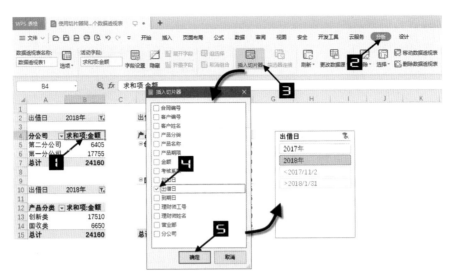

图 7-53　在其中一个数据透视表中插入切片器

↑ 步骤二　单击【出借日】切片器的空白区域，在【选项】选项卡中单击【报表连接】按钮，调出【数据透视表连接(出借日)】对话框，如图 7-54 所示。

图 7-54　调出【数据透视表连接(出借日)】对话框

　　在【出借日】切片器的任意区域鼠标右击，在弹出的快捷菜单中选择【报表连接】命令，也可调出【数据透视表连接(出借日)】对话框，如图 7-55 所示。

图 7-55　调出【数据透视表连接 (出借日)】对话框方法 2

↑ 步骤三　在【数据透视表连接 (出借日)】对话框内，勾选所有数据透视表名称前的复选框，最后单击【确定】按钮关闭对话框，如图 7-56 所示。

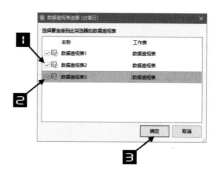

此时，在切片器内选择 "2017" 后，所有数据透视表都显示 2017 年相关维度的数据，如图 7-57 所示。

图 7-56　设置数据透视表连接

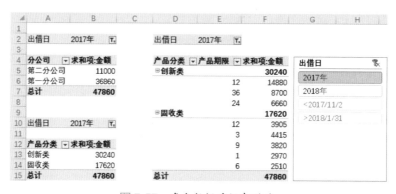

图 7-57　多个数据透视表联动

技巧 85　提取不同分公司前五名的销售记录

在图 7-58 所示的数据透视表中，需要筛选各分公司累计销售额前 5 名的理财师，并按销售额总计由大到小排列。

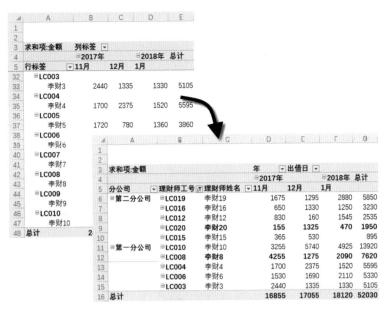

图 7-58　理财师分月销售统计表

操作步骤如下。

↑ 步骤一　选中数据透视表内的任意一个单元格，如B8单元格，在【设计】选项卡下，依次单击【报表布局】→【以表格形式显示】命令，将数据透视表的报表布局修改为以表格形式显示，如图 7-59 所示。

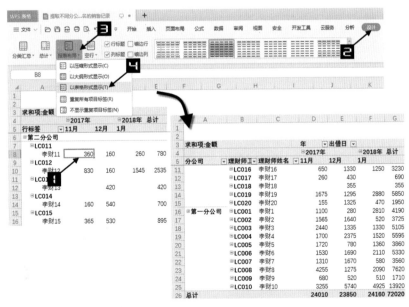

图 7-59　设置数据透视表【报表布局】

↑ 步骤二　单击"理财师工号"字段标题的筛选按钮，在弹出的筛选器中依次选择【值筛选】→【前10项】命令，弹出【前10个筛选(理财师工号)】对话框。将【显示】的默认值"10"更改为"5"，单击【确定】按钮完成筛选，如图 7-60 所示。

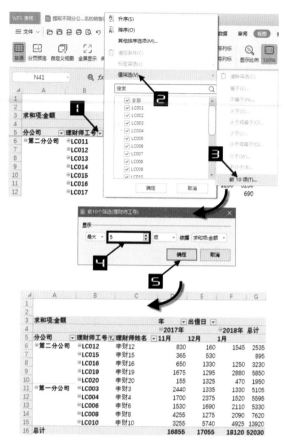

图 7-60　筛选显示各分公司累计销售额前 5 名理财师

↑ 步骤三　再次单击"理财师工号"字段标题的筛选按钮，在弹出的菜单中选择【其他排序选项】命令，弹出【排序(理财师工号)】对话框。选中【排序选项】中的【降序排序（Z到A）依据】单选按钮，并在对应的下拉菜单中选择"求和项:金额"，最后单击【确定】按钮关闭对话框，如图 7-61 所示。

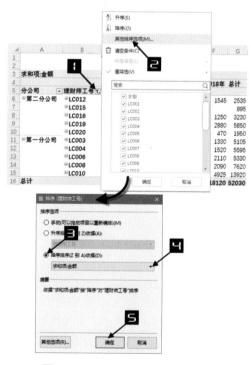

图 7-61　按销售额总计降序排列

如图 7-62 所示，如果对数据透视表中的商品销售额，按照不同地区、不同品名升序排列，可以按销售额从低到高的顺序查看不同地区、不同品名商品的销售情况。

图 7-62 数据透视表按不同地区、不同品名对商品销售额排序

操作步骤如下。

↑ **步骤一** 单击"销售地区"字段的下拉按钮，在弹出的菜单中选择【其他排序选项】命令，在打开的【排序（销售地区）】对话框中，选中【升序排列（A 到 Z）依据】单选按钮，单击下方的下拉按钮，在下拉菜单中选择"求和项:销售金额"选项，单击【确定】按钮关闭对话框，如图 7-63 所示。

↑ **步骤二** 单击"品名"字段的下拉按钮，重复步骤一操作，对品名进行排序，生成的数据透视表如图 7-64 所示。

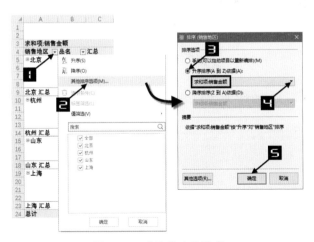

图 7-63 对销售地区排序

图 7-64 排序后的数据透视表

技巧 87 手工调整数据透视表的字段位置

如图 7-65 的数据透视表所示，如果"产品名称"字段需要按照一定的顺序显示，可以使用手动调整数据透视表字段位置功能。

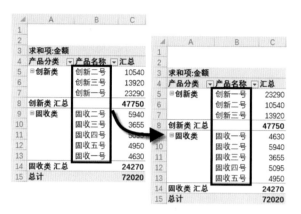

图 7-65 手工调整数据透视表的字段位置

操作步骤如下。

● **方法1** 选中数据透视表中需要调整位置的字段所在的单元格，如 B7 单元格，将鼠标光标移动至 B7 单元格边缘，然后按住鼠标左键，向上拖曳至 B4 单元格和 B5 单元格交界处，松开鼠标左键，"产品名称"字段中"创新一号"及对应的统计结果将被移动至"创新二号"上方，如图 7-66 所示。

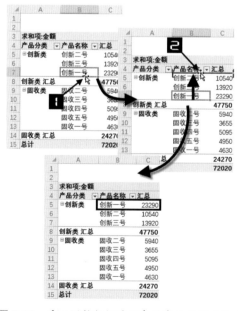

图 7-66 手工调整数据透视表的字段位置方法 1

● **方法2** 鼠标右击需要调整位置的字段所在的单元格，如B13单元格，在弹出的快捷菜单中选择【移动】命令，在弹出的菜单中选择【将"固收一号"移至开头】命令，完成对"固收一号"字段位置调整，如图7-67所示。

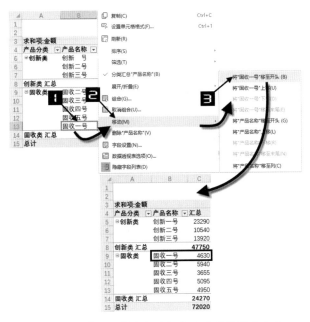

图 7-67 手工调整数据透视表的字段位置方法 2

技巧 88 统计各分公司不同产品的销售金额占比

如图7-68所示，要根据"数据源"中的金额字段统计各分公司、各产品的销售占比，可以通过设置数据透视表的"值显示方式"轻松地实现。

	A	B	C	D	E	F	G	H	I	J	K	L	M	N	O
1	合同编号	客户编号	客户姓名	产品分类	产品名称	产品期限	金额	考核系数	划扣日	出借日	到期日	理财师工号	理财师姓名	营业部	分公司
245	TZ00244	K00037	朱武	固收类	固收五号	12	115	1	2018/1/10	2018/1/11	2019/1/10	LC020	李财20	二分第一营业部	第二分公司
246	TZ00245	K00104	王定六	固收类	固收一号	1	290	0.1	2018/1/27	2018/1/29	2018/2/27	LC003	李财3	一分第一营业部	第一分公司
247	TZ00246	K00056	安道全	固收类	固收一号	1	135	0.1	2017/12/1	2017/12/4	2018/1/3	LC018	李财18	一分第一营业部	第一分公司
248	TZ00247	K00012	朱仝	创新类	创新三号	36	100	2						分第二营业部	第二分公司
249	TZ00248	K00062	孔明	固收类	固收三号	6	260	0.5						分第二营业部	第二分公司
250	TZ00249	K00051	杨林	固收类	固收四号	9	130	0.75						分第一营业部	第一分公司
251	TZ00250	K00074	郑天寿	固收类	固收三号	3	125	0.25						分第一营业部	第一分公司
252	TZ00251	K00064	项充	创新类	创新一号	12	920	2						分第二营业部	第二分公司
253	TZ00252	K00107	时迁	固收类	固收三号	3	210	2						分第一营业部	第一分公司
254	TZ00253	K00007	秦明	创新类	创新三号	36	770	2						分第二营业部	第二分公司
255	TZ00254	K00004	公孙胜	固收类	固收五号	12	100	1						分第二营业部	第二分公司
256	TZ00255	K00005	关胜	创新类	创新三号	36	150	2						分第一营业部	第一分公司

	A	B	C	D	E
1					
2	求和项:金额		分公司		
3	产品分类	产品名称	第二分公司	第一分公司	总计
4	⊟创新类	创新二号	3.65%	10.98%	14.63%
5		创新三号	4.29%	15.04%	19.33%
6		创新一号	7.47%	24.87%	32.34%
7	创新类 汇总		15.41%	50.89%	66.30%
8	⊟固收类	固收二号	1.67%	6.58%	8.25%
9		固收三号	2.03%	3.04%	5.07%
10		固收四号	1.31%	5.77%	7.07%
11		固收五号	2.17%	4.70%	6.87%
12		固收一号	1.58%	4.85%	6.43%
13	固收类 汇总		8.75%	24.94%	33.70%
14	总计		24.17%	75.83%	100.00%

图 7-68 各分公司、各产品的销售金额占比统计

操作步骤如下。

88.1 各分公司、各类产品的销售金额占总计金额的百分比

↑ 步骤一　创建数据透视表，并将"产品分类"和"产品名称"字段添加到【数据透视表字段列表】的【行】区域，将"分公司"字段添加到【列】区域，将"金额"字段添加到【值】区域，创建的数据透视表如图 7-69 所示。

	A	B	C	D	E
1					
2					
3	求和项:金额		分公司 ▼		
4	产品分类 ▼	产品名称 ▼	第二分公司	第一分公司	总计
5	⊟创新类	创新二号	2630	7910	10540
6		创新三号	3090	10830	13920
7		创新一号	5380	17910	23290
8	创新类 汇总		11100	36650	47750
9	⊟固收类	固收二号	1200	4740	5940
10		固收三号	1465	2190	3655
11		固收四号	940	4155	5095
12		固收五号	1565	3385	4950
13		固收一号	1135	3495	4630
14	固收类 汇总		6305	17965	24270
15	总计		17405	54615	72020

图 7-69　创建的数据透视表

↑ 步骤二　在数据透视表"求和项：金额"字段上单击鼠标右键，在弹出的快捷菜单中依次选择【值显示方式】→【总计的百分比】命令，即可显示"各分公司、各产品占销售总金额的百分比"，如图 7-70 所示。

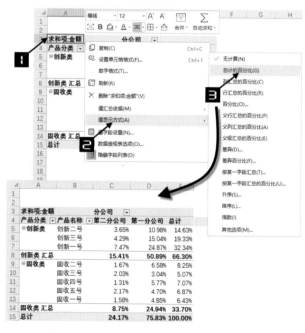

图 7-70　统计各分公司、各产品的销售占比

这样设置的目的是要将各分公司、各类产品的销售金额占总计金额的比重显示出来。例如，"第一分公司"销售"创新类"产品中的"创新二号"产品的销售比重（10.98%）="第一分公司"销售"创新类"产品中的"创新二号"产品的销售金额（7 910）/销售金额总计（72 020）

88.2 平行对比各分公司、各类产品的销售占比

↑ 步骤— 选中图 7-70 数据透视表区域（A3:E15），然后在选中区域任意单元格右击鼠标，在弹出的快捷菜单中选择【复制】命令，如图 7-71 所示。

↑ 步骤二 选中 A19 单元格，鼠标右击，在弹出的快捷菜单中选择【粘贴】命令，即在 A19:E31 单元格区域复制生成一张相同的数据透视表，如图 7-72 所示。

图 7-71 复制数据透视表

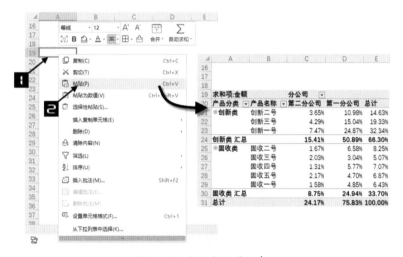

图 7-72 粘贴数据透视表

在执行步骤一、步骤二的【复制】【粘贴】命令时，也可以使用相应的组合键<Ctrl+C>和<Ctrl+V>来完成操作。

↑ 步骤三 鼠标右击数值区域中的任意一个单元格，如 C21 单元格，在弹出的快捷菜单中依次选择【值显示方式】→【父列汇总的百分比】命令，即可显示"不同分公司销售不同产品金额的百分比"，如图 7-73 所示。

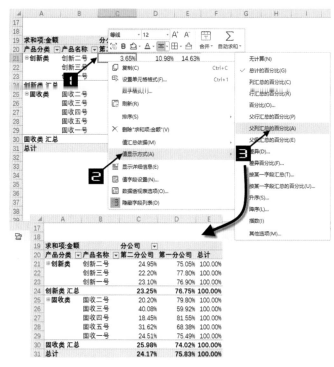

图 7-73 对比不同产品不同分公司销售占比

💬 注意

这样设置的目的是平行对比各分公司、各类产品的销售比重情况。例如，"创新类"中的"创新二号"产品，"第一分公司"销售占比为 75.05%，"第二分公司"销售占比为 24.95%，合计为 100%。

技巧 89 **值显示方式的计算规则**

利用数据透视表中的"值显示方式"功能，可以显示数据透视表值区域中每项占同行或同列数据总和的百分比，或显示每个数值占总和的百分比等。有关数据透视表中不同的值显示方式的功能描述，如表 7-1 所示。

表 7-1 不同的值显示方式的计算规则

选项	功能描述
无计算	值区域字段显示为数据源中的原始数据
总计的百分比	值区域字段分别显示为每个数据项占该列和行所有项总和的百分比
列汇总的百分比	值区域字段显示为每个数据项占该列所有项总和的百分比
行汇总的百分比	值区域字段显示为每个数据项占该行所有项总和的百分比
百分比	值区域显示为基本字段和基本项的百分比

选项	功能描述
父行汇总的百分比	值区域字段显示为每个数据项占该列父级项目总和的百分比
父列汇总的百分比	值区域字段显示为每个数据项占该行父级项目总和的百分比
父级汇总的百分比	值区域字段显示为每个数据项占该列和该行父级项目总和的百分比
差异	值区域字段显示为与指定的基本字段和基本项的差值
差异百分比	值区域字段显示为与指定的基本字段项的差异百分比
按某一字段汇总	值区域字段显示为基本字段项的汇总
按某一字段汇总的百分比	值区域字段显示为基本字段项的汇总百分比
升序	值区域字段显示为按升序排列的序号
降序	值区域字段显示为按降序排列的序号
指数	使用公式：$[($单元格的值$)\times($总体汇总之和$)]/[($行汇总$)\times($列汇总$)]$

技巧 90　使用数据透视表快速完成销售排名

如图 7-74 所示，数据透视表实现了对不同"理财师姓名"的销售金额合计进行排名。用户可以方便地查看不同理财师的销售金额排名情况。

图 7-74　使用数据透视表快速完成销售排名

操作步骤如下。

步骤一　选中数据透视表内的任意一个单元格，如 A5 单元格，在【数据透视表字段列表】中将"金额"字段拖曳至【值】区域中，数据透视表中将增加一个新的字段"求和项：金额2"，如图 7-25 所示。

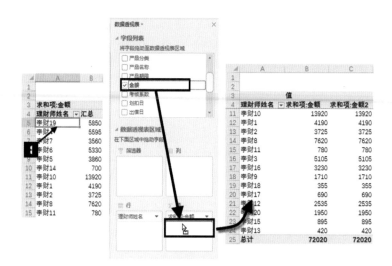

图 7-75　向数据透视表中添加金额字段

↑ **步骤二** 鼠标右击"求和项：金额2"字段的任意一个单元格，如C5单元格，在弹出的快捷菜单中依次选择【值显示方式】→【降序】命令，打开【值显示方式（求和项：金额2）】对话框，单击【确定】按钮完成设置，如图7-76所示。

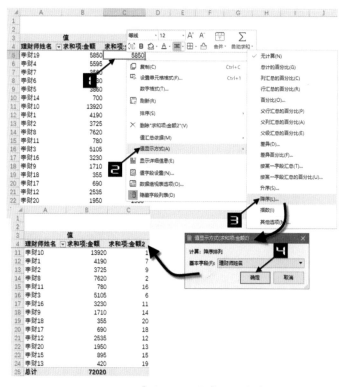

图 7-76　设置【值显示方式】为"降序"

↑ **步骤三** 单击【理财师姓名】下拉按钮，在弹出的快捷菜单中选择【其他排序选项】命令，在打开的【排序（理财师姓名）】对话框中，选中【降序排序（Z到A）依据】单选按钮，单击【降序排序（Z到A）依据】下拉按钮，在下拉列表中选择"求和项：金额"，然后单击【确定】按钮完成排序设置，如图 7-77 所示。

↑步骤四 分别将"求和项：金额"和"求和项：金额 2"字段名称修改为"销售金额"和"排名"，最终完成的数据透视表如图 7-78 所示。

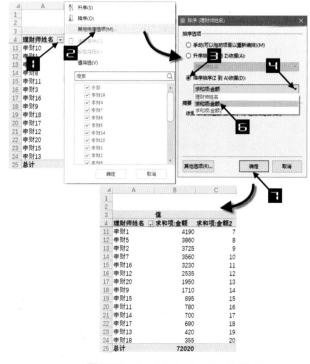

图 7-77 按"求和项：金额"排序　　图 7-78 最终完成的数据透视表

技巧 91 在数据透视表中使用简单的公式

在制作数据透视表时，往往需要统计"数据源"中并不存在的统计维度，而这些信息如果可以根据"数据源"中存在的字段计算而来，可以借助"添加计算字段"或"添加计算项"功能，使用简单的公式来实现。在创建了自定义的计算字段或计算项后，可以在数据透视表中使用它们，这些自定义的字段或项就像在"数据源"中真实存在的数据一样。

计算字段是指通过对数据透视表中现有的字段执行计算后得到的新字段。

计算项是指在数据透视表的现有字段中插入新的项，通过对该字段的其他项执行计算后得到该项的值。

91.1 使用计算字段计算奖金提成

图 7-79 所示为一张根据销售明细表创建的数据透视表，如果希望根据销售人员业绩进行

奖金提成的计算，可以通过添加计算字段的方法来完成，而无须修改数据源。

	A	B	C	D	E	F	G
1	销售地区	销售人员	品名	数量	单价	销售金额	销售年份
35	杭州	刘春艳	微波炉	76	500	38000	2019
36	杭州	刘春艳	按摩椅	84	800	67200	2019
37	山东	杨光	液晶电视	27	5000	135000	2018
38	山东	杨光	显示器	52	1500	78000	2018
39	山东	杨光	微波炉	69	500	34500	2018
40	山东	杨光	显示器	91	1500	136500	2018
41	山东	杨光	液晶电视	60	5000	300000	2019
42	山东	杨光	显示器	14	1500	21000	2019
43	上海	林茂盛	微波炉	36	500	18000	2018
44	上海	林茂盛	显示器	42	1500	63000	2018
45	上海	林茂盛	液晶电视	1	5000	5000	2018
46	上海	林茂盛	显示器	71	1500	106500	2019
47	上海	林茂盛	微波炉	24	500	12000	2019
48	上海	林茂盛	跑步机	82	2200	180400	2019
49	上海	林茂盛	跑步机	17	2200	37400	2019
50	上海	林茂盛	跑步机	79	2200	173800	2019
51	上海	林茂盛	显示器	15	1500	22500	2019

	A	B
3	求和项:销售金额	
4	销售人员	汇总
5	白露	503400
6	林茂盛	618600
7	刘春艳	1288700
8	苏珊	899400
9	杨光	705000
10	赵琦	831400
11	总计	4846500

图 7-79　需要计算奖金提成的数据透视表

操作步骤如下。

↑ **步骤一** 选中数据透视表值区域中的任意一个单元格，如 B5 单元格，在【分析】选项卡下单击【字段、项目】下拉按钮，在下拉列表中选择【计算字段】命令，弹出【插入计算字段】对话框，如图 7-80 所示。

图 7-80　弹出【插入计算字段】对话框

↑ **步骤二** 在【插入计算字段】对话框中的【名称】文本框内输入"提成额"，清除【公式】文本框中原有的数据"= 0"，在【字段】列表中单击【销售金额】字段，然后单击【插入字段】按钮，在【公式】文本框中输入"=销售金额*0.015"（销售人员的提成率按 1.5% 计算），单击【添加】按钮，最后单击【确定】按钮关闭对话框。此时，数据透视表中新增了一个"提成额"字段，如图 7-81 所示。

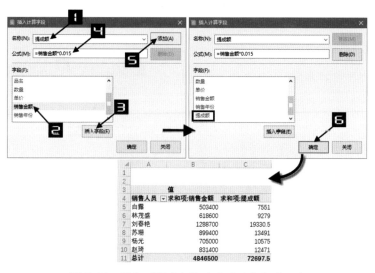

图 7-81 添加"提成额"字段后的数据透视表

91.2 使用计算项计算不同年份的销售额差异

在图 7-82 所示的数据透视表中，展示了不同"销售年份"各"销售人员"的销售额，如果希望查看各"销售人员"不同"销售年份"的差额，可以通过添加计算项的方法来完成，而无须修改数据源。

操作步骤如下。

↑ 步骤一 选中数据透视表中列字段标题所

图 7-82 使用计算项计算不同年份的销售额差异

在的单元格，如C4单元格，在【分析】选项卡下单击【字段、项目】下拉按钮，在下拉列表中选择【计算项】命令，弹出【在"销售年份"中插入计算字段】对话框，如图 7-83 所示。

图 7-83 插入"计算项"功能

💬 注意

必须选中数据透视表中的列字段标题所在的单元格,否则【计算项】为灰色不可用状态。

↑ 步骤二 在【在"销售年份"中插入计算字段】对话框中的名称文本框中输入"差异",清除【公式】文本框中原有的数据"=0",单击【字段】列表框中的"销售年份"选项,然后双击右侧【项】列表框中的"2019"选项,然后输入减号"-",再双击【项】列表中的"2018"选项。单击【添加】按钮,最后单击【确定】按钮关闭对话框,生成添加"差异"计算项后的数据透视表如图7-84所示。

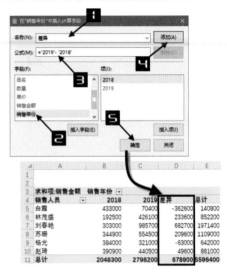

图 7-84 添加"差异"计算项

💬 注意

添加"差异"计算项后,会出现一个问题,数据透视表中的行"总计"将汇总所有行项目,包括新添加的"差异"项,其结果不具有实际意义。因此需要删除总计列。

↑ 步骤三 鼠标右击数据透视表"总计"标题所在的单元格,如E4单元格,在弹出的快捷菜单中选择【删除总计】命令,如图7-85所示。

图 7-85 删除总计后的数据透视表

第 2 篇

函数与公式

　　函数与公式是WPS表格的特色之一，充分展示了其出色的计算能力，灵活使用函数与公式可以极大地提高数据处理分析的能力和效率。本篇从函数的结构组成、分类和函数的编辑操作开始讲解，除了学习单元格引用、数据类型、运算符的基础知识，还对逻辑判断、文本处理、日期与时间处理、数学计算、查找与引用、统计求和等不同类型的函数实例进行了详细讲解。理解并掌握这些知识，对深入学习函数公式、提高办公效率会有很大帮助。

函数与公式基础

WPS表格中不同类型的内置函数超过 400 个，每个函数都有执行特定任务的功能，如进行数学运算、查找值或计算日期和时间等。了解函数与公式的基本原理和规则，能够帮助用户更快捷地学习和使用函数与公式。本章主要介绍函数与公式的基本定义和结构、公式中的数据类型、运算符类型及函数与公式的常用技巧等内容。

技巧 92 什么是公式

我们平时习惯把在单元格输入的、可以自动运算的代码统称为"函数公式"，而事实上，函数（Function）和公式（Formula）是彼此相关但又完全不同的两个概念。

严格地说，"公式"是以"="号为引导，进行数据运算处理并返回结果的等式。

"函数"则是按特定算法执行计算的、产生一个或一组结果的、预定义的特殊公式。

因此，从广义的角度来讲，函数也是一种公式。

构成公式的要素包括等号（=）、运算符、常量、单元格引用、函数、名称等，如表 8-1 所示。

表 8-1 公式的组成要素

公式	说明
=20*6+5.8	包含常量运算的公式
=A1+B2+A3*0.5	包含单元格引用的公式
=期初 - 期末	包含名称的公式
=SUM(A1:A10)	包含函数的公式

公式的功能是为了有目的地返回结果，公式可以用在单元格中，直接返回运算结果为单元格赋值；也可以在条件格式、数据有效性等功能中使用公式，通过公式运算结果产生的逻辑值来决定用户定义规则是否生效。

公式通常只能从其他单元格中获取数据来进行运算，而不能直接或间接地通过自身所在单元格进行计算（除非是有目的的迭代运算），否则会造成循环引用错误。

除此以外，公式不能令单元格删除（也不能删除公式本身），也不能对除自身以外的其他单元格直接赋值。

技巧 **93** 公式中的运算符

93.1 运算符的类型及用途

运算符是构成公式的基本元素之一，每个运算符分别代表一种运算方式。如表 8-2 所示，运算符可以分为 4 种类型：算术运算符、比较运算符、文本运算符和引用运算符。

- 算术运算符：主要包含加、减、乘、除、百分比及乘幂等各种常规的算术运算。
- 比较运算符：用于比较数据的大小。
- 文本运算符：主要用于将文本字符或字符串进行连接和合并。
- 引用运算符：主要用于在工作表中产生单元格引用。

表 8-2 公式中的运算符

符号	说明	实例
-	算术运算符：负号	=7*-5=-35
%	算术运算符：百分号	=120*50%=60
^	算术运算符：乘幂	=5^2=25 =9^0.5=3
*和/	算术运算符：乘和除	=5*3/2=7.5
+和-	算术运算符：加和减	=12+7-5=14
=, <> >, < >=, <=	比较运算符：等于、不等于、大于、小于、大于等于和小于等于	=A1=A2 判断 A1 与 A2 相等 =B1<>"WPS" 判断 B1 不等于"WPS" =C1>=9 判断 C1 大于等于 9
&	文本运算符：连接文本	="Excel"&"Home" 返回"ExcelHome"
:	区域引用运算符：冒号	=SUM(A1:C15) 引用一个矩形区域，以冒号左侧单元格为矩形左上角，冒号右侧的单元格为矩形的右下角
（空格）	交叉引用运算符：单个空格	=SUM(A1:B5 A4:D9) 引用 A1:B5 与 A4:D9 的交叉区域，公式相当于=SUM(A4:B5)
,	联合引用运算符：逗号	=RANK(A1,(A1:A10,C5:C20)) 第二参数引用的区域包括 A1:A10 与 C5:C20 两个不连续的单元格区域组成的联合区域

93.2 公式的运算顺序

与常规的数据计算式运算相似，所有的运算符都有运算的优先级。当公式中同时用到多个运算符时，将按表 8-3 所示的顺序进行运算。

表 8-3 运算符的优先顺序

优先顺序	符号	说明
1	:（空格），	引用运算符：冒号、单个空格和逗号
2	–	算术运算符：负号
3	%	算术运算符：百分比
4	^	算术运算符：乘幂
5	*和/	算术运算符：乘和除（注意区别数学中的 ×、÷）
6	+和–	算术运算符：加和减
7	&	文本运算符：连接文本
8	=，<>，>，<，>=，<=	比较运算符：比较两个值（注意区别数学中的 ≤、≥、≠）

默认情况下，公式将依照上述顺序运算。例如：

=5--3^2

这个公式的运算结果并不等于以下公式的运算结果。

=5+3^2

根据优先级，最先组合的是代表负号的"–"与"3"进行负数运算，然后通过"^"与"2"进行乘幂运算，最后才与代表减号的"–"与"5"进行减法运算。这个公式实际等价于以下公式，运算结果为 –4。

=5-(-3)^2

如果要人为改变公式的运算顺序，可以使用括号强制提高运算优先级。

数学计算式中使用小括号 ( )、中括号 [ ] 和大括号 { } 来改变运算的优先级别，而在 WPS 表格中均使用小括号代替，而且括号的优先级将高于上表中所有运算符。

如果公式中使用多级括号进行嵌套，其计算顺序是由最内层的括号逐级向外进行运算。例如：

=((A1+5)/3)^2

先执行 A1+5 运算，再将得到的和除以 3，最后再进行 2 次方乘幂运算。

此外，数学计算式的乘、除、乘幂等，在 WPS 表格中表示方式也有所不同，如数学计算式：

$$=(7+2)\times[5+(10-4)\div3]+6^2$$

在WPS表格中的公式表示为：

$$=(7+2)*(5+(10-4)/3)+6^2$$

注意

执行开方运算时，3的开方可以用$3^{(1/2)}$来完成。计算3的立方根时，可以用$3^{(1/3)}$完成。

技巧 94 引用单元格中的数据

要在公式中引用某个单元格或某个区域中的数据，就要使用单元格引用（或称为地址引用）。引用的实质就是公式对单元格的一种呼叫方式。WPS表格支持的单元格引用包括两种类型，一种为"A1引用样式"，另一种为"R1C1引用样式"。

94.1 A1引用样式

A1引用样式指的是用英文字母代表列标，用数字代表行号，由这两个行列坐标构成单元格地址的引用。

例如，C5就是指C列，也就是第3列第5行的单元格，而B7则是指B列（第2列）第7行的单元格。

在A~Z 26个字母用完以后，列标采用两位字母的方式，继续按顺序编码，从第27列开始的列标依次是AA、AB、AC、AD……

94.2 R1C1引用样式

R1C1引用样式是另外一种单元格地址表达方式，它通过行号和列号及行列标识"R"和"C"一起来组成单元格地址引用。例如，要表示第3列第5行的单元格，R1C1引用的书写方式就是"R5C3"，而"R7C2"则表示第2列（B列）第7行的单元格。

通常情况下，A1引用方式更常用，而R1C1引用方式则在某些场合下会让公式计算变得更简单。

依次单击【文件】→【选项】命令，在弹出的【选项】对话框中切换到【常规与保存】选项卡下，勾选或取消勾选【R1C1引用样式】的复选框，最后单击【确定】按钮，可以实现A1引用样式到R1C1引用样式的互换，如图8-1所示。

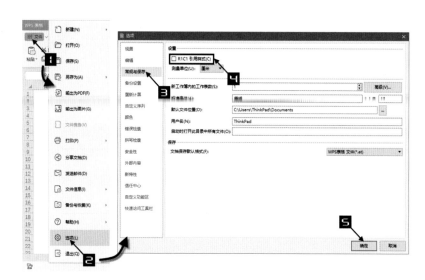

图 8-1　R1C1 引用样式选项设置

勾选【R1C1 引用样式】复选框后，WPS 表格窗口中的列标签也会随之发生变化，原有的字母列标会自动转化为数字，如图 8-2 所示。

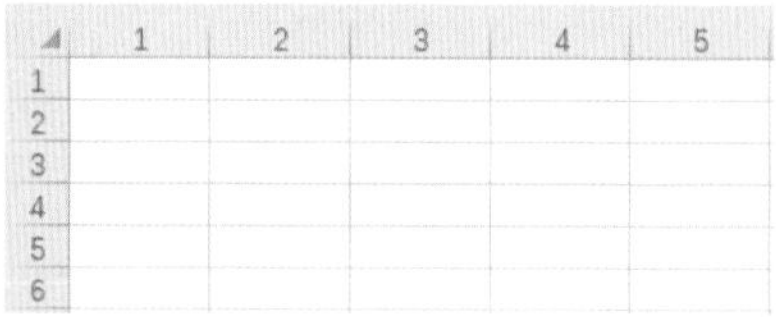

图 8-2　列标显示为数字

技巧 95　引用不同工作表中的数据

95.1　跨工作表引用

在函数与公式中，可以引用其他工作表的数据参与运算。假设要在 Sheet 1 表中直接引用 Sheet 2 表的 C 3 单元格，则公式为：

```
=Sheet2!C3
```

这个公式中的跨工作表引用由工作表名称、半角感叹号（!）、目标单元格地址 3 部分组成。

除了直接手动输入公式外，还可以使用鼠标选取的模式来快速生成引用，操作步骤如下。

↑ 步骤一　在 Sheet 1 表的单元格中输入公式开头的 "=" 号。

↑ 步骤二　单击 Sheet 2 的工作表标签，切换到 Sheet 2 工作表，再单击选择 C 3 单元格。

↑ 步骤三　按 <Enter> 键结束。此时就会自动完成这个引用公式。

💬 注意

如果跨工作表引用的工作表名称是以数字开头，或者包含空格及以下特殊字符：
$ % · ~！@ # & ( ) + - = , | " ; { }

则公式中的引用工作表名称需要用一对半角单引号引起来。例如：

='2 月'!C3

95.2 跨工作簿引用

在公式中，还可以引用其他工作簿中的数据，假设要引用名为"工作簿 1"的工作簿中 Sheet1 工作表的 C3 单元格，公式为：

=[工作簿 1.et]Sheet1!C3

如果当前 WPS 表格工作窗口中同时打开了被引用的工作簿，也可以采用鼠标选取的方式自动产生引用公式。

如果被引用的工作簿没有被打开，公式中被引用工作簿的名称需要包含完整的文件路径，如公式：

='C:\Users\Documents\[工作簿 1.et]Sheet1'!C3

💬 注意

需要注意其中的半角单引号的位置。

技巧 96 公式的复制和填充

公式可以连同公式所在的单元格一起进行"复制""粘贴"操作，以便让公式快速应用到更多的运算需求中。下面几种比较常用的公式复制技巧可以提高工作效率。

🔹 方法 1 拖曳填充柄

选中公式所在的单元格，光标移向该单元格右下角，当光标显示为黑色"十字"填充柄时，按住鼠标左键横向或纵向拖动，可将公式复制填充到其他单元格区域。如图 8-3 所示。

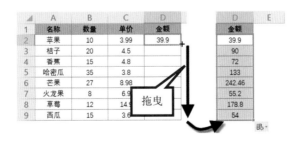

图 8-3 拖曳填充柄

🔹 方法 2 双击填充柄

如方法 1 所述，当公式所在单元格两侧相邻区域中包含数据时，也可以双击填充柄直接填充，公式所在单元格会自动向下填充，直至相邻区域连续数据的最后一行。

● **方法3** 快捷键填充

从公式所在单元格开始，选取需要填充的目标区域，然后按<Ctrl+D>组合键即可执行"向下填充"命令，如图8-4所示。如果需要向右填充，可以按<Ctrl+R>组合键。

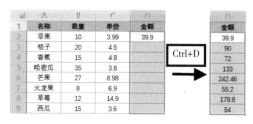

图 8-4　使用快捷键填充

● **方法4** 选择性粘贴

复制公式所在的单元格，如D2单元格，然后选中粘贴的目标区域，如D3:D9单元格区域，鼠标右击，在弹出的快捷菜单中选择【选择性粘贴】命令，弹出【选择性粘贴】对话框，选中【公式】单选按钮，然后单击【确定】按钮关闭对话框，如图8-5所示。这种做法的好处是不会改变目标区域中的单元格格式。

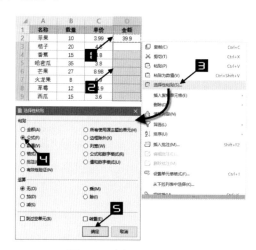

图 8-5　选择性粘贴公式

● **方法5** 多单元格同时输入

连同现有公式的单元格一起，选中其他需要复制填充公式的单元格区域，将光标定位至编辑栏中的公式，按<Ctrl+Enter>组合键，即可将起始单元格中的公式复制到区域中的其他单元格。

上述方法的区别：方法1、方法2、方法3是复制单元格操作，起始单元格的格式、条件格式、数据有效性等属性也一同被覆盖到填充区域。方法4、方法5不会改变区域的单元格属性。方法5还可以用于非连续单元格区域的公式输入。

使用函数时，去除函数的某一个参数及其前面的逗号，称为"省略"该参数。在函数中，如果省略了某个参数，函数会自动以一个事先约定的参数值代替，作为默认参数。在函数帮助文件的语法介绍中，通常会以"忽略""省略""可选""默认"等词来描述这些可以省略的参数，并且会注明省略参数后的默认取值。

以 VLOOKUP 函数为例，图 8-6 显示了该函数的语法介绍。

```
VLOOKUP(lookup_value,table_array,col_index_num,range_lookup)
```

其中第四参数 range_lookup 为非加粗格式显示，表示这个参数在实际使用时可以省略，这样的参数也称为"可选参数"。

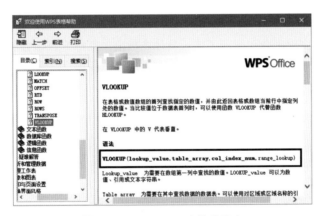

图 8-6 VLOOKUP 函数的语法

常见函数参数省略的情况如表 8-4 所示。

表 8-4 函数参数省略状态下的默认值

函数名称	参数位置及名称	省略参数后的默认情况
IF	第 3 个参数 value_if_false	默认为 FALSE
LOOKUP	第 3 个参数 result_vector	默认为数组语法
MATCH	第 3 个参数 match_type	默认为 1
VLOOKUP	第 4 个参数 range_lookup	默认为 TRUE
HLOOKUP	第 4 个参数 range_lookup	默认为 TRUE
INDIRECT	第 2 个参数 a1	默认为 A1 引用样式
OFFSET	第 4 个参数 hight 第 5 个参数 width	默认与第 1 个参数区域大小一致
FIND(B)	第 3 个参数 start_num	默认为 1

函数名称	参数位置及名称	省略参数后的默认情况
SEARCH(B)	第 3 个参数 start_num	默认为 1
LEFT(B)	第 2 个参数 num_chars	默认为 1
RIGHT(B)	第 2 个参数 num_chars	默认为 1
SUBSTITUTE	第 4 个参数 instance_num	默认为替换所有匹配第二参数的字符
SUMIF	第 3 个参数 sum_range	默认对第 1 个参数 range 进行求和

需要注意的是，由于函数的参数均具有固定位置，因此省略函数的某个参数时，则该参数必须是最后一个参数或连同其后面的参数一起省略。例如，在下面的公式中，OFFSET 函数的第 4、5 个参数被一起省略，无法只省略第 4 个参数而保留第 5 个参数。

```
=OFFSET(A1,1,2)
```

如果仅使用逗号占据参数位置而不输入具体参数值，则称为该参数的"简写"。简写与省略有所不同，这种简写方式经常用于代替逻辑值 FALSE、数值 0 或空文本等参数值，如表 8-5 所示。

表 8-5　函数参数简写

原公式	简写后的公式
=VLOOKUP(A1,B1：C10,2,FALSE) =VLOOKUP(A1,B1：C10,2,0)	=VLOOKUP(A1,B1：C10,2,)
=MAX(A1,0)	=MAX(A1,)
=IF(B2=A2,1,0)	=IF(B2=A2,1,)
=OFFSET(A1,0,0,10)	=OFFSET(A1,,,10)
=SUBSTITUTE(A1,"a","")	=SUBSTITUTE(A1,"a",)
=REPLACE(A1,2,3,"")	=REPLACE(A1,2,3,)

函数参数省略与简写的区分在于是否用逗号保留参数位置。例如：

```
=OFFSET(A1,1,2,,5)
```

在公式中第 4 个参数位置仍然保留。因此属于简写方式。其等价于：

```
=OFFSET(A1,1,2,0,5)
```

很多时候，简写参数只是为了输入时的简便，但对于公式的阅读和理解却可能造成困难。因此，在本书的函数公式部分，除特别注明以外，大部分公式都不采用简写方式，以便于理解。

技巧 98 函数嵌套的使用

在日常工作中，往往会遇到使用单个函数难以解决的复杂问题。需要使用多个函数组成一个复杂公式来解决。在包含两个或两个以上函数的公式中，使用一个函数作为另一个函数的参数时称为函数嵌套。

例如，要判断 A2 单元格中的日期属于第几季度，可以使用如下公式。

`=LOOKUP(MONTH(A2),{1,4,7,10},{" 一季度 "," 二季度 "," 三季度 "," 四季度 "})`

公式使用 MONTH 函数返回 A2 单元格中日期的所在月份，作为 LOOKUP 函数的第一参数，从而返回对应的季度。

有关 LOOKUP 函数的介绍，请参阅第 13 章 技巧 138。

在 WPS 表格 2019 中，一个公式最多允许嵌套层数为 64 层。

技巧 99 理解公式中的数据类型

99.1 数据类型

在 WPS 表格中，可以输入、编辑和存放数据，虽然大部分用户在输入和使用数据时并不会感觉到数据之间的类型区别，但在 WPS 表格内部会把数据分为不同的数据类型，即文本、数值、日期、逻辑值、错误值等几种类型。这些不同的数据类型关系到数据的不同特性及针对它们的不同处理方式。

在公式中，用一对半角双引号（""）所包含的内容表示文本，例如，"ExcelHome"是由 9 个字符组成的文本。

数值是由负数、正数或零组成的数，通常由 0~9 这十个数字及正负符号、小数点、百分比、科学计数等符号所组成，每一个数值都代表了数轴上的一个具体存在的数。

日期与时间是数值的特殊表现形式，每一天用数值 1 表示，每 1 小时的值为 1/24，每 1 分钟的值为 1/24/60，每 1 秒钟的值为 1/24/60/60。

在 WPS 表格中，逻辑值只有 TRUE 和 FALSE 两个，一般用于返回某表达式是真或假。

📋 注意

数字与数值是两个不同的概念。数字本身不是一种数据类型，它可以以文本型数字和数值型数字两种形式存在，比如 =CHAR(49) 得到的 1 为文本型数字。而数值是一种具体的数据类型，是由负数、零或正数组成的数据。

99.2 常见的错误类型

由于某些计算原因，函数公式无法返回正确结果，显示为错误值。一般可分为以下 8 种。

◈ #####

当列宽不够显示数字，或者使用了负的日期或负的时间时，会出现此错误。例如公式：

```
=-TODAY()
```

TODAY 函数可以返回当前日期，前面加上一个负号（-）取其负值，就会产生此错误。

◈ #VALUE!

当使用的参数类型错误时，会出现此错误。例如公式：

```
=SUM("WPS")
```

对文本字符串进行求和运算，就会产生此错误。

◈ #DIV/0!

除法运算中，除数为 0 时，会出现此错误。例如公式：

```
=100/0
```

公式要计算一百除以零，会返回此错误值。

◈ #NAME?

当公式中存在不能识别的字符串时会出现此错误。如定义名称、函数名称拼写出错等。例如公式：

```
=Vlokup(A2,C:D,2,0)
```

公式中 VLOOKUP 函数，名称错误拼写为"Vlokup"，就会产生此错误。

◈ #N/A

当数值对函数或公式不可用，或数组公式中使用的参数的行数或列数与包含数组公式的区域的行数或列数不一致时，会出现此错误。例如公式：

```
=MATCH(3,{2,5,8,9},0)
```

使用 MATCH 函数在数组中进行精确查找，但目标数组中并不包含所要查找的数值 3，就会返回此错误值。

◈ #REF!

当单元格引用无效时，出现此错误。例如公式：

```
=OFFSET(A1,-1,2)
```

公式表示 OFFSET 函数引用 A1 单元格偏移位置的某个单元格，行偏移参数 -1，表示向上偏移 1 行，而 A1 单元格向上的行不存在。因此这个单元格引用无效，会返回此错误值。

• #NUM!

公式或函数中使用无效数字值时，出现此错误。例如公式：

`=DATE(-2020,6,1)`

DATE 函数的第一参数为负值"-2020"，函数不能返回正确的日期，会返回此错误值。

• #NULL!

使用交叉运算符（空格）进行单元格引用，但引用的两个区域并不存在交叉区域，出现此错误。例如公式：

`=SUM(A:A B:B)`

A 列与 B 列并不存在交叉区域，会返回此错误值。

99.3 数据的排序规则

WPS 表格对不同数据排列顺序的规则如下。

`…、-2、-1、0、1、2、…、A-Z、FALSE、TRUE`

表示在排序时，数值小于文本，文本小于逻辑值，错误值不参与排序。例如如下公式。

`=7<" 六 "`
`=7<"6"`

这两个公式均返回 TRUE，表示大小判断正确，但实际仅表示数值 7 排在文本"六""6"的前面，而不代表具体数值的大小。

技巧 100 逻辑值与数值的转换

在 WPS 表格中，逻辑值包括 TRUE 和 FALSE 两种类型。TRUE 表示逻辑判断为"真"，例如"3>2"的逻辑运算结果为 TRUE，表示"3 大于 2"这个判断符合逻辑，是可以成立的正确判断。反之 FALSE 则表示逻辑判断为"假"，表示判断结果不正确或不能成立。

在 WPS 表格中，某些情况下，逻辑值与数值可以直接互相转换或替代。

100.1 逻辑值与数值互换准则

逻辑值与数值之间的关系可归纳为下面几条准则。

1. 在四则运算中，TRUE 相当于 1，FALSE 相当于 0。例如，以下公式返回结果为 1。

`=1*TRUE`

而以下公式返回结果为 2。

```
=2-FALSE
```

2．在逻辑判断中，0 相当于 FALSE，所有非 0 数值相当于 TRUE。

例如，以下公式返回的结果是文本"正确"。

```
=IF(-3," 正确 "," 错误 ")
```

而以下公式返回的结果是文本"错误"。

```
=IF(0," 正确 "," 错误 ")
```

3．在比较运算中，数值＜文本＜FALSE＜TRUE

例如，以下公式返回结果为 TRUE，表示这个比较运算的大小关系成立。

```
=TRUE>1
```

而以下公式则返回结果为 FALSE，表示在这个比较运算中 FALSE 与 0 之间并不等价。

```
=FALSE=0
```

这 3 条准则在公式的编写和优化中起着重要的作用。

例如，要根据 A1 单元格中的员工性别来判断退休年龄，如果为"男性"，退休年龄为 60，如果为"女性"，退休年龄为 55，可以使用以下公式：

```
=55+(A1=" 男性 ")*5
```

在公式中通过 A1 单元格文本内容是否为"男性"的逻辑判断得到一个逻辑值，然后通过乘法运算使其转变成 0 或 1 的数值（为 TRUE 时即为 1，为 FALSE 时即为 0），在 55 的基础上 +0 或 +5，即可得到两种变化情况。

100.2 用数学运算替代逻辑函数

逻辑函数中的 AND 函数和 OR 函数常被用于多个条件项的"与""或"判断。

例如，要判断 A1 单元格中的数值是否在 70 和 120 之间，可以使用 AND 函数：

```
=IF(AND(A1>=70,A1<=120)," 正确 "," 错误 ")
```

AND 函数在多个逻辑判断条件同时成立时会返回 TRUE，而只要其中任意一个条件为 FALSE，函数结果就会返回 FALSE。因此，这个逻辑函数 AND 的运算方式与数学上的乘法十分相似，通常也可以用乘法运算来代替。上述公式等价于：

```
=IF((A1>=70)*(A1<=120)," 正确 "," 错误 ")
```

当多个逻辑判断的结果均为 TRUE 时，他们的乘积结果为 1，即表示 TRUE；而如果其中有任何一项逻辑判断结果为FALSE，则整个乘积的结果就为0，即表示FALSE。

基于相同的原理，还可以使用加法运算来替代OR函数。OR函数表示"或"之意，其中的多个逻辑判断，只要有一个成立时，就会返回TRUE的逻辑结果。例如，要判断A1单元格中的数值是否大于120或小于70，使用OR函数的公式如下：

```
=IF(OR(A1>120,A1<70)," 符合 "," 不符合 ")
```

上述公式可以用加法运算替代为：

```
=IF((A1>120)+(A1<70)," 符合 "," 不符合 ")
```

注意

有关AND函数、OR函数等逻辑函数的详细使用方法，可参阅第9章112.2

技巧 101 正确区分空文本和空单元格

101.1 空单元格与空文本的差异

当单元格中未输入任何数据或公式，或者单元格内容被清空时，该单元格被认作"空单元格"。而在函数公式中，使用一对半角双引号（""）来表示"空文本"，表示文本里什么也没有，其字符长度为0。

空单元格和空文本在函数公式的使用中有着共同的特性，但又需要进行区分。例如，假定A1单元格是空单元格，而B1单元格内包含公式=""，这两个单元格之间存在以下一些特性。

1. 从公式角度来看，空单元格等价于空文本""，下面两个公式均返回TRUE。

```
=A1=""
=A1=B1
```

2. 空单元格同时等价于数值0，下面这个公式返回TRUE。

```
=A1=0
```

3. 空文本""不等于数值0，下面这个公式返回FALSE。

```
=B1=0
```

4. ISBLANK函数可以判断空单元格。例如，以下公式将返回TRUE。

```
=ISBLANK(A1)
```

而以下公式则返回FALSE。

```
=ISBLANK(B1)
```

综上所述，公式中出现的空文本在某些环境下会体现出空单元格的一些特性，但它并不是真正的空单元格，通常为了与"真空单元格"进行区分，把这一类单元格称为"假空单元格"。

由于空单元格有时会被作为数值 0 处理。因此在进行一些不能忽略 0 的公式统计时，务必需要排除空单元格的干扰。

101.2 让空单元格不显示为 0

由于空单元格有时会被作为数值 0 处理。因此当公式最终返回的结果是对某个空单元格的引用时，公式的返回值并不是空文本，而是数值 0，这时会给使用者带来迷惑。

例如，图 8-7 中的 A 列和 B 列统计了一些员工的出勤天数，其中有部分统计结果存在缺失情况，留有空白单元格，如 B5 单元格。如果要在 E3 单元格中根据 D3 单元格中的员工姓名来查询其出勤天数，可以使用 VLOOKUP 函数来构建查询公式：

图 8-7　出勤天数查询

```
=VLOOKUP(D3,A2:B8,2,0)
```

通常情况下，这个公式可以正常返回结果，但当 D3 单元格的查询姓名是"海丽"时，由于其对应的 B 列单元格是空白单元格，上述公式的结果就会返回 0。这样的公式结果显然会给人造成迷惑，无法区分其出勤天数确实为 0 天还是没有查询到相应的数据。

因此，为了区分这两种不同的状态，避免空单元格的公式结果显示为 0，可以人为地将其构造为"假空"，即采用与空文本合并的办法来实现：

```
=VLOOKUP(D3,A2:B8,2,0)&""
```

使用上述公式后，当 VLOOKUP 的查询结果为空单元格时，整个公式的返回结果即为空文本，公式所在单元格表现为空单元格的外观（假空单元格），不会再与数值 0 的情况发生混淆，如图 8-8 所示。

图 8-8　处理成空文本的结果

 注意

有关 VLOOKUP 函数的详细介绍，请参阅第 13 章技巧 137。

技巧 **102** 自动重算和手动重算

WPS 表格工作簿大部分工作在"自动重算"模式下，在这种运算模式下，无论是公式本身还是公式的引用源发生更改时，公式都会自动重新计算，得到新的结果。

但是，如果在工作簿中使用了大量公式，自动重算的特性就会使表格在编辑过程中进行反复运算，进而引起系统资源紧张甚至造成程序长时间没有响应、死机等后果。

在必要的情况下，可以将计算模式更改为"手动重算"，操作步骤如下。

↑ **步骤一**　依次单击【文件】→【选项】命令，弹出【选项】对话框。

↑ **步骤二**　切换到【重新计算】选项卡，在右侧选中【手动重算】单选按钮，最后单击【确定】
关闭对话框，完成手动重算设置，如图 8-9 所示。

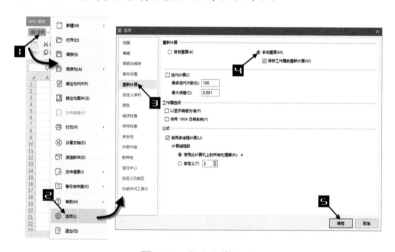

图 8-9　手动重算设置

选择手动重算模式后，更改公式内容或更新公式引用区域数据，都不会立刻引起公式运算结果的变化。在需要更新公式运算结果时，只要单击【公式】选项卡下的【重算工作簿】按钮，或是按 <F9> 功能键，就可以令当前打开的所有工作簿中的公式重算。如果仅希望当前活动工作表中的公式进行重算，可以单击【公式】选项卡下的【计算工作表】按钮，或是按 <Shift+F 9>组合键。如图 8-10 所示。

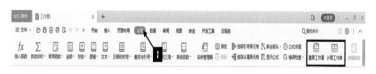

图 8-10　【重算工作簿】和【计算工作表】命令

💬 注意

修改计算选项后，将影响当前打开的所有工作簿及 WPS 表格程序没有关闭前打开的其他工作簿，因此应谨慎设置。

技巧 103 易失性函数

103.1 什么易失性

有时候，用户打开一个工作簿后不做任何编辑就关闭，WPS 表格也会提示"是否保存对文件的更改？"，这很有可能是因为该工作簿中用到了具有 Volatile 特性的函数，即"易失性函数"。

这种特性表现在使用易失性函数后，即使没有更改公式的引用数据，而只是激活一个单元格，或者在单元格中输入数据，甚至只是打开工作簿，具有易失性的函数都会自动重新计算。

103.2 具有易失性表现的函数

常见的易失性函数有返回随机数的 RAND 函数和 RANDBETWEEN 函数、返回当前日期的 TODAY 函数、返回当前日期时间的 NOW 函数、返回单元格信息的 CELL 函数和 INFO 函数及返回引用的 OFFSET 函数和 INDIRECT 函数等。

此外，对于 SUMIF 函数与 INDEX 函数，实际应用中公式的引用区域填写不完整时，每当其他单元格被重新编辑，也会引发工作表的重新计算，如：

```
=SUMIF(A2:A10," 钢笔 ",D2)
```

在上面的公式中，使用 SUMIF 函数进行条件求和，在常规使用中第 3 个参数应与第 1 个参数引用的单元格区域尺寸相同，例如 D2：D10，而此公式采取了简写方式，只写了该区域的第 1 个单元格 D2。

这种公式书写方式虽然能正常统计运算结果，但由于第 3 个参数引用区域填写不完整，会在每次打开工作簿时引起重新运算。

再如以下公式：

```
=SUM(INDEX(D:D,2):INDEX(D:D,4))
```

这个公式对 D 列的第 2 行到第 4 行区域求和，采用 INDEX:INDEX 这种特殊结构实现对单元格区域的动态引用（此处引用的是 D2：D4 单元格区域，其中 INDEX 函数的参数可以是常量，也可以是变量）。这种用法也会表现出易失性的特性。

易失性函数在许多编辑操作中都会发生自动重算，但以下情形除外。

1. 把工作簿设置为"手动重算"模式时。

2. 手工设置列宽、行高时不会引发自动重算，但如果隐藏公式所在行或设置行高值为 0，则会引发重新计算。

3. 设置单元格格式或其他更改显示属性的设置时。

4. 激活单元格或编辑单元格内容但按<ESC>键取消。

103.3 易失性函数的弊端与规避

在大多数情况下，易失性函数所引起的频繁重新计算会占用大量的系统资源，特别是在公式比较多的情况下，会在很大程度上影响运算速度。因此应当尽量规避这种情况。

规避的方法无外乎两个方面，一是尽量减少易失性函数的使用，采用有类似功能的其他函数组合来替代，如INDIRECT函数和OFFSET函数，有时也可以用INDEX函数来替代。二是在使用SUMIF函数和INDEX函数时，把引用目标的地址写完整，不要采用简写的方式。

如果公式的数量很多，而且易失性函数的使用也不可避免，为了提高运算效率，避免工作表在编辑过程中总是被不断刷新计算所打断，可以考虑临时将工作簿的运算模式切换到"手动重算"模式下，在需要显示最新的公式运算结果时再按<F9>功能键，触发重新计算。

技巧 104 循环引用和迭代计算

通常情况下，如果公式中包含对其他单元格取值或运算结果的引用，无论是直接还是间接引用，都不能包含对其自身取值的引用，否则因为数据的引用源头和数据的运算结果发生重叠，会陷入一种运算逻辑上的死循环，产生"循环引用"错误。

例如，假定B1单元格中包含公式=C1+1，如果此时在C1单元格中输入公式=B1+5，就会产生循环引用错误，WPS表格会弹出图8-11所示的错误警告窗口。

需要说明的是，如果公式计算过程中与自身单元格的值无关，仅与自身单元格的行号、列标或文件路径等属性有关，则不会产生循环引用。例如，在A1单元格输入以下公式，都不会出现循环引用。

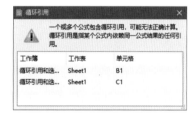

图 8-11　循环引用错误

```
=ROW(A1)
=COLUMN(A1)
```

虽然大部分情况下需要避免公式中出现循环引用，但在某些特殊情况下，需要把前一次运算的结果作为后一次运算的参数代入，反复地进行"迭代"运算。在这种需求环境下，可以启用WPS表格的"迭代计算"功能，这样可以在避免提示循环引用错误的同时，在公式中引用自身进行迭代计算。启用迭代计算的操作步骤如下。

↑ 步骤一　依次单击【文件】→【选项】命令，弹出【选项】对话框。

↑ 步骤二　切换到【重新计算】选项卡下，勾选【迭代计算】复选按钮，最后单击【确定】按钮关闭对话框，完成迭代计算设置，如图8-12所示。

图 8-12　迭代计算设置

需要注意的是，即使启用了迭代计算模式，WPS 表格依然不可能无休止地运行在循环运算中，需要为其设定中止运算、跳出循环的条件。这个中止条件可以在公式中设定，也可以通过设定"最大迭代次数"或"最大误差"来限定。当公式重复运算的次数达到最大迭代次数或相邻两次运算的变化小于最大误差值，都会让循环运算中止。

技巧 105　公式审核和监视窗口

WPS 表格提供了完善的公式审核工具，包括追踪引用单元格、追踪从属单元格、显示公式、公式求值等功能。

单击包含公式的单元格，在【公式】选项卡下单击【追踪引用单元格】按钮时，将在公式与其引用的单元格之间用追踪箭头连接，方便用户看清楚公式与单元格之间的关系。如图 8-13 所示。

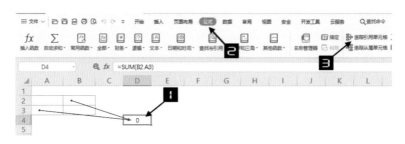

图 8-13　单元格引用的追踪

同样，单击某个单元格，在【公式】选项卡下单击【追踪从属单元格】按钮，可以箭头显示出该单元格被哪个单元格引用。检查完毕后在【公式】选项卡下单击【移去箭头】按钮，可恢复正常视图。

技巧 106 分步查看公式运算结果

如果公式返回错误值或运算结果与预期不相符合，可以在公式内部根据公式的运算顺序分步查看运算过程，以此来检查问题到底出在哪个环节上。对于包含多个函数嵌套等比较复杂的公式，这种分步查看方式对于理解和验证公式都会很有帮助。

106.1 使用公式求值工具分步求值

在 B2 单元格中包含以下公式：

`=A2+360+5^2`

选中 B2 单元格，单击【公式】选项卡中的【公式求值】按钮，弹出【公式求值】对话框，【公式求值】对话框的文本框内显示了当前单元格中包含的公式内容，并且根据运算顺序，会在公式当前所要进行运算的部分内容处标记下画线。单击【求值】按钮，将依次显示各个步骤的求值计算结果，如图 8-14 所示。

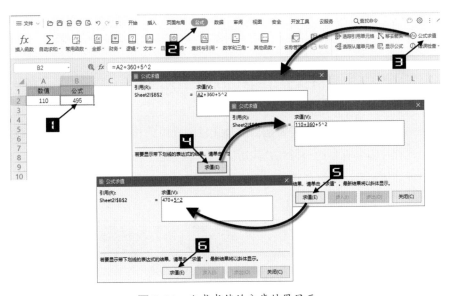

图 8-14 公式求值的分步结果显示

从图 8-14 中可以看到整个公式各部分的求解运算过程，由此可以轻松地理解该公式的作用。

> 注意
>
> 对部分比较复杂的公式使用【公式求值】时，可能无法正确显示计算过程。

106.2 用 F9 键查看公式运算结果

除了使用【公式求值】工具，也可以使用<F9>功能键在公式中直接查看运算结果。

通常情况下，<F9>功能键可用于让工作簿中的公式重新计算，除此以外，如果在单元格或编辑栏的公式编辑状态中使用<F9>功能键，还可以让公式或公式中的部分代码直接转换为运算结果。

如图8-15所示，在编辑栏里选中公式中的"A2+360"部分，按下<F9>功能键，即可在编辑栏显示该部分的计算结果。

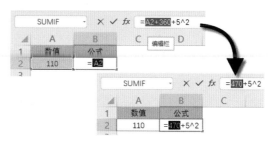

在公式中选择需要运算的对象时，注意需要包含一段完整的运算对象代码，比如选择一个函数时，必须选中整个函数名称、左括号、参数和右括号。

图8-15 用<F9>键查看公式选中部分的运算结果

按<F9>功能键之后，实质上是将公式代码转换为运算结果，此时如果确认编辑就将以这个运算结果代替原有内容。如果仅仅只是希望查看部分公式结果而不想改变原公式，可以按<ESC>键取消转换。

> **注意**
>
> 如果不小心按了<Enter>键确认编辑，还可以在【快速访问工具栏】上单击【撤销】按钮，或者按<Ctrl+Z>组合键取消。

技巧 107 相对引用、绝对引用和混合引用

演示视频

在单元格中使用公式时，经常需要把当前公式复制应用到其他单元格中，此时如果公式包含单元格引用，往往需要有目的地控制公式所引用的单元格是否随着公式所在的单元格位置变化而变化。根据具体情况，可分为相对引用、绝对引用和混合引用，如表8-6所示。

表8-6 单元格引用类型

引用类型	公式示例	说明
相对引用	=A1	复制公式到其他单元格时，保持从属单元格与引用单元格的相对位置不变
绝对引用	=$A$1	复制公式到其他单元格时，所引用的单元格绝对位置不变
混合引用	=A$1 =$A1	复制公式到其他单元格时，所引用单元格中，仅行或列的绝对位置不变。前者称为行绝对列相对，后者称为行相对列绝对。

> **注意**
>
> 在公式编辑状态，按<F4>功能键，可在不同引用方式之间切换。

绝对引用和相对引用没有孰优孰劣之分，不可能在所有的场合中只采用一种引用方式来解决所有问题，选用何种引用方式需要根据具体的运算需求及公式复制的方向目标来确定。如果只是在单个单元格当中使用公式，采用相对引用或绝对引用对于结果而言并没有什么区别。

107.1 相对引用

图 8-16 所示的表格中，展示了某食堂的蔬菜采购情况。

如果要根据单价和数量计算每种蔬菜的金额，以“紫薯”为例，可以在D2 单元格输入公式：

```
=B2*C2
```

这个公式可以得到购买紫薯花费的金额，如果要继续计算其他蔬菜的花费金额，并不需要在D列每一个单元格依次分别输入公式，只需要复制D2 单元格公式后，粘贴到D3:D8 单元格区域即可。还有更简便的方式就是将D2 单元格公式直接向下填充至D8 单元格。

复制或填充的结果如图 8-17 所示，为方便演示，在E列中列示了D列当中实际包含的公式内容。

	A	B	C	D
1	商品	单价	数量	金额
2	紫薯	2.3	6	
3	土豆	0.6	9	
4	茄子	1.2	7	
5	辣椒	0.9	5	
6	豆角	1.5	6	
7	大葱	1.1	7	
8	白菜	0.45	9	

图 8-16 蔬菜采购统计表

	A	B	C	D	E
1	商品	单价	数量	金额	D列的公式
2	紫薯	2.3	6	13.8	=B2*C2
3	土豆	0.6	9	5.4	=B3*C3
4	茄子	1.2	7	8.4	=B4*C4
5	辣椒	0.9	5	4.5	=B5*C5
6	豆角	1.5	6	9	=B6*C6
7	大葱	1.1	7	7.7	=B7*C7
8	白菜	0.45	9	4.05	=B8*C8

图 8-17 计算金额

由图 8-17 可以发现，D列单元格公式在复制或填充过程中，公式引用的单元格内容并不是一成不变的，公式中的两个单元格引用地址B2 和C2 随着公式所在位置的不同而自动改变（B3*C3、B4*C4、B5*C5……），这种随着公式所在位置不同而改变单元格引用地址的方式称之为“相对引用”，其引用对象与公式所在的单元格保持相对固定的对应关系。这种特性极大地方便了公式在不同区域范围内的重复利用。

相对引用单元格地址（如C2），在纵向复制公式时，其中的行号会随之自动变化（C3、C4、C5……）而在横向复制公式时，其中的列标也会随之自动变化（D2、E2、F2……）。但无论公式复制到何处，公式所在的单元格与引用对象之间的行列间距始终保持一致。

107.2 绝对引用

如图 8-18 所示，要根据B列和C列的出勤天数及B2 单元格的日工资，分别计算劳务费金额，可以在D5 单元格输入公式：

	A	B	C	D	E
1		日工资			
2		300			
3					
4	姓名	1月出勤	2月出勤	1月劳务费	2月劳务费
5	刘丁	15	20	4500	
6	马丽	14	21		
7	牛云	12	8		
8	海丽	16	12		
9	冬青	18	10		
10	云芳	20	6		
11	雅云	19	9		

图 8-18 计算劳务费

```
=B5*B2
```

这个公式可以得到姓名为“刘丁”的 1 月劳务费，要继续计算其他人 1 月和 2 月劳务费，如果直接按照前面的方法将公式复制或填充至E11 单元格，会产生如图 8-19 所示的错误结果。

	A	B	C	D	E	F	G
1		日工资					
2		300					
3							
4	姓名	1月出勤	2月出勤	1月劳务费	2月劳务费	D列的公式	E列的公式
5	刘丁	15	20	4500	0	=B5*B2	=C5*C2
6	马丽	14	21	0	0	=B6*B3	=C6*C3
7	牛云	12	8	#VALUE!	#VALUE!	=B7*B4	=C7*C4
8	海丽	16	12	240	240	=B8*B5	=C8*C5
9	冬青	18	10	252	210	=B9*B6	=C9*C6
10	云芳	20	6	240	48	=B10*B7	=C10*C7
11	雅云	19	9	304	108	=B11*B8	=C11*C8

图 8-19 劳务费错误计算结果

从这个图中可以发现，由于相对引用的特性，D5 单元格中对日工资 B2 单元格的引用在向下复制的过程中自动变化为 B3、B4、B5……而在将公式向 E 列复制的过程中，自动变化为 C2、C3、C4……使得引用的日工资单元格发生了移位，造成计算结果错误。

因此在这个例子当中，需要在公式的复制过程中固定住 B2 单元格这个引用区域保持不变，方法就是使用“$”符号对单元格地址进行“绝对引用”。

“绝对引用”通过在单元格地址前添加“$”符号来使单元格地址信息保持固定不变，使得引用对象不会随着公式所在单元格的变化而改变，始终保持引用同一固定对象。

D5 单元格公式可以修改为：

```
=B5*$B$2
```

然后再复制或填充公式至 E11 单元格区域，得到如图 8-20 所示的正确结果。

	A	B	C	D	E	F	G
1		日工资					
2		300					
3							
4	姓名	1月出勤	2月出勤	1月劳务费	2月劳务费	D列的公式	E列的公式
5	刘丁	15	20	4500	6000	=B5*$B$2	=C5*$B$2
6	马丽	14	21	4200	6300	=B6*$B$2	=C6*$B$2
7	牛云	12	8	3600	2400	=B7*$B$2	=C7*$B$2
8	海丽	16	12	4800	3600	=B8*$B$2	=C8*$B$2
9	冬青	18	10	5400	3000	=B9*$B$2	=C9*$B$2
10	云芳	20	6	6000	1800	=B10*$B$2	=C10*$B$2
11	雅云	19	9	5700	2700	=B11*$B$2	=C11*$B$2

图 8-20 劳务费正确计算结果

注意

“$”符号表示绝对引用仅适用于 A1 引用方式。在 R1C1 引用方式中，用方括号来表示相对引用，例如 R[2]C[-3]，表示以当前单元格为基点，向下偏移 2 行，向左偏移 3 列的单元格引用，而 R2C3 则表示对第 2 行第 3 列的单元格的绝对引用。

107.3 混合引用

同时在行号和列标前都添加“$”符号，那这个单元格引用无论公式复制到哪个位置都不会改变引用对象地址。例如，图 8-20 中所示的 $B$2 就是一个绝对引用方式。

而如果只在列标前添加"$"符号，可以使公式在横向复制过程中始终保持列标不变，例如"$B2"；如果只在行号前添加"$"符号，可以使公式在纵向复制过程中始终保持行号不变，例如"B$2"。这种单元格引用中只有行列其中的一部分固定的方式称之为"混合引用"。

图 8-21 展示了一张供货商金额统计表，希望在 G3:H8 单元格区域，按供货商及日期维度统计合计金额。

	A	B	C	D	E	F	G	H
1	业务日期	流水号	供货商	金额				
2	2019/8/30	1912049892	兴豪皮业	25,873.00			2019/8/30	2019/8/31
3	2019/8/30	1912046499	兴豪皮业	11,752.00		富华纺织	15,698.00	25,741.00
4	2019/8/30	1912044396	乐悟集团	31,311.00		绿源集团	54,839.00	-
5	2019/8/30	1912045897	黎明纺织	23,327.00		黎明纺织	23,327.00	28,515.00
6	2019/8/30	1912049722	绿源集团	26,297.00		兴豪皮业	37,625.00	71,885.00
7	2019/8/30	1912044670	富华纺织	15,698.00		乐悟集团	31,311.00	40,183.00
8	2019/8/30	1912048410	绿源集团	28,542.00		富路车业	35,614.00	
9	2019/8/30	1912048146	富路车业	35,614.00				
10	2019/8/31	1912054648	兴豪皮业	37,776.00				
11	2019/8/31	1912054645	兴豪皮业	34,109.00				
12	2019/8/31	1912053315	乐悟集团	36,334.00				
13	2019/8/31	1912055253	富华纺织	25,741.00				
14	2019/8/31	1912055454	乐悟集团	3,849.00				
15	2019/8/31	1912057002	黎明纺织	28,515.00				

图 8-21　供货商金额统计表

在 G3 单元格输入如下公式，并复制填充至 G3:H8 单元格区域。

```
=SUMIFS($D:$D,$C:$C,$F3,$A:$A,G$2)
```

公式中，$F3 代表当前需统计的供货商名称（如富华纺织），在公式横向复制过程中，需要保持列标不变，所以使用了"行相对列绝对"的混合引用方式。同理，代表统计日期的 G$2，在公式纵向复制过程中，需要保持行号不变，则需使用"行绝对列相对"的混合引用方式。

技巧 108　名称的作用和类型

名称是一类比较特殊的公式，它是由用户预先定义，但并不存储在单元格中的公式。名称与普通公式的主要区别在于：名称是被特别命名的公式，并且可以通过这个命名来调用这个公式。名称不仅仅可以通过模块化的调用使得公式更简洁，它在数据有效性、条件格式、图表等应用上也都具有广泛的用途。

从产生方式和用途上来说，名称可以分为以下几种类型。

❖　单元格或区域的直接引用

直接引用某个单元格区域，方便在公式中对这个区域进行调用。

例如，创建如下名称：

```
订单 =$A$1:$D$20
```

要在公式中统计这个区域中的数字单元格个数，就可以使用如下公式：

=COUNT(订单)

这样不仅可以方便公式对某个单元格区域的反复调用，也可以提高公式的可读性。

需要注意的是，在名称中对单元格区域的引用同样遵循相对引用和绝对引用的原则。如果在名称中使用相对引用的书写方式，则实际引用区域会与创建名称时所选中的单元格相关联，产生相对引用关系。当在不同单元格调用此名称时，实际引用区域会发生变化。

例如，在选中 A1 单元格的情况下创建以下名称：

区域 =B2

如果在 C3 单元格输入如下公式：

=SUM(区域)

这个公式实际等价于：

=SUM(D4)

名称"区域"所指代的引用对象随着公式所在单元格的位置变化而发生了改变。

◆ 单元格或区域的间接引用

在名称中不直接引用单元格地址，而是通过函数进行间接引用。

◆ 常量

要将某个常量或常量数组保存在工作簿中，但不希望占用任何单元格的位置，就可以使用定义名称的方式。例如，创建名称"部门"，公式为：

={" 销售 ";" 采购 ";" 售后 "}

◆ 普通公式

将普通公式保存为名称，在其他地方无须重复书写公式就能调用公式的运算结果。

例如，假定 A 列中存放了一些数字代表以元为单位的金额，可以在选中 B1 单元格的情况下创建名称"转换万元"，公式为：

=A1/10000

然后在 B 列中使用以下公式，就可以得到 A 列数字除以 10000 以后的结果。

= 转换万元

💬 注意

在定义名称的公式中使用相对引用方式时，公式引用的单元格其实记录的是相对于表格中活动单元格的相对位置。因此在定义名称之前需要先选中使用名称的首个单元格。

🔹 宏表函数应用

宏表函数是从早期版本中继承下来的一些隐藏函数。在单元格直接使用这些函数通常都不能运算，而需要通过创建名称来间接运用。

例如，创建如下名称：

页数 =GET.DOCUMENT(50)

然后在单元格中使用以下公式，可以获取当前单元格所在工作表的打印页数。

= 页数

> **注意**
>
> 使用宏表函数需要启用宏，保存工作簿时也必须保存为"启用宏的工作簿"。

🔹 特殊定义

对工作表进行某些特定操作时，WPS表格会自动创建一些名称。这些名称的内容是对一些特定区域的直接引用。

例如，为工作表设置顶端标题行或左侧标题列时，会自动创建名称Print_Titles；设置工作表打印区域时，会自动创建名称Print_Area。

🔹 表格名称

在WPS表格中插入"表格"时，会自动生成以这个表格区域为引用的名称。通常会默认命名为"表1""表2"等，可以通过表格选项更改默认名称。

技巧 109 定义名称的常用方法

在WPS表格中创建自定义名称，可以用以下几种方法。

109.1 使用"定义名称"功能

操作步骤如下。

↑ **步骤一** 在【公式】选项卡下单击【名称管理器】按钮，在打开的【名称管理器】对话框中单击【新建】按钮，打开【新建名称】对话框。

↑ **步骤二** 在打开的【新建名称】对话框的【名称】文本框中输入名称，如"动态区域"，然后在【引用位置】编辑栏中输入公式，单击【确定】按钮，完成名称创建。如图 8-22 所示。

第1篇 常用数据处理与分析

第2篇 函数与公式

第3篇 数据可视化

第4篇 文档安全与打印输出

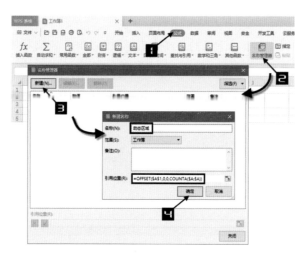

图 8-22 定义名称

使用公式创建名称，WPS 表格会自动在【引用位置】的公式上添加当前工作表的引用，创建完成后的名称如图 8-23 所示。

图 8-23 创建名为"动态区域"的名称

109.2 使用名称框创建

如果要将某个单元格区域创建为名称，可以使用名称框更方便地实现。例如要将 A1:A20 单元格区域创建名为"订单编号"的名称，操作步骤如下。

↑ **步骤一** 选定 A1:A20 单元格区域。

↑ **步骤二** 在【编辑栏】左侧的【名称框】中输入要定义的名称，如"订单编号"，按 <Enter> 键完成名称创建，如图 8-24 所示。

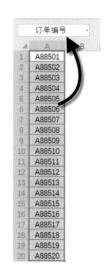

图 8-24 创建名为"订单编号"的名称

此时，WPS会自动以A1:A20单元格区域的绝对引用方式创建名称"订单编号"。

💬 注意

使用此方法创建名称，步骤简单，但名称的引用位置必须是固定的单元格区域，不能是常量或动态区域。

109.3 根据单元格选中区域批量创建

如图8-25所示，如果要将每个字段所在的数据区域创建为名称，如将A2:A8单元格区域创建为名称"商品"、B2:B8单元格区域创建为名称"单价"等，操作步骤如下。

	A	B	C
1	商品	单价	数量
2	紫薯	2.3	6
3	土豆	0.6	9
4	茄子	1.2	7
5	辣椒	0.9	5
6	豆角	1.5	6
7	大葱	1.1	7
8	白菜	0.45	9

图 8-25 要创建名称的单元格区域

↑ 步骤一 选定A1:C8单元格区域。

↑ 步骤二 在【公式】选项卡下单击【指定】按钮，打开【指定名称】对话框。

↑ 步骤三 在【指定名称】对话框中勾选【首行】复选框，取消勾选其他复选框，然后单击【确定】按钮，完成名称创建。如图8-26所示。

图 8-26 根据单元格选中区域批量创建名称

上述操作一次性创建了3个名称（选定区域包含3个字段），按<Ctrl+F3>组合键打开【名称管理器】对话框，可以看到这些名称，如图8-27所示。

图 8-27 批量创建的名称

技巧 110　名称的适用范围和语法规则

名称是被特别命名的公式，名称命名也有一定的规范和限制，具体归纳如下。

1. 名称可以由任意字符与数字组合在一起，但不能以数字开头，更不能以单纯的数字作为名称，如"1PL"或"123"。如果要以数字开头，可以在前面加上下画线，如"_1PL"或"_123"。

2. 不能以字母R、C、r、c作为名称，因为这些字母在R1C1引用样式中表示工作表的行、列。

3. 名称中不能包含空格，可以用下画线或点号代替。

4. 除了下画线（_）、点号（.）、反斜线（\）及问号（?），名称中不允许使用其他特殊符号。同时，问号不能作为名称的开头，如"?Wage"不被允许。

5. 名称不能与单元格地址格式相同，如"A$100"或"R2C3"不被允许。

6. 名称字符长度不能超过255个字符。一般情况下，名称应该尽量简短并且便于记忆，否则就违背了定义名称的初衷。

7. 名称中的字母不区分大小写。如果已经存在名称"range"，再新建一个名为"RANGE"的名称，会弹出"输入的名称已存在"的错误提示，如图8-28所示。

图 8-28　名称已存在的错误提示

技巧 111　输入函数与公式的几种方法

在单元格区域中使用函数公式，通常有以下几种方法。

111.1　直接输入

例如，要在B2单元格输入SUMIF函数，可以依次在B2单元格输入"=""S""U""M"……在输入过程中可以随时按上、下方向键，在出现的快捷菜单中选择相应的函数名称，然后按<Tab>键确认选择，完成函数输入。如图8-29所示。

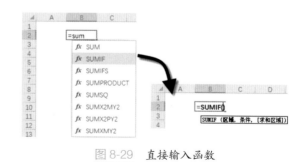

图 8-29　直接输入函数

111.2　使用"插入函数"功能

例如，要在B2单元格使用函数对A2单元格中的数字进行向下舍入运算，操作步骤如下。

↑步骤一　选中要输入函数公式的单元格，如B2单元格，单击编辑栏左侧的【插入函数】按钮 *fx*，打开【插入函数】对话框。

💬 注意

单击【公式】选项卡下的【插入函数】按钮命令，也可以打开【插入函数】对话框。

↑步骤二　在【插入函数】对话框中的【查找函数】文本框中输入"舍入"，然后在【选择函数】列表框中选择"INT"函数，最后单击【确定】按钮，关闭【插入函数】对话框，如图8-30所示。

↑步骤三　在打开的【函数参数】对话框中，在【数值】编辑框中输入"A2"，或者直接单击选中A2单元格，单击【确定】按钮，即可在B2单元格输入如下公式：

=INT(A2)

此公式的作用是对A2单元格的数字进行向下舍入运算，如图8-31所示。

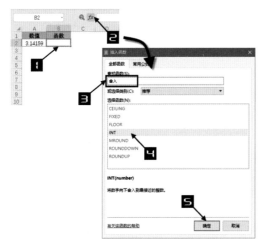

图 8-30　使用【插入函数】对话框

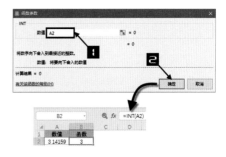

图 8-31　选择函数参数

111.3　根据函数分类选择相应的函数

仍然以111.2的数据为例，如果要在B2单元格使用函数对A2单元格中的数字进行向下舍入运算，可以使用以下步骤。

↑步骤一　选中要输入函数公式的单元格（B2），单击【公式】选项卡，然后单击【数学和三角函数】下拉按钮，在下拉列表中通过拖动滚动条，选择INT函数，打开【函数参数】对话框。

↑步骤二　函数参数的选择与111.2步骤三相同，此处不再赘述。如图8-32所示。

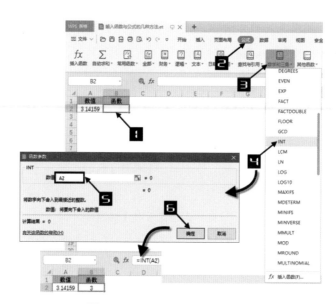

图 8-32　根据函数分类选择函数

111.4　使用常用公式功能

在WPS表格中，还内置了多个常用的公式，利用内置的常用公式，可以快速地完成复杂的常用运算。例如，计算个人所得税、提取身份证生日、提取身份证性别等。

如图8-33所示，要根据B列的身份证号，分别在C列和D列提取对应人员的生日和性别，操作步骤如下。

↑ 步骤一　选中要输入函数公式的单元格，如C2单元格，在【公式】选项卡，单击【插入函数】命令，弹出【插入函数】对话框。

↑ 步骤二　在【插入函数】对话框中，单击【常用公式】选项卡，在【公式列表】列表框中，选中【提取身份证生日】选项，在【身份证号码】编辑栏中，输入要提取生日的身份证号所在的单

	A	B	C	D
1	姓名	身份证号	出生年月	性别
2	陶娣	654326198710233273		
3	陶红阳	130322196501229497		
4	张蕊	511825197908233466		
5	孔静伟	510923197304117693		
6	何冬儿	540231197107218495		
7	褚丹	610524196502163387		
8	严芸	630223199703138924		
9	卫大力	360922196402023616		
10	何黄萍	652926197901096247		
11	秦梦	530630199209273700		
12	赵碧海	500119199006089275		
13	张明珠	230803196909204404		
14	卫平夏	231086198207110400		
15	盛宁	430407199407118893		
16	吴文春	230381198103218779		
17	王嫦	350122198001246062		
18	蒋念	430621198508150116		

图 8-33　人员信息表

元格（如B2），或者直接单击选中B2单元格，然后单击【确定】按钮，完成常用公式输入，如图8-34所示。

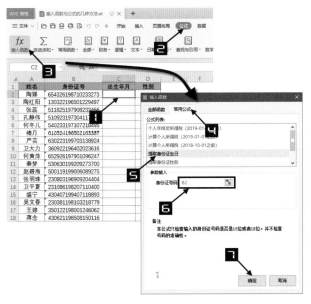

图 8-34　插入常用公式

此时，将在B2单元格自动输入如下公式：

=DATE(MID(B2,7,VLOOKUP(LEN(B2),{15,2;18,4},2,0)),MID(B2,VLOOKUP(LEN(B2),{15,9;18,11},2,0),2),MID(B2,VLOOKUP(LEN(B2),{15,11;18,13},2,0),2))

↑步骤三　将B2单元格公式下拉复制到B3:B18单元格区域，即完成"出生年月"的提取。

↑步骤四　使用相同的方法提取"性别"，最终完成的人员信息表如图 8-35 所示。

	A	B	C	D
1	姓名	身份证号	出生年月	性别
2	陶娣	654326198710233273	1987/10/23	男
3	陶红阳	130322196501229497	1965/1/22	男
4	张蕊	511825197908233466	1979/8/23	女
5	孔静伟	510923197304117693	1973/4/11	男
6	何冬儿	540233197107218495	1971/7/21	男
7	褚丹	610524196502163387	1965/2/16	女
8	严芸	630223199703138924	1997/3/13	女
9	卫大力	360922196402023616	1964/2/2	男
10	何黄萍	652926197901096247	1979/1/9	女
11	秦梦	530630199209273700	1992/9/27	女
12	赵碧海	500119199006089275	1990/6/8	男
13	张明珠	230803196909204404	1969/9/20	女
14	卫平夏	231086198207110400	1982/7/11	女
15	盛宁	430407199407118893	1994/7/11	男
16	吴文春	230381198103218779	1981/3/21	男
17	王婷	350122198001246062	1980/1/24	女
18	蒋念	430621198508150116	1985/8/15	男

图 8-35　最终完成的人员信息表

第9章 逻辑判断计算

本章主要介绍逻辑判断函数，包括 IF 函数、AND 函数、OR 函数、IFS 函数、SWITCH 函数及 IFERROR 函数等。

技巧 112 用 IF 函数完成条件判断

IF 函数是使用频率较高的函数之一。它可以对指定条件进行判断，然后分别给出条件成立和不成立时的两种结果，将结果划分成了非此即彼的二元体系，就像是给数据做了一道只有两个选项的选择题。

IF 函数的语法如下：

```
IF(logical_test,value_if_true,value_if_false)
```

即：

```
=IF( 测试条件 , 真值 , 假值 )
```

当第一参数的运算结果为逻辑值"TRUE"或是非 0 数值时，函数返回第二参数的值；当第一参数的运算结果为逻辑值"FALSE"或为数值 0 时，函数返回第三参数的值，如果此时第三参数被省略，则直接返回逻辑值 FALSE。

112.1 用 IF 函数进行单条件判断

如图 9-1 所示，需要根据员工岗位性质来确定岗位补助标准，岗位性质为"生产"的员工，岗位补助为 100 元，其他岗位员工的岗位补助为 0 元。

如果要根据上述规则为每一位员工计算出相应的岗位补助标准并填写在 C 列，可以在 C2 单元格输入以下公式，并向下复制。

```
=IF(B2=" 生产 ",100,0)
```

这个公式对 B2 单元格中的"岗位性质"进行判断，判断是否等于"生产"，如果是，就返回 IF 函数第二参数 100，否则返回第三参数 0，最终结果如图 9-2 所示。

	A	B	C
1	姓名	岗位性质	岗位补助
2	王立敏	后勤	
3	董文静	生产	
4	徐大伟	后勤	
5	何家劲	生产	
6	杜美玲	后勤	
7	严春风	后勤	
8	海文洁	生产	

图 9-1　计算岗位补助

	A	B	C
1	姓名	岗位性质	岗位补助
2	王立敏	后勤	0
3	董文静	生产	100
4	徐大伟	后勤	0
5	何家劲	生产	100
6	杜美玲	后勤	0
7	严春风	后勤	0
8	海文洁	生产	100

图 9-2　IF 函数的运算结果

📖 注意

在函数与公式中使用文本参数时，需要在文本外侧加上半角双引号，如本例中的"生产"。

112.2　AND 函数或 OR 函数配合 IF 函数进行多条件判断

在日常工作中，往往会遇到多个条件的组合判断，这就涉及逻辑关系。常见的逻辑关系有两种，即"与"和"或"，对应的函数分别是 AND 函数和 OR 函数。

AND 函数，如果所有条件参数的逻辑值都为真，则返回 TRUE，只要有一个条件参数的逻辑值为假，则返回 FALSE，在逻辑上称为"与运算"。

OR 函数，如果所有条件参数的逻辑值都为假，则返回 FALSE，只要有一个条件参数的逻辑值为真，则返回 TRUE，在逻辑上称为"或运算"。

在图 9-3 所示的员工节日补助表中，如果要给每位岗位性质是"生产"的女员工发放 100 元节日补助，则可以在 D2 单元格中输入以下公式，并向下复制填充。

	A	B	C	D	E
1	姓名	性别	岗位性质	节日补助1	节日补助2
2	王立敏	女	后勤		
3	董文静	女	生产		
4	徐大伟	男	后勤		
5	何家劲	男	生产		
6	杜美玲	女	后勤		
7	严春风	男	后勤		
8	海文洁	女	生产		

图 9-3　员工节日补助表

```
=IF(AND(C2="生产",B2="女"),100,0)
```

以上公式中，AND 函数参数包含两个表达式，分别代表了两个逻辑判断条件。在这两个判断条件同时成立的情况下，整个公式结果返回 TRUE，否则就返回 FALSE。AND 函数返回的结果再用作 IF 函数的判断条件，通过 IF 函数判断后返回该员工节日补助金额。

如果要给所有岗位性质是"生产"，或者性别是"女"的员工均发放节日补助，则可以在 E2 单元格中输入以下公式，并向下复制填充。

```
=IF(OR(C2="生产",B2="女"),100,0)
```

以上公式中，OR 函数参数包含两个表达式，分别代表了两个逻辑判断条件。这两个判断条件至少有一个成立的情况下，整个公式结果返回 TRUE，否则就返回 FALSE。OR 函数返回的结果再用作 IF 函数的判断条件，返回该员工节日补助金额。

最后生成的结果如图 9-4 所示。

	A	B	C	D	E
1	姓名	性别	岗位性质	节日补助1	节日补助2
2	王立敏	女	后勤	0	100
3	董文静	女	生产	100	100
4	徐大伟	男	后勤	0	0
5	何家劲	男	生产	0	100
6	杜美玲	女	后勤	0	100
7	严春风	男	后勤	0	0
8	海文洁	女	生产	100	100

图 9-4　员工节日补助发放表

112.3　使用 IF 函数嵌套进行多分支判断

如果希望判断得到的结果包含两个以上的选择项，就需要进行 IF 函数的嵌套使用。例如，要根据图 9-5 所示的考评得分进行分数评级，评级规则为，60 分以下为"不及格"，60~89 分为"及格"，90 分及以上为"优秀"。

可以使用两个 IF 函数嵌套完成以上判断，在 C2 单元格输入以下公式，并向下复制。判断结果如图 9-6 所示。

```
=IF(B2<60," 不及格 ",IF(B2<90," 及格 "," 优秀 "))
```

▲	A	B	C
1	姓名	考评得分	等级
2	李琼华	66	
3	石红梅	37	
4	王明芳	52	
5	刘莉芳	98	
6	杜玉才	77	
7	陈琪珍	100	
8	邓子薇	43	
9	吴怡莲	45	
10	朱莲芬	92	

图 9-5　考评得分表

▲	A	B	C
1	姓名	考评得分	等级
2	李琼华	66	及格
3	石红梅	37	不及格
4	王明芳	52	不及格
5	刘莉芳	98	优秀
6	杜玉才	77	及格
7	陈琪珍	100	优秀
8	邓子薇	43	不及格
9	吴怡莲	45	不及格
10	朱莲芬	92	优秀

图 9-6　IF 函数双层嵌套运算结果

💬 注意

使用 IF 函数嵌套进行多分支判断时，必须按从高到低或从低到高的顺序依次判断，前面的条件范围不能包含后面的条件范围，否则会返回错误的结果。

技巧 113　用乘号和加号代替 AND 函数和 OR 函数

演示视频

在 112.2 小节中，介绍了用 AND 函数和 OR 函数判断"与"和"或"的逻辑关系，利用逻辑值可以参与四则运算的特性，可以用乘法和加法运算代替 AND 函数和 OR 函数进行"与"和"或"的逻辑关系判断。

仍以 112.2 小节中判断员工节日补助为例，如果要给每位岗位性质是"生产"并且性别是"女"的员工发放 100 元节日补助，则可以在 D2 单元格中输入以下公式，并向下复制。

```
=IF((C2=" 生产 ")*(B2=" 女 "),100,0)
```

以上公式中，"C2="生产""返回逻辑值 FALSE，"B2="女""返回逻辑值 TRUE。在四则运算中，逻辑值 FALSE 相当于 0，逻辑值 TRUE 相当于 1，则 (C2="生产")*(B2="女") 相当于 0*1 结果为 0。此结果再用作 IF 函数的判断条件，返回该员工节日补助金额。

💬 注意

必须为每个判断表达式加上一对括号，目的是将逻辑判断的优先级提高，即先做判断，再做乘法运算。

如果要给所有岗位性质是"生产"或性别是"女"的员工均发放节日补助，则可以在E2单元格中输入以下公式，并向下复制。

=IF((C2="生产")+(B2="女"),100,0)

以上公式中，C2="生产"返回逻辑值FALSE，B2="女"返回逻辑值TRUE。则(C2="生产")+(B2="女")相当于FALSE+TRUE，即0+1，结果为1。此结果再用作IF函数的判断条件，返回该员工节日补助金额。

技巧 114 使用 IFS 函数实现多条件判断

在112.3小节中，为了判断包含两个以上的选择项，使用了多个IF函数进行嵌套。随着判断条件的增多，公式变得很长，并且其他人编辑时很难理解公式逻辑。此时，可以用IFS函数代替IF函数的嵌套，使公式简化。

IFS函数的语法如下：

IFS(logical_test1,value_if_true1,[logical_test2,value_if_true2],…)

即：

IFS(测试条件 1, 真值 1,[测试条件 2，真值 2]…)

IFS函数的参数每两个为一组，前者为测试条件，后者为当前测试条件结果为TRUE时要返回的结果。当前一个测试条件结果为FALSE时，继续判断后面的测试条件。在使用IFS函数时，可以将最后一组参数的测试条件指定为"TRUE"，来代表前面所有测试条件均不成立的情况，指定在此情况下需要返回的结果。

仍以112.3小节中考评得分表为例，可以在C2单元格输入如下公式，并向下复制填充。

=IFS(B2<60," 不及格 ",B2<90," 及格 ",TRUE," 优秀 ")

上述公式先判断B2<60是否成立，如果成立，返回"不及格"。如果B2<60不成立，则继续判断B2<90是否成立，如果成立，返回"及格"。如果B2<90仍然不成立，则属于前面所有测试条件均不成立的情况，公式返回"TRUE"条件后面的结果"优秀"。

生成的结果如图9-7所示。

	A	B	C
1	姓名	考评得分	等级
2	李琼华	66	及格
3	石红梅	37	不及格
4	王明芳	52	不及格
5	刘莉芳	98	优秀
6	杜玉才	77	及格
7	陈琪珍	100	优秀
8	邓子藏	43	不及格
9	吴怡莲	45	不及格
10	朱莲芬	92	优秀

图 9-7 IFS 函数实现多条件判断

> **注意**
>
> 上述公式中的参数 "TRUE"，可以用一个非 0 数值代替。通常使用数值 1 代替，以简化公式。
> 所以上述公式也可以写成：
>
> =IFS(B2<60,"不及格",B2<90,"及格",1,"优秀")

技巧 115 使用 SWITCH 函数判断周末日期

SWITCH 函数可以返回列表中与第一参数表达式的值匹配的第一个值对应的结果。其优点在于如果列表中没有与第一参数相匹配的值，则返回指定的默认值。语法如下：

SWITCH(表达式， value1， result1， [默认值或 value2，result2]，[默认值或 value3，result3]... ，[默认值或 valueN，resultN]）

即：

SWITCH(表达式 , 值 , 结果 1…)

例如，要根据图 9-8 中 A 列对应的日期，返回星期几，如果日期为 "星期六" "星期日" 则返回 "周末"。

	A	B
1	日期	判断结果
2	2019/12/1	周末
3	2019/12/2	星期一
4	2019/12/3	星期二
5	2019/12/4	星期三
6	2019/12/5	星期四
7	2019/12/6	星期五
8	2019/12/7	周末
9	2019/12/8	周末
10	2019/12/9	星期一
11	2019/12/10	星期二
12	2019/12/11	星期三
13	2019/12/12	星期四
14	2019/12/13	星期五
15	2019/12/14	周末
16	2019/12/15	周末

图 9-8 对日期进行周末判断

在 B2 单元格输入如下公式，并复制填充至 B3:B16 单元格区域。

=SWITCH(WEEKDAY(A2,2),1," 星期一 ",2," 星期二 ",3," 星期三 ",4," 星期四 ",5," 星期五 "," 周末 ")

以上公式使用 WEEKDAY 函数对 A2 单元格日期进行判断，返回数字 1~7 分别代表星期一至星期日。再使用 SWITCH 函数判断，如 WEEKDAY 函数结果为 1~5，则对应返回 "星期一" 至 "星期五"。如 WEEKDAY 函数的结果为其他数值，则返回指定的默认值 "周末"。

使用函数与公式进行计算时，可能会因为某些原因无法得到正确的结果，而返回一个错误值，例如#VALUE!、#N/A、#REF!、#DIV/0!、#NUM!、#NAME?、#NULL!等。

产生这些错误值的原因有许多种，其中一类是公式本身存在错误。例如，错误值#NAME?通常是指公式中使用了不存在的函数名称或定义名称。还有一类情况则是公式本身并不存在错误，但由于函数在目标范围内没有查询到指定的对象而返回错误值。

例如，在图 9-9 所示的数据表中，A∶C 列是财务科目编号、科目名称及对应的金额，要在F列、G列使用查找引用公式，根据E列中对应的科目编号来查询其对应的信息。F3 单元格使用如下公式，并向下复制填充。

```
=VLOOKUP(E3,A:C,2,0)
```

G3 单元格使用如下公式，并向下复制填充。

```
=VLOOKUP(E3,A:C,3,0)
```

	A	B	C	D	E	F	G
1	科目编号	科目名称	金额		科目编号	科目名称	金额
2	550107	邮件快件费	120.00		550107	邮件快件费	120.00
3	550121	通讯费	100.00		550121	通讯费	100.00
4	550123	交通工具费	18.00		550122	#N/A	#N/A
5	550124	折旧	6191.49		550124	折旧	6191.49
6	550111	空运费	2345.90		550125	#N/A	#N/A
7	550102	差旅费	474.00				
8	550116	办公费	85.00				

图 9-9 没有匹配记录时返回错误值

上述公式能正确查询到某些科目编号对应的科目名称和金额，但也有部分结果显示为错误值#N/A，比如查询结果中的第5行和第7行。这并不是因为公式本身有什么问题，而是因为A∶C列数据表中不存在科目编号为"550122"和"550125"的相关信息，所以公式通过返回错误值的方式来告知用户没有查询到匹配的记录。这里的"错误值"，严格来说并不代表错误，而是代表一类信息。

为了显示上的美观，往往希望屏蔽掉这些错误值，不让#N/A显示在表格中，如用空文本或 0 等标记来替代这些错误值的显示。通常可以使用IFERROR函数来实现。

IFERROR函数的语法如下：

```
=IFERROR(value,value_if_error)
```

即：

```
=IFERROR( 值 , 第一参数为错误值时指定要返回的内容 )
```

其中第一参数是有可能产生错误值的公式、表达式等。第二参数是指当第一参数为错误值时，需要显示的结果。

利用 IFERROR 函数，可以将 F 列的错误值显示为空文本，F3 单元格使用如下公式，并向下复制填充。

```
=IFERROR(VLOOKUP(E3,A:C,2,0),"")
```

此公式使用 IFERROR 函数对 VLOOKUP 函数的查询结果进行识别，如果 VLOOKUP 函数查询到匹配记录，将返回该记录。如果 VLOOKUP 函数由于没有查询到匹配的记录而返回 #N/A 错误值时，IFERROR 函数将其屏蔽，返回指定的空文本（""）。

同理，如果要把 G 列由于没有查询到匹配记录而返回的错误值显示为 0，F3 单元格使用如下公式，并向下复制，最后结果如图 9-10 所示。

```
=IFERROR(VLOOKUP(E3,A:C,3,0),0)
```

	A	B	C	D	E	F	G
1	科目编号	科目名称	金额		科目编号	科目名称	金额
2	550107	邮件快件费	120.00		550107	邮件快件费	120.00
3	550121	通讯费	100.00		550121	通讯费	100.00
4	550123	交通工具费	18.00		550122		0.00
5	550124	折旧	6191.49		550124	折旧	6191.49
6	550111	空运费	2345.90		550125		0.00
7	550102	差旅费	474.00				
8	550116	办公费	85.00				

图 9-10　使用 IFERROR 函数屏蔽错误值

IFERROR 函数除了能屏蔽公式产生的 #N/A 错误值外，还可以屏蔽诸如 #VALUE!、#REF!、#DIV/0! 等错误值。用户在使用函数公式时，如果不希望显示上述错误值，或希望让错误值显示成更友好的提示信息，就可以利用 IFERROR 函数来处理。

本章主要介绍文本处理函数，其中包括截取字符串常用的LEFT函数、RIGHT函数、MID函数，查找字符的FIND函数、SEARCH函数，文本合并的CONCAT函数、TEXTJOIN函数，以及用于数字格式化的TEXT函数等。

技巧 117 查找字符技巧

在对字符串的查找和替换、字符串的拆分等文本处理过程中，FIND函数和SEARCH函数及和它们对应的用于双字节字符的FINDB函数和SEARCHB函数组合使用，能够根据条件对特定文本进行准确定位，是WPS表格中常用的文本函数之一。

FIND函数和SEARCH函数的语法完全相同。

```
FIND(find_text,within_text,start_num)
SEARCH(find_text,within_text,start_num)
```

第一参数find_text为需要查找的文本。

第二参数within_text为包含要查找文本的源数据。如果在第二参数中并没有找到需要查找的文本，则函数返回错误值"#VALUE!"。

第三参数start_num为可选参数，表示开始查找的位置，一般情况下可以省略，默认从左侧第一个字符开始查找。

FIND函数可以区分字符的大小写，不仅仅限于英文字母，希腊字母、罗马字母、拉丁文等的大小写也是可以区分的，SEARCH函数不能区分字符的大小写。FIND函数不支持使用通配符，SEARCH函数则可以使用通配符。如图10-1所示。

▲	A	B ΘθΩω III iii VIIvii	C ΘθΩω III iii VIIvii
1			
2		=SEARCH(A3,B$1)	=FIND(A3,C$1)
3	Θ	1	1
4	θ	1	2
5	Ω	3	3
6	ω	3	4
7	III	5	5
8	iii	5	6
9	VII	7	7
10	vii	7	8

图 10-1 FIND 函数和 SEARCH 函数

假定A1单元格的内容为"Excel Home"，下面的公式将返回字符"e"在字符串中第一次出现的位置（从左侧起第一个字母e的所在位置），结果为4。

```
=FIND("e",A1)
```

因为SEARCH函数不区分字母的大小写，如果使用SEARCH函数，第一个大写字母"E"会被认为符合它所查找的目标，下面的公式返回结果为1。

```
=SEARCH("e",A1)
```

如果希望找到字母"e"第二次出现的位置，可以考虑借助FIND函数的第三参数来实现，该参数用来指定开始查找的位置。如果把这个参数的值定位在字母"e"首次出现位置的右侧位置，那么接下来找到的字母"e"必定是字符串当中第二次出现的。可以用下面这个公式来获取字符"e"在字符串中第二次出现的位置。

```
=FIND("e",A1,FIND("e",A1)+1)
```

这个公式通过两层FIND函数运用得到最终结果，里层的FIND函数找到第一个字母"e"的所在位置，然后基于这个位置给出外层FIND函数的第三参数取值，再继续找到字母"e"的第二出现的位置。

根据这种思路，通常很容易想到如何查找第三个、第四个甚至第n个字母"e"出现的位置。但要找的字符次数越多，需要FIND函数嵌套的层次也越多，效率也会越来越低。因此还有另外一种思路来帮助解决这类问题。

这时需要使用SUBSTITUTE函数。SUBSTITUTE函数的作用是从字符串中将指定的部分内容替换为新内容，其中第四个参数可以指定替换哪一次出现的那个字符。利用第四参数的特性，可以很方便地找到第n次出现的那个字符。因此，可以用下面这个公式找到A1单元格的字符串中字母"e"第二次出现的位置。

```
=FIND(" 々 ",SUBSTITUTE(A1,"e"," 々 ",2))
```

在这里字符"々"没有特别的含义，只是一个比较生僻的字符，可以根据需要换成其他不影响字符串的字符，利用这个字符相当于给A1字符串当中第二次出现的字母"e"做了一道特殊标记，然后再用FIND函数找到这个标记。这样，将SUBSTITUTE函数与FIND函数组合使用，适用性更加强大，同时这种思路也值得借鉴。

📝 注意

关于SUBSTITUTE函数的详细说明，请参考技巧119。

技巧 118 拆分字符，不要想得太复杂

118.1 字符串的提取函数

在WPS表格的应用中，常用于字符串提取的函数主要有LEFT函数、RIGHT函数和MID函数。

LEFT 函数和 RIGHT 函数的语法相似。

```
LEFT(text,num_chars)
RIGHT(text,num_chars)
```

第一参数 text 为要提取字符串的文本字符串，如果直接输入文本字符串，需要双引号引起来，否则返回错误值 "#NAME?"。

第二参数 num_chars 为可选参数，是要提取的字符个数。当参数值为 0 时，函数将返回空文本。当参数值为负数时，函数将返回错误值 "#VALUE!"。当参数值大于文本长度时，函数将返回所有文本字符串。第二个参数也可以省略，当第二参数省略时，函数默认返回值为 1，即返回一个字符。

LEFT 函数是从左侧截取，RIGHT 函数是从右侧截取。例如，在 A1 单元格内有文本 "WPS 表格精粹"，以下公式来截取到字符串 "WPS"。

```
=LEFT(A1,3)
```

以下公式可截取到字符串 "精粹"。

```
=RIGHT(A1,2)
```

如果需要提取的内容位于字符串的中部，则可以使用 MID 函数，语法如下。

```
MID(text,start_num,num_chars)
```

第一参数 text 为指定需要处理的字符串，如果直接输入文本字符串，需用双引号引起来。如果不加双引号，则返回错误值 "#NAME?"。

第二参数 start_num 为文本中要提取的第一个字符的位置。以文本字符串的开头作为第一个字符，并用字符单位指定数值。如果参数值大于文本长度，则 MID 函数返回空文本。如果参数小于 1，则 MID 函数返回错误值 "#VALUE!"。

第三参数 num_chars 为指定提取到字符个数。当参数值为 0 时，MID 函数将返回空文本。当参数值为负数时，MID 函数将返回错误值 "#VALUE!"。当参数值大于文本长度时，MID 函数将返回从第二参数指定起始位置之后的所有文本字符串。

118.2 按字符拆分到多个单元格

如图 10-2 所示，A 列是一组标签号码，需要按位提取到 C:G 列。

在 C2 单元格输入以下公式，并向右向下复制填充到 C2:G12 单元格区域。

```
=MID($A2,COLUMN(A1),1)*1
```

	A	B	C	D	E	F	G
1	标签号码		标签提取				
2	81579		8	1	5	7	9
3	63874		6	3	8	7	4
4	76081		7	6	0	8	1
5	37049		3	7	0	4	9
6	63142		6	3	1	4	2
7	56098		5	6	0	9	8
8	59614		5	9	6	1	4
9	23170		2	3	1	7	0
10	29057		2	9	0	5	7
11	35846		3	5	8	4	6
12	47210		4	7	2	1	0

图 10-2　拆分标签号码

其中，"COLUMN(A1)"用于返回A1单元格的列号1，当公式向右复制时，能够得到1、2、3……的连续序列，以此作为MID函数的第二参数。第三参数为1，即连续的从第一位开始按位提取一个字符。

最后将MID函数提取的数字乘以1，将文本型数字转换为数值型数字，避免后续的统计和计算过程中出错。

118.3 提取姓名和邮箱地址

图10-3所示，是某单位员工联系信息表的部分内容。A列是将员工联系邮箱与员工姓名连在一起的信息，中间没有其他分隔符。需要在B列和C列分别提取员工姓名和联系邮箱。

	A	B	C
1	联系信息	姓名	邮箱地址
2	zhang_wj@126.com字儿帖	字儿帖	zhang_wj@126.com
3	zhaomin@qq.com术赤	术赤	zhaomin@qq.com
4	kong_j@gmail.com木华黎	木华黎	kong_j@gmail.com
5	song_yq_1@163.com铁木真	铁木真	song_yq_1@163.com

图 10-3 提取姓名和邮箱

在B2单元格输入以下公式，并向下复制填充，即得到员工姓名。

```
=RIGHT(A2,LENB(A2)-LEN(A2))
```

其中LEN函数可以返回文本字符串中的字符数，即字符长度。LEN函数不区分字符串是否全角或半角，句号、逗号、空格等都作为一个字符进行计数。LEN函数的计算单位是字符，而不是字节。LENB函数的计数单位则是字节，而不是字符。LENB函数的其他功能和性质与LEN函数相同。

"LENB(A2)-LEN(A2)"部分，将计算得到A列字符串中数据的字节数与字符数之差，由于姓名是中文字符，都是双字节字符。因此计算得到的数字就是数据中的中文字符个数。将计算结果用于RIGHT函数的第二参数，截取A列数据右侧相应数量的字符，即得到员工姓名。

在C2单元格输入以下公式，并向下复制填充，可得到员工联系邮箱。

```
=LEFT(A2,LEN(A2)-(LENB(A2)-LEN(A2)))
```

其中"(LENB(A2)-LEN(A2))"部分为A列数据中员工姓名的字符长度，那么以A列数据的总长度减去"姓名"长度，即可得到邮箱的字符长度，将计算结果作为LEFT函数的第二参数，可以截取到员工联系邮箱。上述公式还可以进一步简化如下：

```
=LEFT(A2,2*LEN(A2)-LENB(A2))
```

以上公式利用中文是双字节字符的特性，能够在字节单位上进行处理的函数还包括LEFTB函数、RIGHTB函数、REPLACEB函数、FINDB函数、SEARCHB函数、MIDB函数等。这些可以识别字节的函数，都只在拥有双字节文字库的操作系统才能有效运作，如中文系统和日文系统，而如果在英文操作系统中使用这些函数，将有失效的风险。因此在使用这类技巧前，建议先使用LENB函数进行测试。

技巧 119 用 SUBSTITUTE 函数替换字符

119.1 在文本中替换字符

许多时候可能需要对某个文本字符串中的部分内容进行替换，除了使用WPS表格中的替换功能外，还可以用文本替换函数。SUBSTITUTE函数的作用是将目标字符串中指定的字符串替换为新的字符串，函数语法如下。

SUBSTITUTE(text,old_text,new_text,instance_num)

即：

SUBSTITUTE(需要处理的内容 , 需要替换掉的字符 , 要替换成的新字符 , 替换第几个旧字符)

第一参数text参数是需要替换其中字符的文本或单元格引用。第二参数old_text是需要替换的字符串。第三参数new_text是用于替换old_text的新字符串。第四参数instance_num是可选参数，指定替换第几次出现的旧字符串。

当第三参数为空文本或简写该参数的值而仅保留参数之前的逗号时，相当于将需要替换的文本删除。以下两个公式都将返回字符串"WPS精粹"：

=SUBSTITUTE("WPS 表格精粹 "," 表格 ","")
=SUBSTITUTE("WPS 表格精粹 "," 表格 ",)

当第四参数省略时，原字符串中的所有与old_text参数相同的文本都将被替换，如果指定了该参数，则只有出现的指定次数的old_text才被替换。例如，以下公式返回"123"。

=SUBSTITUTE("E1E2E3","E","")

而以下公式返回"E 12 E 3"。

=SUBSTITUTE("E1E2E3","E","",2)

SUBSTITUTE函数可以区分大小写和全角半角字符，可以忽略其在字符串中的具体位置，但需要明确所需替换的目标字符。

119.2 统计部门的员工人数

如果需要计算指定"字符串"在某个字符串中出现次数，可以使用SUBSTITUTE函数将其全部删除，然后通过LEN函数计算删除前后字符串长度的变化来完成。

图 10-4 展示了某单位各部门人员名单的部分内容，B列的姓名之间由“、”号分隔，需要统计每个部门的员工人数。

在C2单元格输入以下公式，并向下复制填充到C6单元格。

	A	B	C
1	部门	人员	人数
2	质量部	李云芳、张大民、张德光、苏明成	4
3	销售部	苏明哲、苏明玉、苏大强、董小玉、杨建昆	5
4	财务部	熊云芳、黄小虹、戴丽丽	3
5	工程部	孔繁萍、孟梅芳、孙小菲、李咏思	4
6	人事部		0

图 10-4 统计部门员工人数

```
=(LEN(B2)-LEN(SUBSTITUTE(B2,"、",))+1)*(B2<>"")
```

先用LEN函数计算出原部门员工名单字符串的总长度，再用SUBSTITUTE函数将字符串中的分隔符“、”号删除后，用LEN函数得到删除分隔符号的字符串长度，两者相减即为分隔符“、”的个数。由于最后一个姓名后面没有分隔符，员工人数比分隔符数多1。因此公式最后+1即得到部门员工的人数。

公式中“*(B2<>"")”部分的作用是避免当B列的员工名单为空时，返回错误结果1。

119.3 提取一级会计科目

图 10-5 展示了某公司会计科目表的部分内容，A列是会计科目，不同级的科目以符号“/”作为分隔符，需要在B列提取一级会计科目名称。

可以借助SUBSTITUTE函数来完成这个提取目标，在B2单元格输入以下公式，并向下复制填充到B6单元格。

	A	B
1	会计科目	一级科目
2	管理费用/税费/水利建设资金	管理费用
3	管理费用/研发费用/材料支出	管理费用
4	管理费用/研发费用/人工支出	管理费用
5	管理费用/研发费用	管理费用
6	管理费用	管理费用
7	应收分保账款/保险专用	应收分保账款
8	应交税金/应交增值税/进项税额	应交税金
9	应交税金/应交增值税/已交税金	应交税金
10	应交税金/应交增值税/减免税款	应交税金
11	应交税金/应交营业税	应交税金

图 10-5 提取一级会计科目

```
=TRIM(LEFT(SUBSTITUTE(A2,"/",REPT(" ",99)),99))
```

其中“REPT(" ",99)”部分，是将文本空格重复99次，返回由99个空格组成的字符串，REPT函数的作用是按照给定的次数重复文本。

利用SUBSTITUTE函数将原字符串中的分隔符“/”替换成99个空格，拉大各会计科目间的距离，99可以是大于各级会计科目中最长的科目长度的任意数，LEFT函数从返回的字符串最左侧开始截取99个字符长度的字符串，最后使用TRIM函数清除字符串首尾多余的空格，即得到一级会计科目。

技巧120 包含关键字的单元格个数

要统计某个字符串在不同单元格中的出现次数，通常会使用COUNTIF函数。

如图 10-6 所示，A列中存放了一些图书清单，如果要统计其中包含"技巧"两个字的单元格数量，使用COUNTIF函数可以非常方便地得到结果。

`=COUNTIF(A2:A13,"*技巧*")`

除了COUNTIF函数以外，使用前面提到的FIND函数也能够实现同样的目的。FIND函数可以在字符串中查找指定字符串出现的位置，如果没有找到就会返回错误值"#VALUE!"。利用这个特性，用FIND函数查找区域中每一个单元格，然后统计其中未出现错误值的次数，就能得到包含目标字符串的单元格个数。根据这个思路，可以写出下面这个数组公式，按<Ctrl+Shift+Enter>组合键。

图 10-6　计算单元格个数

`{=COUNT(FIND("技巧",A2:A13))}`

COUNT函数可以统计数值的个数，同时由于COUNT函数可以忽略错误值。因此可以通过它来统计FIND函数查找到"技巧"两个字的单元格数目。

上述两个公式效果相同，但前者相对来说更简单一些。如果遇到需要区分字母大小写的情况，使用COUNTIF函数就不再奏效了，因为COUNTIF不能区分字母的大小写。相反，由于FIND函数可以区分字母大小写，第二个使用FIND函数和COUNT函数组合的公式，能够非常好地适应这种新情况。

本例中，如果需要统计关键字"Excel"出现的次数，并且严格区分字母大小写，就可以使用以下数组公式，按<Ctrl+Shift+Enter>组合键。

`{=COUNT(FIND("Excel",A2:A13))}`

💬 注意

　　按<Ctrl+Shift+Enter>组合键，表示同时按住<Ctrl>键和<Shift>键不放，再按<Enter>键完成输入。数组公式是相对于普通公式而言的，普通公式只占用一个单元格，并且返回一个结果。而数组公式可以占用一个单元格，也可以占用多个单元格。它对一组数或多组数进行多重计算，并返回一个或多个结果。在最外层用大括号"{ }"和普通公式进行区分，大括号为系统自动产生，实际输入时，不需要手动输入大括号。

技巧 121　合并部门员工名单

在处理文本数据时，经常需要将多个内容串连在一起作为新的字符串使用。在WPS表格中，可以使用CONCATENATE函数、CONCAT函数及TEXTJOIN函数和"&"运算符进行文本数据的合并。

如图 10-7 所示，A 列和 B 列为某公司各部门评选的先进工作者名单，需要将各先进工作者名单按部门合并到一个单元格，并以顿号"、"作为分隔符。

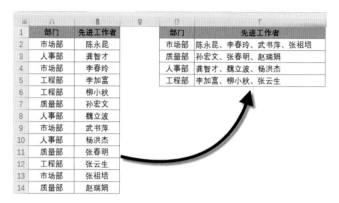

图 10-7　合并员工名单

TEXTJOIN 函数能够将多个区域和字符串的文本组合起来，并且在要组合的文本之间指定分隔符。函数语法如下：

TEXTJOIN(delimiter,ignore_empty,text1…)

即：

TEXTJOIN(间隔符号 , 是否忽略空单元格 , 要合并的文本 1…)

TEXTJOIN 函数支持单元格区域或是整行整列的引用。其中第一参数为连接文本时需要使用的分隔符，如果分隔符是空文本 ""，则函数返回的结果等效于直接连接这些区域。

第二参数是逻辑值，指定是否忽略空单元格，选择 1 或 TRUE 为忽略空单元格，当公式连接的单元格区域中有空单元格时，空单元格将不体现在字符串连接的结果当中。选择 0 和 FALSE 为不忽略空单元格，连接有空单元格的区域时，会让空单元格一并连在文本字符串中。

在 E2 单元格输入如下数组公式，按<Ctrl+Shift+Enter>组合键，向下复制填充，可计算得到各部门合并的员工名单。

{=TEXTJOIN("、",1,IF($A$2:$A$14=D2,$B$2:$B$14,""))}

公式中的"IF($A$2:$A$14=D2,$B$2:$B$14,"")"部分，用 IF 函数进行条件判断，先进工作表名单中与 D 列"部门"相同的，返回对应的员工姓名，不符合条件的返回空文本，得到内存数组结果为：

{" 陈永昆 ";"";" 李春玲 ";"";"";"";" 武书萍 ";"";"";"";" 张祖培 ";""}

然后使用 TEXTJOIN 函数将以上内存数组进行合并。

除了使用 TEXTJOIN 函数之外，CONCAT 函数也可以用于连接多个区域和字符串。该函数支持单元格区域引用，最多可以使用 254 个参数，其中每个参数都可以是字符串或单元格区域，在连接单元格区域时，将按照先行后列的顺序进行连接。

CONCAT 函数支持对整行整列的引用，并且默认忽略空单元格。E2 单元格的公式也可以修改为以下数组公式，按<Ctrl+Shift+Enter>组合键。

```
{=MID(CONCAT(IF($A$2:$A$14=D10,"、"&$B$2:$B$14,"")),2,99)}
```

其中"IF($A$2:$A$14=D10,"、"&$B$2:$B$14,"")"部分，先使用IF函数判断$A$2:$A$14单元格区域中的部门是否等于D10单元格指定的部门，如果条件成立则返回对应的姓名，并且在姓名前使用分隔符"、"与之连接，否则返回空文本。

最后使用CONCAT函数将返回的内存数组合并，由于合并后的数据第一个字符是分隔符"、"。因此再使用MID函数从第2个字符开始截取其余字符。

"&"运算符是常用的一种连接文本的方式，可以在公式中直接用于连接文本字符串，也可以用于连接单元格的引用。在E2单元格中输入以下公式即可得到市场部的先进工作者名单：

```
=B2&"、"&B4&"、"&B9&"、"&B13
```

但是将公式向下复制填充，会发现返回值是错误的，要得到正确结果需要修改公式中的单元格地址。"&"运算符只能简单地将多个数据串连到一起。因此在按条件进行合并字符时，通用性比较差。

CONCATENATE函数也可以实现字符串的合并连接，但由于它不支持区域引用的方式，也不支持数组数据的合并，因此在实际工作中较少使用。

> ⊟ 注意
>
> 使用TEXTJOIN函数、CONCAT函数、"&"运算符和CONCATENATE函数连接单元格数字内容时，无论数据所在单元格的格式为文本型数字或数值型数字，得到的结果均为文本型数字。

技巧 122 清理多余字符

在文本数据的应用中，常见的不规范数据之一是数据中有很多的空格。

TRIM函数可以全部清除字符串开头和结尾处的空格。对于英文来说，每个单词之间的空格是必须的，TRIM函数是不会把这种空格去掉的，而是将字符串中间的连续多个空格，只保留一个，多余空格将全部被清除。如图10-8所示，在B2中输入以下公式，并向下复制到B2:B4单元格区域，得到类似于英语的标准书写格式，非常适合英文字符串的修整和处理。

图 10-8　清理多余的空格

```
=TRIM(A2)
```

还有一些不可见字符，常见于一些数据库软件导出或从网页上复制下来的数据中，称为

"非打印字符"。这些夹杂在数据中肉眼难以识别的非打印字符，很容易造成查找引用、统计等有关运算的错误。因此也被称为"垃圾字符"。这部分非打印字符可以用CLEAN函数清除，对从其他应用程序中键入的文本使用CLEAN函数，将删除其中含有的当前操作系统无法打印的字符。如图 10-9 所示。

在 WPS 表格中，借助"错误提示"功能清除不可见字符也非常方便。如图 10-10 所示，选中包含不可见字符的单元格区域，单击屏幕上的"错误提示"下拉按钮，在下拉菜单中选择【清除前后空字符串】命令。保持单元格区域的选中状态，再次单击屏幕上的"错误提示"下拉按钮，在下拉菜单中选择【转换为数字】命令，即可快速清除大部分类型的不可见字符，并且转换为可计算的数值。

源数据	清理非打印字符
WPS table↑	WPS table
Diver C	Diver C
Caroline Sirot	Caroline Sirot
fly fly away	fly fly away

图 10-9　清理非打印字符

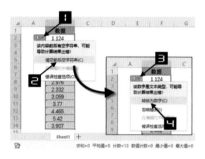

图 10-10　借助"错误提示"功能清除不可见字符

技巧 123　神奇的 TEXT 函数

在 WPS 表格中，要改变单元格中数值的显示格式，除了使用自定义数字格式功能，也可以使用神奇的TEXT函数。

TEXT 函数的语法如下：

```
TEXT(value,format_text)
```

即：

```
TEXT( 数值 , 格式代码 )
```

第一参数value为数值型或文本型数字，可以是计算结果为数字值的公式，也可以是包含数字的单元格引用。

第二参数format_text为用户自定义的数字格式代码。要熟悉这些代码，可以按<Ctrl+1>组合键打开【单元格格式】对话框，在【数字】选项卡下切换到【自定义】，在右侧的数字格式代码列表中可以看到WPS表格内置的所有数字格式代码，如图 10-11 所示。

图 10-11　【单元格格式】对话框

TEXT 函数的格式代码与【单元格格式】对话框中的格式代码大部分通用。只有少量数字格式代码仅适用于自定义格式功能，不适用于TEXT 函数。

- 星号“*”，TEXT 函数无法使用“*”来实现重复某个字符以填满单元格的效果。
- 颜色代码，TEXT 函数无法实现以某种颜色显示数值的效果。

TEXT 函数返回的结果是文本，无法直接参与计算。

123.1 条件判断

条件判断也可以不使用IF 函数来构建公式，TEXT 函数的格式代码可以分为四个条件区段，各条件区段之间用分号“;”间隔，与自定义数字格式代码相类似，默认情况下，四个区段的定义如下。

```
大于 0 时应用的格式 ; 小于 0 时应用的格式 ; 等于 0 时应用的格式 ; 对文本应用的格式
```

除此之外，还可以手动设置判断条件。TEXT 函数最多允许使用两个判断条件，第三部分为“除此之外”的条件。

如图 10-12 所示，某单位员工考核表的部分内容。需要根据考核分数进行评定，90 分以上为优秀，75~89 分为良好，60~74 分为合格，小于 60 分则为不合格。

	A	B	C
1	姓名	考核分数	TEXT嵌套
2	刘丽静	81	良好
3	马文杰	92	优秀
4	何彩云	75	良好
5	杜春雨	64	合格
6	肖定山	24	不合格
7	童翠兰	98	优秀
8	宋开元	48	不合格

图 10-12 TEXT 函数条件判断

在C2 单元格输入以下公式，向下复制填充公式。

```
=TEXT(TEXT(B2,"[>=90] 优秀 ;[>=75] 良好 ;0"),"[>=60] 合格 ; 不合格 ")
```

公式中使用的是包含自定义条件的三区段格式代码。格式代码的用法和自定义格式几乎是完全一样的。首先使用TEXT(B2,"[>=90]优秀;[>=75]良好;0")部分，先判断B2 单元格中的考核分数是否大于等于 90，条件成立返回“优秀”，如果该条件不成立，则继续判断是否大于等于 75。如果大于等于 75 的条件成立返回“良好”，否则返回B2 单元格中原有的值。

接下来再嵌套一个TEXT 函数，对中间的TEXT 函数的结果继续进行判断。如果大于等于60 返回“合格”，否则返回“不合格”。如果中间的TEXT的结果是文本“优秀”或“良好”，则直接返回这些文本内容。

123.2 转换数字格式

在实际应用中，可能需要把数字表示的日期转换为中文的年、月、日，如 2019 年转换为“二〇一九年”或“贰零壹玖年”等。TEXT 函数也可以完成这个转换。

在格式代码中，[DBNUM1]表示中文小写格式，[DBNUM2]表示中文大写格式，[DBNUM3]表示全角格式。

表 10-1 所示，是使用TEXT函数对A列数值进行格式转换的部分公式及结果。

表 10-1　TEXT 函数数值格式转换

内容	公式	结果	说明
2019/12/3	=TEXT(A2,"[DBNUM1]yyyy年m月")	二〇一九年十二月	转换中文日期
22	=TEXT(A3,"[DBNUM1]0")	二二	数字转换
2019	=TEXT(A4,"[DBNUM1]")	二千〇一十九	中文小写
2019	=TEXT(A5,"[DBNUM1]0")	二〇一九	中文小写
2019	=TEXT(A6,"[DBNUM2]")	贰仟零壹拾玖	中文大写
2019	=TEXT(A7,"[DBNUM2]0")	贰零壹玖	中文大写
2019	=TEXT(A8,"[DBNUM3]")	2019	半角
2019	=TEXT(A9,"[DBNUM3]0")	２０１９	全角

技巧 124　合并文本和带有格式的数字

图 10-13 所示，是某企业项目数据统计的部分内容，需要将同一行的三列数据合并到一个单元格中，形成完整的信息。

如果在D2单元格中输入以下公式并向下复制填充，将无法得到需要的结果。

```
=A2&B2&C2
```

因为B列的日期和C列的完成率数据，在单元格内的数据都是数值，日期和百分比仅仅是数字显示外观的改变，其实质仍然是数值本身。使用“&”运算符将数值连接起来，数值显示出来的格式是其在“常规”格式下显示的格式，如图 10-14 所示。

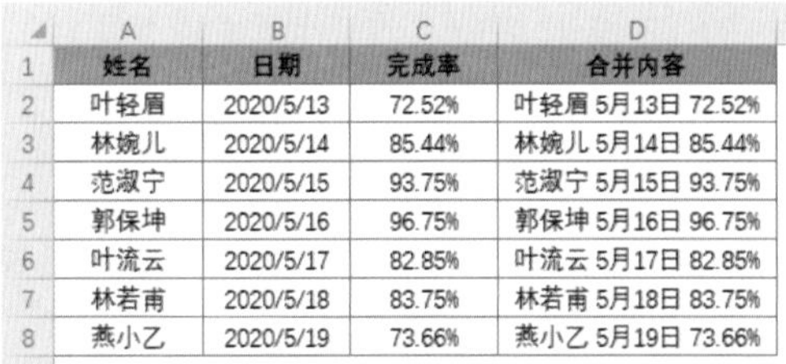

	A	B	C	D
1	姓名	日期	完成率	合并内容
2	叶轻眉	2020/5/13	72.52%	叶轻眉 5月13日 72.52%
3	林婉儿	2020/5/14	85.44%	林婉儿 5月14日 85.44%
4	范淑宁	2020/5/15	93.75%	范淑宁 5月15日 93.75%
5	郭保坤	2020/5/16	96.75%	郭保坤 5月16日 96.75%
6	叶流云	2020/5/17	82.85%	叶流云 5月17日 82.85%
7	林若甫	2020/5/18	83.75%	林若甫 5月18日 83.75%
8	燕小乙	2020/5/19	73.66%	燕小乙 5月19日 73.66%

图 10-13　合并文本和带有格式的数字

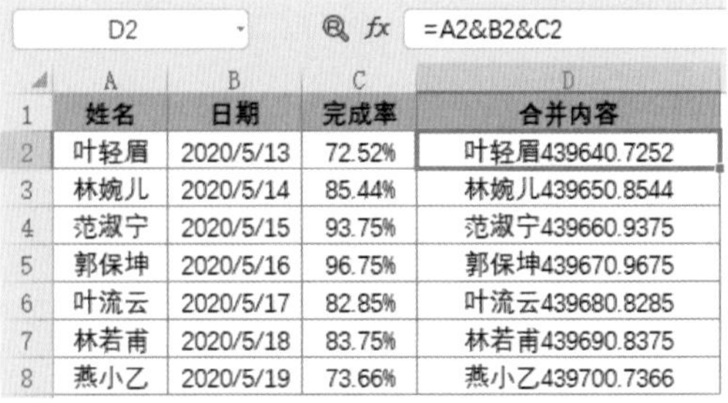

D2　fx　=A2&B2&C2

	A	B	C	D
1	姓名	日期	完成率	合并内容
2	叶轻眉	2020/5/13	72.52%	叶轻眉439640.7252
3	林婉儿	2020/5/14	85.44%	林婉儿439650.8544
4	范淑宁	2020/5/15	93.75%	范淑宁439660.9375
5	郭保坤	2020/5/16	96.75%	郭保坤439670.9675
6	叶流云	2020/5/17	82.85%	叶流云439680.8285
7	林若甫	2020/5/18	83.75%	林若甫439690.8375
8	燕小乙	2020/5/19	73.66%	燕小乙439700.7366

图 10-14　直接连接无法得到需要的结果

如果要按原单元格显示的格式连接，需要用TEXT函数将数值转换为原单元格相同的格式。则D2单元格中的公式可修改如下。

=A2&TEXT(B2," m月d日 ")&TEXT(C2," 0.00%")

公式中使用TEXT函数分别将B2单元格的日期数字转换为短日期格式的文本型日期，将C2单元格的数值转换百分比"0.00%"样式的文本型数字，最后使用"&"符号连接，得出需要的结果。

 日期与时间计算

日期和时间数据是WPS表格中的一种特殊类型的数据，有关日期和时间的计算在各个领域中都有非常广泛的应用。本章重点讲解日期和时间类数据的特点及计算方法，以及日期和时间函数的相关应用。

技巧 125 认识日期和时间数据

在WPS表格中，日期和时间数据是数值的一种特殊表现形式，在WPS表格系统内部是以数值形式存储的，并且可以与数值进行相互转换和运算。

125.1 日期及时间的本质

日期和时间在WPS表格中本质是一系列的序列值，序列值包括整数部分和小数部分。整数部分为日期，以整数1对应一整天，每一天分配一个整数。小数部分为时间，1/24对应1小时，1/1440对应1分钟，1/86400对应1秒钟。

125.2 日期系统

WPS表格支持1900日期系统和1904日期系统。

1900日期系统的起始日期是1900年1月1日，对应的序列值为1，当输入某一日期后，会转换为从1900年1月1日起到该日期之间相隔天数的序列值。如输入1900年1月2日，则WPS表格会将该日期转换为序列号2。如果在单元格中输入2，并将数字格式设置为日期，则会显示1900年1月2日。

在1900日期系统中，有两个实际上不存在的日期：1900年1月0日和1900年2月29日，分别对应日期序列值0和60。1900日期系统无法识别负数序列值，如果在日期格式的单元格中输入负数，则会以多个"#"填充单元格。

1904日期系统的起始日期是1904年1月1日，对应的日期序列值为0。如输入1904年1

月 2 日，则 WPS 表格会将该日期转换为序列号 1。1904 日期系统可以识别负数序列值，在日期格式的单元格中输入 -2，则会显示"-1904 年 1 月 3 日"。

每个工作簿都可以设置自己的日期系统，并使用唯一的开始日期作为所有本工作簿内所有工作表的计算的基础。WPS 表格默认使用 1900 日期系统，如果需要转换为 1904 日期系统，可以依次单击【文件】→【选项】→【重新计算】，在【工作簿选项】下勾选【使用 1904 日期系统】复选框，最后单击【确定】按钮，如图 11-1 所示。

图 11-1　转换日期系统

125.3　日期数据的识别

在 WPS 表格中输入数据时，只有符合规则的数据才能被有效识别为日期值。可以被识别的日期数据，能够通过数字格式转换为数值，也能够直接参与算术运算。反之，不能被识别为日期数据的内容，则不能通过格式设置显示为数值，也不能直接参与和日期有关的运算。例如，要计算两个日期的间隔天数，可以直接用两个日期相减得到，公式如下。

```
="2020-5-1"-"2018-6-1"
```

注意

在公式中直接输入日期时，需要在日期外侧加上一对双引号，否则 WPS 表格会将日期"2020-5-1"识别为减法算式。

图 11-2 列举了一些 WPS 表格中的日期输入形式，A 列是以文本形式输入的日期，C2 单元格输入公式如下，并向下复制填充。

```
=TEXT(A2,"YYYY 年 MM 月 DD 日 ;;; 无法识别 ")
```

此公式通过 TEXT 函数判断 A 列单元格中的输入数据，如果可以识别为日期，则会显示为相应的日期，不能识别为日期，则返回"无法识别"。通过此公式的返回值情况，可以归纳输入日期的注意事项如下。

1. 在 1900 日期系统中，日期的范围是 1900 年 1 月 1 日到 9999 年 12 月 31 日，超过此范围的日期不能被 WPS 表格有效识别。

2. 默认情况下，日期数据的间隔符是"-"或"/"，两者可以混合使用，日期默认哪个间隔符显示，由操作系统的设置决定。以小数点"."作为间隔符的数据不能被有效识别。系统默认日期格式，可以单击桌面左下角的【开始】菜单，然后依次单击【设置】→【日期和时间】→【区域】，在【更改数据格式】页面中进行设置，如图 11-3 所示。

▲	A	B	C
1	日期输入		是否识别为日期值
2	1890-3-4		无法识别
3	1900-1-1		1900年01月01日
4	11-4-20		2011年04月20日
5	79-3-8		1979年03月08日
6	2009-8		2009年08月01日
7	11-8		2020年11月08日
8	13-8		2020年08月13日
9	31-8		2020年08月31日
10	32-8		1932年08月01日
11	2011-2-29		无法识别
12	4-31		无法识别
13	11/4/20		2011年04月20日
14	11/4-20		2011年04月20日
15	11-4/20		2011年04月20日
16	2011年4月20日		2011年04月20日
17	4月20日		2020年04月20日
18	2011年4月		2011年04月01日
19	Feb 21		2020年02月21日
20	February 21		2020年02月21日
21	Feb 32		1932年02月01日
22	Feb 1932		1932年02月01日
23	21 Feb 1979		1979年02月21日
24	21 Feb		2020年02月21日
25	32 Feb		无法识别
26	2009.8.9		无法识别
27	2009\4\5		无法识别
28	4/5/2009		无法识别

图 11-2　日期数据的识别

图 11-3　更改系统默认的日期、时间格式

3. 年份可以以短日期形式输入，默认情况下，00~29 转换为 2000 年~2029 年，30~99 转换为 1930 年~1999 年。

4. 短日期形式或一些简化输入方式，WPS 表格会按内部规则进行识别。对于这种非完整形式输入的日期，需要注意核实其正确性，避免识别的日期与预期的结果有差异。

125.4　时间数据的识别

时间数据是序列值的小数部分。图 11-4 列举了一些 WPS 表格中的时间输入形式，A 列是以文本形式输入的时间，C2 单元格输入公式如下，并向下复制填充。

```
=TEXT(A2,"HH 时 MM 分 SS 秒 ;;; 无法识别 ")
```

输入时间数据需要注意以下事项。

1. 时间数据的范围是 0：00：00 到 9999：59：59，超过此

▲	A	B	C
1	时间输入		是否识别为时间值
2	12:33:54		12时33分54秒
3	12:35:56.5		12时35分57秒
4	9:43		09时43分00秒
5	25:35		01时35分00秒
6	21:61		22时01分00秒
7	20:59:61		21时00分01秒
8	23:61:62		无法识别
9	3时10分12秒		03时10分12秒
10	3时12分45.5秒		无法识别
11	3时12分		03时12分00秒
12	3分21秒		无法识别
13	3时61分45秒		04时01分45秒
14	3点35分		无法识别

图 11-4　时间的识别

范围的时间不能被有效识别。

2.默认情况下，时间数据的间隔符是":"。在中文系统中也可以使用中文字符"时""分""秒"作为时间单位，两种方式不允许混用。时、分的数据不允许有小数，秒的数字允许有小数，最高精度为3位小数。以中文字符作为单位的时间不允许出现小数。

3.以短时间形式输入时间数据，允许省略秒的数据，不允许省略时、分的数据。

技巧 126 自动更新当前日期和时间

如果要输入系统的当前日期，可以使用<Ctrl+;>组合键，如果要输入系统的当前时间，可以用<Ctrl+Shift+;>组合键。WPS表格没有同时输入系统当前日期和时间的组合键，可以在<Ctrl+;>组合键输入当前日期后，输入一个空格，再以<Ctrl+Shift+;>组合键输入当前时间。

在数据运算过程中，常常需要动态使用系统当时的日期或时间，可以使用TODAY函数和NOW函数可以实现。

```
=TODAY()
=NOW()
```

TODAY函数返回当前日期的序列号，NOW函数返回当前日期和时间所对应的序列号。上述两个函数都没有参数，但输入时必须有()。

如果在格式为"常规"的单元格内键入上述函数，WPS表格会自动将单元格格式设置为系统默认的短日期和短时间格式。

两个函数都是易失函数，诸如改变行高、列宽设置、更改单元格中的数据、单元格和工作表有增加或删除、打开工作簿等操作，函数都会重新计算，返回新的结果。

技巧 127 用 DATEDIF 函数计算日期间隔

DATEDIF函数主要用于计算两个日期之间的天数、月数或年数。函数语法如下：

DATEDIF(start_date,end_date,unit)

即：

DATEDIF(开始日期 , 终止日期 , 比较单位)

第一参数为开始日期。可以是带双引号表示日期的文本（如"2020/1/31"）、日期序列值、其他公式或函数的运算结果，如DATE(2020,1,31)，也可以是单元格引用的日期。如果此参数为不能有效识别为日期的数据，则返回错误值"#VALUE!"。

第二参数代表终止日期。第三参数代表所需信息的返回类型。此参数为文本型数据，且不区分大小写。不同的unit参数返回的结果如表 11-1 所示。

表 11-1 unit 参数及含义

unit参数	返回结果
"Y"	计算两个日期间隔的年数
"M"	计算两个日期间隔的月份数
"D"	计算两个日期间隔的天数
"YD"	计算两个日期间隔的天数。忽略两个日期的年数差
"MD"	计算两个日期间隔的天数。忽略两个日期的年数差和月份差
"YM"	计算两个日期间隔的月份数。忽略两个日期的年数差

图 11-5 中，B列为员工的入职日期，需要根据这组日期计算员工到当前日期为止的工龄，可以在C2 单元格输入以下公式，并向下复制填充。

```
=DATEDIF(B2,TODAY(),"Y")
```

其中TODAY 函数可返回系统当前的日期。上述公式在计算间隔年数时，返回的是起止日期间隔中完整的年数，不足整年的部分将被舍去。

如果计算工龄需要精确到月数，修改C2 单元格公式中的第三参数即可，如图 11-6 所示。

```
=DATEDIF(B2,TODAY(),"M")
```

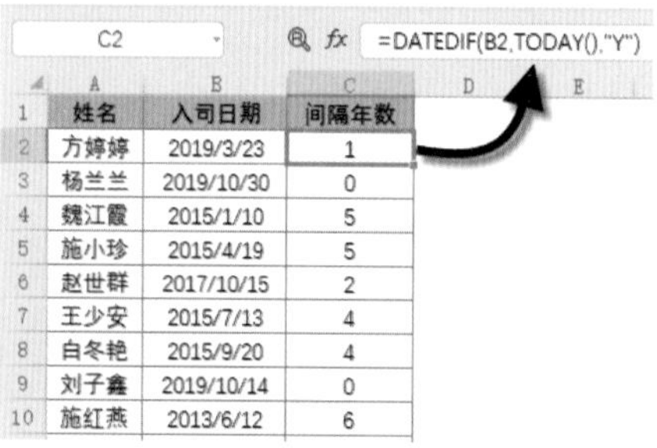
C2　=DATEDIF(B2,TODAY(),"Y")

	A	B	C
1	姓名	入司日期	间隔年数
2	方婷婷	2019/3/23	1
3	杨兰兰	2019/10/30	0
4	魏江霞	2015/1/10	5
5	施小珍	2015/4/19	5
6	赵世群	2017/10/15	2
7	王少安	2015/7/13	4
8	白冬艳	2015/9/20	4
9	刘子鑫	2019/10/14	0
10	施红燕	2013/6/12	6

图 11-5 间隔年数

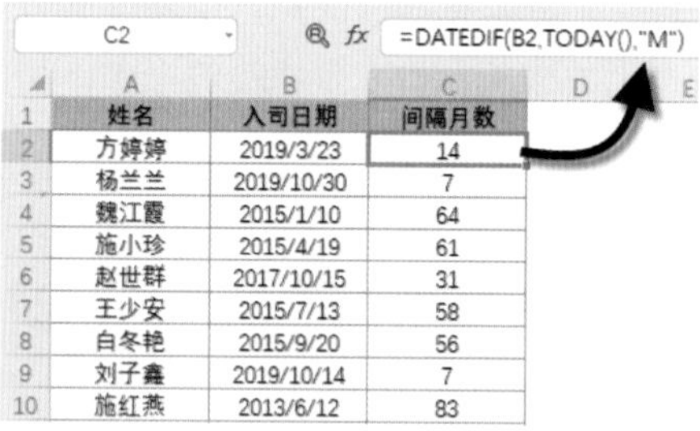
C2　=DATEDIF(B2,TODAY(),"M")

	A	B	C
1	姓名	入司日期	间隔月数
2	方婷婷	2019/3/23	14
3	杨兰兰	2019/10/30	7
4	魏江霞	2015/1/10	64
5	施小珍	2015/4/19	61
6	赵世群	2017/10/15	31
7	王少安	2015/7/13	58
8	白冬艳	2015/9/20	56
9	刘子鑫	2019/10/14	7
10	施红燕	2013/6/12	83

图 11-6 间隔月数

使用DATEDIF函数计算间隔月数时，如果终止日期是当月的最后一天，并且起始日期的天数大于终止日期的天数，结果会少一个月，如图 11-7 所示。

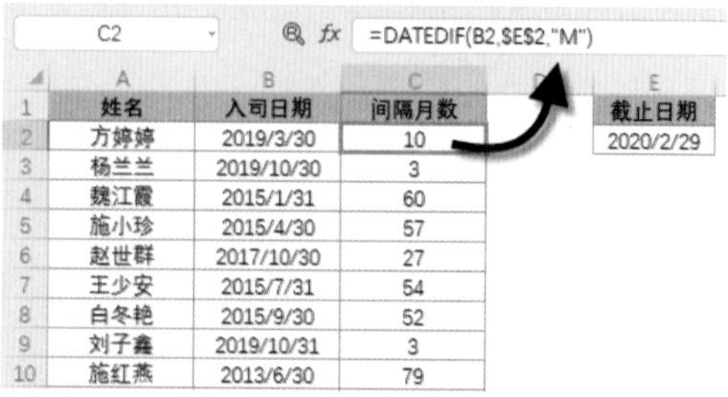
C2　=DATEDIF(B2,$E$2,"M")

	A	B	C	D	E
1	姓名	入司日期	间隔月数		截止日期
2	方婷婷	2019/3/30	10		2020/2/29
3	杨兰兰	2019/10/30	3		
4	魏江霞	2015/1/31	60		
5	施小珍	2015/4/30	57		
6	赵世群	2017/10/30	27		
7	王少安	2015/7/31	54		
8	白冬艳	2015/9/30	52		
9	刘子鑫	2019/10/31	3		
10	施红燕	2013/6/30	79		

图 11-7 间隔月数出现错误

可以在原公式的基础上修正C2 单元格公式如下。

```
=DATEDIF(B2,TODAY(),"M")+(DAY(B2)>DAY(TODAY()))*(DAY(TODAY()+1)=1)
```

其中"DAY(TODAY()+1)=1"部分，用于判断终止日期的下一天是否为1日，如果是，则说明当天是当月的最后一天，此计算式将返回逻辑值TRUE，否则返回FALSE。"DAY(B2)>DAY(TODAY())"部分，用于判断起始日期的天数是否大于终止日期的天数，如果是则返回TRUE，否则返回FALSE。

如果终止日期是当月的最后一天，并且起始日期的天数大于终止日期的天数，两个条件判断后分别返回一个逻辑值，再将两个逻辑值相乘。在四则运算中，逻辑值TRUE相当于1，FALSE相当于0，如果两个条件判断结果均为TRUE，相乘后结果为1，否则结果为0。

最后将逻辑值计算后得到的结果与DATEDIF函数的结果相加，原计算公式少一个月的结果得到了修正。

技巧 128　根据日期计算星期、月份和季度

128.1　与星期相关的计算

WEEKDAY函数可以计算某一天是星期几，函数语法如下。

```
WEEKDAY(serial_number,return_type)
```

即：

```
WEEKDAY( 日期 , 返回值的类型 )
```

第一参数是需要判断星期的日期。第二参数用于指定返回值的数字类型。此参数为1或是省略此参数时，返回值将以周日作为一周的第一天。此参数为2时，返回数字1~7分别表示星期一至星期日，不同的参数返回的结果如表11-2所示。

表 11-2　WEEKDAY 函数返回值

return_type	返回的数字
1 或省略	数字 1（星期日）到数字 7（星期六）
2	数字 1（星期一）到数字 7（星期日）
3	数字 0（星期一）到数字 6（星期日）

如图11-8所示，A列单元格中为随机生成的日期，在B2单元格输入以下公式，并向下填充，即可计算A列单元格日期是星期几。

```
=WEEKDAY(A2,2)
```

还可以使用TEXT函数来计算日期对应星期几，在C2和D2单元格输入如下公式并向下填充，同样可以计算A列日期对应是星期几。

```
=TEXT(A2,"AAA")
=TEXT(A2,"AAAA")
```

上述两个公式将按“一”~“日”和“星期一”~“星期日”形式返回结果，与WEEKDAY函数数第二参数设置为2时的计算结果相一致。

WEEDNUM函数用于计算指定日期在一年中的第几周，语法结构和参数要求与WEEKDAY相同。如图11-9所示，要求取A列日期在当年的周数，可以在E2输入如下公式。

```
=WEEKNUM(A2,2)
```

B2 =WEEKDAY(A2,2)

	A	B
1	日期	对应星期
2	2020/1/4	6
3	1965/1/18	1
4	2004/9/20	1
5	2007/7/2	1
6	1992/6/10	3
7	2273/1/17	5
8	2011/6/21	2
9	1935/1/3	4
10	2022/10/23	7
11	1995/5/5	5

图 11-8 判断星期几

E2 =WEEKNUM(A2,2)

	A	B	C	D	E
1	日期	对应星期	对应星期	对应星期	对应周数
2	2020/1/4	6	六	星期六	1
3	1965/1/18	1	一	星期一	4
4	2004/9/20	1	一	星期一	39
5	2007/7/2	1	一	星期一	27
6	1992/6/10	3	三	星期三	24
7	2273/1/17	5	五	星期五	3
8	2011/6/21	2	二	星期二	26
9	1935/1/3	4	四	星期四	1
10	2022/10/23	7	日	星期日	43
11	1995/5/5	5	五	星期五	19

图 11-9 判断一年中的第几周

128.2 与月份相关的计算

MONTH函数可以返回以序列号表示的日期中的月份，月份是介于1（一月）到12（十二月）之间的整数。

MONTH函数的参数是日期值，如图11-10所示，要计算A列单元格中日期对应的月份，可以在B2单元格输入以下公式，并向下填充。

B2 =MONTH(A2)

	A	B
1	日期	对应月份
2	2020/1/4	1
3	1965/1/18	1
4	2004/9/20	9
5	2007/7/2	7
6	1992/6/10	6
7	2273/1/17	1
8	2011/6/21	6
9	1935/1/3	1
10	2022/10/23	10

图 11-10 判断月份

```
=MONTH(A2)
```

128.3 与季度相关的函数运算

季度在统计工作中是十分重要的时间单位。如图11-11所示，要判断A列日期属于哪个季度，可以使用以下几种方法完成。

	A	B
1	日期	对应季度
2	2020/1/4	1
3	1965/1/18	1
4	2004/9/20	3
5	2007/7/2	3
6	1992/6/10	2
7	2273/1/17	1
8	2011/6/21	2
9	1935/1/3	1
10	2022/10/23	4

图 11-11 判断季度

方法1

```
=MATCH(MONTH(A2),{1,4,7,10})
```

公式利用MATCH函数的近似匹配功能，省略该函数的第三参数，最终返回小于或等于查找月份1在数组{1,4,7,10}中的位置，即可得出日期所在的季度。

● 方法2

=CEILING(MONTH(A2),3)/3

通过CEILING函数对日期所在月份向上舍入3的整数倍，再除以3，得到日期所在的季度。

● 方法3

=LEN(2^MONTH(A2))

根据观察可以发现，2的1~3次幂是1位数，2的4~6次幂是2位数，2的7~9次幂是3位数，2的10~12次幂是4位数。根据这个特点，用LEN函数计算2的乘幂结果的数字长度，得到的数字可以对应日期的季度。如图11-12所示。

	A	B	C
1	数值	2的乘幂	位数
2	1	2	1
3	2	4	1
4	3	8	1
5	4	16	2
6	5	32	2
7	6	64	2
8	7	128	3
9	8	256	3
10	9	512	3
11	10	1024	4
12	11	2048	4
13	12	4096	4

图11-12　2的不同乘幂结果位数

技巧129 判断某个日期是否为闰年

闰年是为了弥补因人为历法规定造成的年度天数与地球实际公转周期的时间差而设立的，分为普通闰年和世纪闰年。年份是4的倍数且不是100的倍数，为普通闰年。年份是100的倍数并且是400的倍数，为世纪闰年。

如图11-13所示，需要判断A列单元格中的年份是否为闰年。B2单元格输入以下公式，向下复制填充。

	A	B
1	年份	是否闰年
2	1998	平年
3	2100	平年
4	2020	闰年
5	2019	平年
6	2024	闰年
7	2030	平年
8	1996	闰年
9	1956	闰年

B2 ：=IF(COUNT((A2&"-2-29")*1),"闰年","平年")

图11-13　判断闰年和平年

=IF(COUNT((A2&"-2-29")*1)," 闰年 "," 平年 ")

首先使用A2&"-2-29"，将A2单元格中的年份与字符串"-2-29"进行连接，得到一个对应年份2月29日的文本字符串"1998-2-29"。然后用这个日期字符串乘以1，如果实际存在这个日期，乘以1后会得到对应的日期序列值，否则返回错误值。

接下来使用COUNT函数统计相乘后计算结果的数值个数，如果是实际存在的日期，COUNT函数返回1，否则返回0。

最后使用IF函数进行判断，在IF函数的第一参数中，不等于0的数值相当于逻辑值TRUE，数值0相当于逻辑值FALSE，当COUNT函数的结果为1时返回"闰年"，当COUNT函数的结果为0时返回"平年"。

技巧 130 工作日有关的计算

WORKDAY 函数和 NETWORKDAYS 函数可以进行工作日相关的计算。

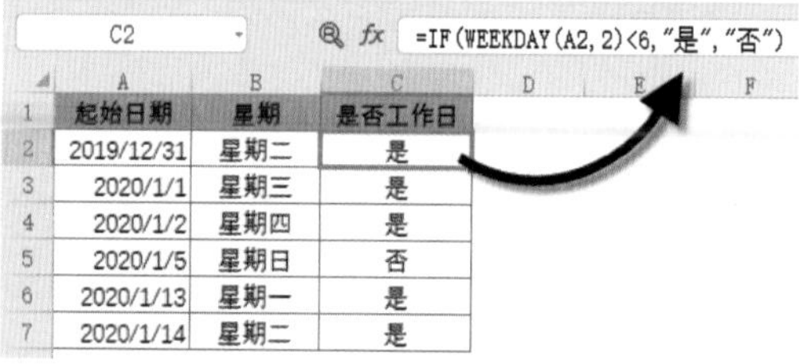

图 11-14 计算是否为工作日

如图 11-14 所示，要判断 A 列单元格中日期是否属于星期一至星期五的工作日，可以在 C2 单元格中输入以下公式，并向下复制填充。

```
=IF(WEEKDAY(A2,2)<6," 是 "," 否 ")
```

公式使用 WEEKDAY(A2,2)，来计算 A2 日期所对应的星期，如果该数值小于 6，则说明是工作日。

也可以使用 WORKDAY 函数和 NETWORKDAYS 函数来实现。

```
=IF(WORKDAY(A1-1,1)=A1," 是 "," 否 ")
=IF(NETWORKDAYS(A1,A1)=1," 是 "," 否 ")
```

WORKDAY 返回某日期之前或之后相隔指定工作日的某一日期的日期值。工作日不包括周末和法定节假日。语法如下：

```
WORKDAY(start_date,days,holidays)
WORKDAY( 开始日期 , 天数 , 要忽略的假期 )
```

其中第一参数是开始日期。第二参数代表开始日期之前或之后不含周末及节假日的天数。第三参数可选，代表需要从工作日历中排除的法定假日等日期。

上述公式中，WORKDAY 函数是以 A 列日期的前一天为基准日期，推算其后的第一个工作日，如果这个日期与 A 列的日期吻合，那就可以确定 A 列日期属于工作日。

NETWORKDYAS 函数返回两个日期之间完整的工作日天数。函数语法如下：

```
NETWORKDAYS(start_date,end_date,holidays)
```

其中第一参数和第二参数分别是开始日期和结束日期，第三参数可选，代表需要从工作日历中排除的法定假日等日期。

在上述公式中，NETWORKDYAS 函数的开始日期和结束日期使用同一个日期作为参数，判断两个相同日期之间的工作日天数，如果是工作日，NETWORKDYAS 函数将返回 1，否则返回 0。

WORKDAY 函数和 NETWORKDAYS 函数在默认情况下将周六和周日作为非工作日处理。如果需要增加非周末的日期作为休息日，可以使用 WORKDAY 函数和 NETWORKDAYS 函数的第三参数。如图 11-15 所示，如需排除 A10 单元格中的法定节假日 2020 年 1 月 1 日，C2 单元格和D2单元格的公式修改如下：

```
=IF(WORKDAY(A2-1,1,$A$10)=A2,"是","否")
=IF(NETWORKDAYS(A2,A2,$A$10)=1,"是","否")
```

日期	星期	是否工作日	是否工作日
2019/12/31	星期二	是	是
2020/1/1	星期三	否	否
2020/1/2	星期四	是	是
2020/1/5	星期日	否	否
2020/1/13	星期一	是	是
2020/1/14	星期二	是	是

节假日	备注
2020/1/1	元旦

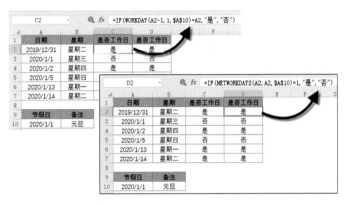

图 11-15　判断是否为工作日

技巧131　时间值的计算

在处理时间数据时，一般是对数据进行加法和减法的计算，如计算两个时间的间隔时长等。

131.1　计算停车收费

图11-16所示，为某停车场小型车辆进出停车场时间记录表的一部分，需要根据进场时间和出场时间来计算停车时间，并计算停车费。停车记时以15分钟为单位，不足15分钟的部分按15分钟计算，收费标准为每小时8元。在D2单元格输入以下公式，并向下复制填充。

车号	进场时间	出场时间	停车费
京Y xxxxx1	2019/12/27 11:01	2019/12/27 15:49	40
京Y xxxxx2	2019/12/27 12:37	2019/12/27 13:42	10
京Y xxxxx3	2019/12/27 20:23	2019/12/27 21:11	8
京Y xxxxx4	2019/12/27 20:45	2019/12/28 7:30	86
京Y xxxxx5	2019/12/27 21:58	2019/12/28 1:32	30

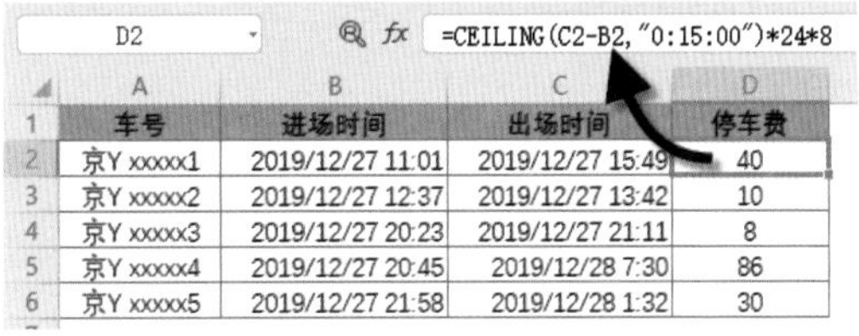

图 11-16　计算停车费

```
=CEILING(C2-B2,"0:15:00")*24*8
```

公式中的“C2-B2”用来计算停车的总时长，"0:15:00"表示15分钟，可以简写为"0:15"，通过CEILING函数将停车时长向上舍入15分钟的整数倍，得到停车的计费时长，结果为小数形式表示的天数。最后乘以24即得到停车的计费小时数。

131.2　计算员工在岗时长

图 11-17 所示，为某企业员工加班考勤的部分记录，需要根据 C 列的上班打卡时间和 D 列的下班打卡时间，计算员工的加班工作时长。

如果在 E2 单元格中使用公式 "=D2-E2" 计算时间差，由于部分员工的离岗时间为次日凌晨，仅从时间来判断，离岗时间小于到岗时间，两者相减得出负数，计算结果会出现错误。

	A	B	C	D	E
1	姓名	考勤日期	上班打卡	下班打卡	工作时长
2	周文芳	2019/12/12	16:07:00	0:00:00	7:53:00
3	夏吾冬	2019/12/12	16:07:00	23:54:00	7:47:00
4	柜美玉	2019/12/12	16:07:00	0:09:00	8:02:00
5	何娟娟	2019/12/12	16:06:00	0:18:00	8:12:00
6	丁兰英	2019/12/12	16:07:00	0:20:00	8:13:00
7	李文珍	2019/12/12	16:07:00	0:22:00	8:15:00
8	马晓东	2019/12/12	16:06:00	0:25:00	8:19:00
9	马文博	2019/12/12	16:07:00	0:25:00	8:18:00
10	董世昊	2019/12/12	16:07:00	0:21:00	8:14:00

图 11-17　计算在岗时长

通常情况下，员工在岗工作时长不会超过 24 小时。如果下班打卡时间大于上班打卡时间，说明两个时间是同一天，否则说明下班时间为次日。在 E2 单元格中输入以下公式，并向下复制填充。

```
=IF(D2>C2,D2-C2,D2+1-C2)
```

IF 函数判断 D2 单元格的下班打卡时间是否大于 C2 单元格的上班打卡时间，如果条件成立，则使用下班时间小于上班时间，否则就用下班时间加 1 后得到当次日时间，再减去上班时间。

还可以借助 MOD 函数进行求余计算。

```
=MOD(D2-C2,1)
```

MOD 函数用于计算返回两数相除的余数，结果的正负号与除数相同。利用这一特点，先使用 D2 单元格的下班时间减去 C2 单元格的上班时间后，再用 MOD 计算该结果除以 1 的余数，返回的余数就是忽略天数的时间差。

第12章 数学计算

利用Excel数学计算函数，可以在工作表中快速完成求和、取余、随机和修约等数学计算过程。本章主要讲解舍入函数、随机数函数及取余函数的运算和应用技巧。

技巧132 数值的舍入技巧

在数学运算中，经常需要对运算结果进行取舍，或保留指定数量的小数位数。在WPS表格中，与舍入相关的函数有ROUND函数、MROUND函数、ROUNDUP函数、ROUNDDOWN函数、CEILING函数、FLOOR函数、EVEN函数、ODD函数、INT函数、TRUNC函数等。了解这些函数的特性，正确理解和区分这些函数的用法差异，可以更有针对性地选择它们创建公式。

132.1 四舍五入

四舍五入是一种常见的舍入方式，在指定保留小数位数的同时，考察其保留小数的后一位数字，将这个数字与5相比，不足5则舍弃，达到或超过5则进位。

ROUND函数是进行此类四舍五入运算最常用的函数之一。如图12-1所示，如果要将A列中的数值四舍五入保留两位小数，可在B2单元格内输入以下公式。

```
=ROUND(A2,2)
```

ROUND函数第一参数是要进行舍入处理的数值，第二参数指定需要保留的小数位数。如果要保留到整数，或舍入到百位数，可以分别将第二参数修改为0或-2，结果如图12-2所示。

原数值	保留2位小数
1264.126	1264.13
1264.723	1264.72
-1264.126	-1264.13
-1264.723	-1264.72

图12-1 ROUND函数1

原数值	保留2位小数	保留到整数	保留到百位
1264.126	1264.13	1264	1300
1264.723	1264.72	1265	1300
-1264.126	-1264.13	-1264	-1300
-1264.723	-1264.72	-1265	-1300

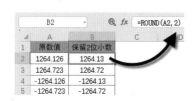

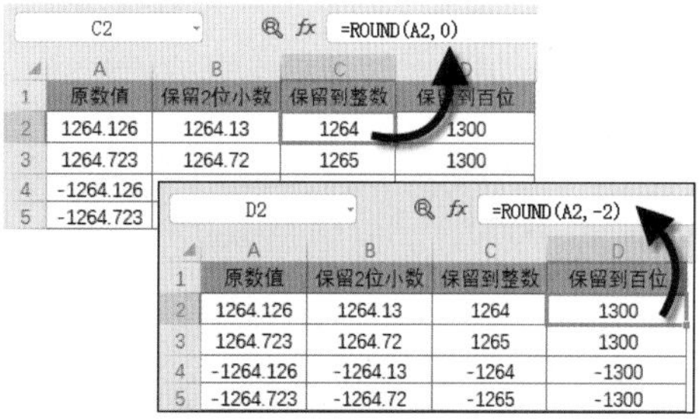

图12-2 ROUND函数2

```
=ROUND(A3,0)
=ROUND(A3,-2)
```

对负数使用ROUND函数，运算的结果与正数的情况只相差一个正负符号，也就是说，ROUND函数是以数值的绝对值来进行四舍五入，不考虑正负符号的方向性。

在实际应用中，有时需要对数据做更为灵活的舍入计算，以自定义的数字作为基数，对数据进行四舍五入，MROUND函数正是可以完成这样需求的函数。

MROUND函数的第二参数是进行四舍五入的基数。将被除数除以基数的余数与基数的一半相比较，当余数大于或等于基数的一半时，MROUND函数返回向上舍入基数的整数倍的值，否则返回向下舍入基数的整数倍的值，即余数将被舍弃。

B2 =MROUND(A2,5)

	A	B
1	原数值	保留为5的倍数
2	1262.126	1260
3	1262.723	1265
4	-1262.126	#NUM!
5	-1262.723	#NUM!

图 12-3 MROUND 函数

如图 12-3 所示，如果需要将A列数据以 5 为基数进行舍入，可以设置MROUND函数的第二参数为 5。

```
=MROUND(A2,5)
```

数值 1262.126 除以 5 的余数为 2.126，小于基数 5 的一半 2.5，MROUND函数向下舍入 5 的整数倍，即 1260；而 1262.723 除以 5 的余数为 2.723，大于基数 5 的一半 2.5，MROUND函数向上舍入 5 的整数倍，即 1265。

MROUND函数要求第一参数和第二参数的正负符号必须相同，否则返回错误值“#NUM!”，且返回值是向着绝对值的增大的方向进行四舍五入。

132.2 强制舍入

如果不管尾数的大小，按照规则直接对数字进行向上或向下的舍入，可以使用ROUNDUP函数和ROUNDDOWN函数，CEILING函数和FLOOR函数，ODD函数和EVEN函数。

- 按位舍入

ROUNDUP 函数和 ROUNDDOWN 函数可以对数字按指定位数向上或向下舍入。

如图 12-4 所示，如需直接向上进位或向下舍入来处理A列中的数值，可以分别在B2 和C2 单元格输入以下两个公式。

	A	B	C
1	原数值	向上舍入 保留1位小数	向下舍入 保留1位小数
2	1264.126	1264.2	1264.1
3	1264.751	1264.8	1264.7
4	-1264.126	-1264.2	-1264.1
5	-1264.701	-1264.8	-1264.7

图 12-4 ROUNDUP 函数和 ROUNDDOWN 函数

```
=ROUNDUP(A2,1)
=ROUNDDOWN(A2,1)
```

无论小数点后第二位开始的数值是多少，只要不是 0，这个函数都会将数值向上进位到一位小数。例如，A2 单元格中数值 1264.126，处理以后的结果为 1264.2。

ROUNDDOWND 函数则不考虑位数的大小情况，统统向下舍入。

通过比较 B 列和 C 列的运算结果，可以发现在对负数的处理方式上，这两个函数与 ROUND 函数相类似，都是不考虑正负符号的情况，只对绝对值进行向上舍入或向下的舍入处理，正数与负数的运算结果只相差一个正负符号。

💧 按基数的倍数舍入

CEILING 函数和 FLOOR 函数功能与 ROUNDUP 和 ROUNDDOWN 函数十分相似，有所区别的是，这两个函数是按照第二参数的整数倍数来处理的。

如图 12-5 所示，如果让 A 列的数值向上舍入、并保留为 5 的倍数，可以使用 CEILING 函数进行计算。如果是向下舍去并保留为 5 的倍数，则可以使用 FLOOR 函数。以下两个函数的第二参数为 5，表示保留到 5 的倍数。

	A	B 向上舍入 为5的倍数	C 向下舍去 为5的倍数
1	原数值	向上舍入为5的倍数	向下舍去为5的倍数
2	1264.126	1265	1260
3	1264.723	1265	1260
4	-1264.126	-1260	#NUM!
5	-1264.723	-1260	#NUM!

图 12-5　CEILING 函数和 FLOOR 函数

```
=CEILING(A2,5)
=FLOOR(A2,5)
```

CEILING 函数和 FLOOR 函数的返回值有以下特点。

（1）当第一参数和第二参数同为正数或同为负数时，CEILING 函数返回结果向着绝对值增大的方向舍入，FLOOR 函数的返回结果向着绝对值减小的方向舍入。

（2）CEILING 函数能处理第一参数为负数且第二参数为正数的情况，返回结果向着绝对值减小的方向舍入。如果第一参数为正数且第二参数为负数时，CEILING 函数会返回错误值 "#NUM!"。

（3）当第一参数和第二参数的正负符号不同时，FLOOR 函数会返回错误值 "#NUM!"。

132.3　截取

截取指的是在计算过程中，不进行四舍五入运算，而是按规则直接舍去指定位数后的多余数字，只保留之前的有效数字。

如图 12-6 所示，要将 A 列的数值截取到整数，可以分别在 B3 和 C3 单元格中使用 INT 函数和 TRUNC 函数处理。

	A	B	C
1	原数值	截取为整数	
2		=INT(A3)	=TRUNC(A3)
3	1264.126	1264	1264
4	1264.723	1264	1264
5	-1264.126	-1265	-1264
6	-1264.723	-1265	-1264

图 12-6　INT 函数和 TRUNC 函数

```
=INT(A3)
=TRUNC(A3)
```

INT 函数和 TRUNC 函数都可以用于截取数据，如果处理对象是正数，两者的结果完全相同。

如果是负数，两者的处理方式有所区别。INT 函数处理得到的整数，结果总是小于等于原有数值，也就是它会对整个数值进行向下的舍去处理，会考虑正负符号的方向问题，而 TRUNC 函数则总是沿着绝对值减小的方向舍入，不考虑正负符号的影响，直接截掉小数部分，正负数的处理结果只相差一个正负符号。

除此以外，TRUNC 函数还可以通过设定第二参数来指定保留的小数位数，如要截取到小数后两位，则可以使用以下公式。

```
=TRUNC(A3,2)
```

132.4　舍入与取整函数综合对比

对几组舍入函数进行对比的特点如表 12-1 所示。可以根据这些函数的不同特性，在实际应用中选择适合的函数来组织公式。

表 12-1　取舍函数对比

序号	函数名称	取数方向	位数可控	其他说明
1	ROUND	绝对值四舍五入	是	
2	MROUND	绝对值四舍五入	是	
3	ROUNDUP	绝对值增大	是	
4	DOUNDDOWN	绝对值减小	是	
5	CEILING	绝对值增大	是	两参数正负号相同时向绝对值增大方向。两参数正负号不同时向绝对值减小方向。不能处理参数 1 为正，参数 2 为负的情况
6	FLOOR	绝对值减小	是	绝对值减小。不能处理两参数正负号不同时的情况
7	INT	数值减小	否	
8	TRUNC	绝对值减小	是	

技巧 133　余数的妙用

余数指整数除法中被除数未被除尽的部分，余数的取值范围为 0 到除数之间（不包括除数）的数。在 WPS 表格中可以使用 MOD 函数来处理余数的计算。

133.1　判断数字奇偶性

对某个数值的奇偶性判断比较简单的办法就是让其除以 2，然后根据余数来判断，余数为 0 时为偶数，否则为奇数。例如，以下公式可以判断 A1 单元格中数值的奇偶性。

```
=IF(MOD(A1,2)<>0," 奇数 "," 偶数 ")
```

利用数值与逻辑值得互换关系，可以简化为如下公式。

```
=IF(MOD(A1,2)," 奇数 "," 偶数 ")
```

WPS 表格中，数值的精度为 15 位有效数字。在 15 位有效数字精度内，MOD 函数能够返回正确的结果，而且 MOD 函数能够自动识别文本型数字。由于文本型数字并不受限于 15 位有效数字，当文本型被除数达到 16 位甚至更多位数时，MOD 函数仍然会返回结果，但返回值是错误的。为避免 MOD 函数错误的返回值，导致公式计算错误，当判断某个非常大的数字的奇偶性时，可以用 RIGHT 函数提取数值的最末一位数字来判断，因为数值的奇偶性实际上只跟它的末尾数字有关。则上述公式可以修改如下。

```
=IF(MOD(RIGHT(A1),2)," 奇数 "," 偶数 ")
```

除了 MOD 函数，还有 ISODD 函数和 ISEVEN 函数，能够直接判断数值是否是奇数和偶数。上面的例子也可以写成如下公式。

```
=IF(ISEVEN(RIGHT(A1))," 偶数 "," 奇数 ")
=IF(ISODD(RIGHT(A1))," 奇数 "," 偶数 ")
```

同样的，ISODD 函数和 ISEVEN 函数都能够自动识别文本型数字，当文本型数字达到 16 位甚至更多位数时，虽然会返回结果，但返回值是错误的。因此，当使用 ISODD 函数和 ISEVEN 函数判断超过 15 位的文本型数字的奇偶性时，需要 RIGHT 函数取最末一位数字来判断。

133.2 提取小数部分

从一个正数中提取小数部分，通常是用这个数减去它的整数部分。可以用除以 1 然后取其余数的方法来获取。

例如，下面公式的运算结果为 0.7541。

```
=MOD(386.7541,1)
```

利用这个原理，也可以将某个包含日期的时间当中的时间部分单独提取出来，因为从数值的角度看，时间就相当于日期数值中的小数部分。

假定 A1 单元格中包含了一个日期时间"2019-7-4 16：51：17"。使用 MOD 函数可以很方便地提取其中的时间值，排除掉日期信息，C1 单元格输入以下公式。

```
=MOD(A1,1)
```

MOD 函数的除数也可以是小数，或 WPS 表格认可的数值，如果是引用的工作表中的单元格，单元格的显示格式并不影响它的数值本质。

如果要忽略小时数，只取得分钟的时间，则 C2 单元格公式如下。

```
=MOD(A1,"1:00:00")
```

结果为"0：51：17"。"1：00：00"也可以用计算式1/24代替。公式所在单元格需要设置为时间格式，才能正确显示结果。

技巧 134 按四舍六入五成双的规则进行舍入

四舍五入虽然是常见的数字舍入方式，但是在一些更严格的情况下需要采用四舍六入五成双的数字修约方式。国家标准文件GB/T 8170—2008《数值修约规则与极限数值的表示和判定》中的进舍规则如下。

需保留的位数后面一位数字如果小于5，则舍去。

需保留的位数后面一位数字如果大于5，则向前进位。

需保留的位数后面一位数字等于5时，如果其后跟有不为"0"的任意数，则向前进位，即保留数字的末位数字加1。如果其后没有数字或是皆为0时分两种情况：所保留的末位数字为奇数时则进1，即保留的末位数字加1；若所保留的末位数字为偶数时，则舍去。

负数修约时，先将它的绝对值按以上规则进行修约，然后在所得值前面加上负号。

从统计学的角度，"四舍六入五成双"比"四舍五入"更加科学，在大量运算时，它使舍入后的结果误差的均值趋于零，而不是像四舍五入那样逢五即入，导致结果偏向大数，使得误差产生积累进而产生系统误差。

如图12-7所示，需要对A列的数值按四舍六入五成双的规则，根据D2单元格中指定的位数进行修约。在B2单元格输入以下公式，向下复制填充公式即可。

	A	B	C	D
1	数值	四舍六入五成双		指定位数
2	2.445	2.44		2
3	2.455	2.46		
4	12.145	12.14		
5	2.446	2.45		
6	8.745	8.74		

图 12-7　四舍六入五成双

```
=IF(ROUND(MOD(ABS(A2*POWER(10,D$2)),2),5)=0.5,ROUNDDOWN(A2,D$2),ROUND(A2,D$2))
```

四舍六入五成双公式的模式化写法为：

```
=IF(ROUND(MOD(ABS(X*POWER(10,Y)),2),5)=0.5,ROUNDDOWN(X,Y),ROUND(X,Y))
```

公式中的X是待修约的数值，Y是指定的修约位数。Y为1时表示进位到0.1，Y为-1时表示进位到10位，Y为0时表示进位到整数位。

POWER(10,Y)部分，先进行10的Y次方乘幂运算，再使用ABS函数返回乘幂运算结果的绝对值。接下来用MOD函数返回上述绝对值与2相除的余数，如果余数是0.5，说明被修约数值的尾数等于五，且其前面的数是偶数，则返回ROUNDDOWN(X,Y)的计算结果，也就是将待修约数值X按Y保留位数向下舍入。如果余数不是0.5，则返回ROUND(X,Y)的结果，也就是将待修约数值X按Y保留位数进行四舍五入。

由于MOD函数在部分情况下会出现浮点误差。因此需要使用ROUND函数对MOD函数的结果进行修约。

技巧 135 随机数的生成

在一些抽签、编号、排考场座位等需要展现公平性的应用场合，经常会使用随机数，也就是由系统自动生成随机变化、预先不可获知的数值。

WPS表格中有两个函数可以产生随机数，分别是RAND函数和RANDBETWEEN函数。

135.1 生成随机整数

RAND函数没有参数，返回值为大于等于0且小于1的随机小数，当打开文件、单元格内容发生变化、按下<F9>键或是按<Shift+F9>组合键时，函数会重新计算并返回一个新的随机小数。

RANDBETWEEN函数有两个参数，第一参数为随机整数的下限，第二参数为随机整数的上限，返回值为两个指定参数之间的随机整数，可以取到上限值和下限值。如果随机数上限小于随机数下限，则函数返回错误值"#NUM！"，如果参数不是数值，则会返回错误值"#VALUE!"。

例如，要生成15到25之间的随机整数，可以使用RANDBETWEEN函数直接获取。

```
=RANDBETWEEN(15,25)
```

这个公式输入完成以后，就会立即得到一个15~25范围之内的随机整数，如果按<F9>键更新表格运算，还能继续产生不同的随机数。

用RAND函数能够实现同样的效果。

```
=ROUND(RAND()*10,0)+15
```

假设随机整数区间为A至B，则使用RAND函数生成区间内随机整数的通用公式如下。

```
=ROUND(RAND()*(B-A),0)+A
```

如果同一个公式中存在多个随机函数，或者在同一工作表中的不同单元格中使用了多个随机函数，每个随机函数都是各自独立的，会产生各自的随机结果，而不会相互影响。

RAND函数和RANDBETWEEN函数的结果会在表格的某些操作中发生变化，如果希望固定某次随机的结果保持不变，可以采用复制公式结果，然后选择性粘贴为数值的方法将其保存下来。

135.2 生成一组总和固定的随机数

在某些实际应用中，有时候需要根据指定的总和来产生一组随机数。如图 12-8 所示，需要产生 6 个带两位小数的随机数，要求它们的和为 100。

图 12-8 生成一组和值固定的随机数

以第 2 行为随机数辅助列，用 RAND 函数在 A2~F2 单元格内产生 6 个随机小数，然后在 A4 单元格输入以下公式，向右复制到 F4 单元格。

`=ROUND(A2/SUM($A$2:$F$2)*$H$2,2)`

首先，使用 A2/SUM($A$2:$F$2) 来计算各随机数字在所有随机数字中的占比，再乘以总 H2 单元格中的总和 100，即可换算出需要的随机值，最后通过 ROUND 函数将随机数舍入为两位小数。

为避免公式舍入过程中出现误差，最后将 F4 单元格的公式修改如下。

`=H2-SUM(A4:E4)`

135.3 生成一组不重复随机数

在实际应用中，常常需要生成一组不重复的随机数，这些随机数的个数和数值区间相对固定，但各数值的出现顺序是随机而定的。

以生成 1~15 之间不重复的 15 个随机数为例，可以借助辅助列来完成。

在 A2 单元格中输入公式，向下复制到 A16 单元格，生成 15 个随机小数。

`=RAND()`

在 B2 单元格内输入以下公式，向下复制到 B16 单元格，结果如图 12-9 所示。

`=RANK(A2,$A$2:$A$16)`

先在 A 列通过 RAND 函数生成 15 个随机小数，RAND 函数产生的随机数几乎不会出现相同数值。然后用 RANK 函数对这些随机数进行排名，最后的排名数字就是需要获得的随机整数。按 <F9> 键重新计算工作表，会产生一组新的随机小数，B 列的随机整数也会相应变动。

	A	B
1	随机数 1	不重复随机数
2	0.685510824	4
3	0.025963819	14
4	0.709830237	3
5	0.127488743	13
6	0.967973779	1
7	0.190987471	11
8	0.59547343	6
9	0.025240459	15
10	0.263427264	9
11	0.139744497	12
12	0.935934156	2
13	0.291624892	8
14	0.645958103	5
15	0.246575254	10
16	0.478003612	7

图 12-9 生成一组不重复的随机数

技巧 136 利用 MOD 函数根据身份证号码判断性别

居民身份证号码是由数字地址码、出生日期、顺序码和一位校验码组成的。身份证号码的第 17 位是性别识别码，性别识别码为奇数表示男性，偶数表示女性。

要通过身份证号码判断性别，可以先提取性别识别码，根据性别识别码的奇偶性判断性别。判断数字的奇偶性可以通过MOD 函数计算与 2 相除的余数，余数为 1 则为奇数，余数为 0 则为偶数。

如图 12-10 所示，需要根据B 列的身份证号，判断对应的性别。

```
=IF(MOD(MID(B2,17,1),2),"男","女")
```

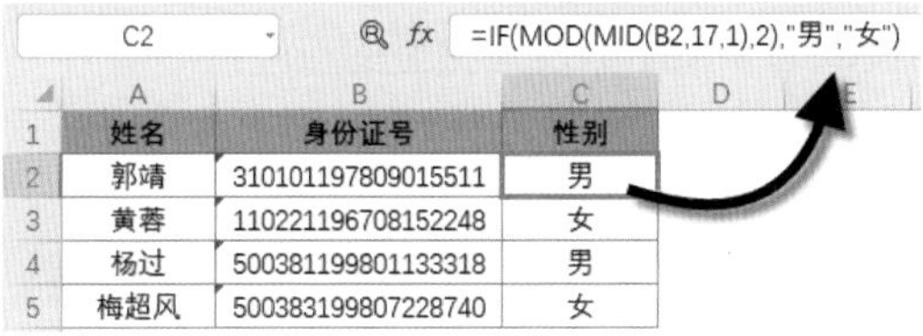

图 12-10 判断性别

首先使用MID 函数，从B2 单元格的第 17 位开始提取出 1 个字符。然后使用MOD 函数计算该字符与 2 相除的余数，得到结果为 1 或 0。

然后使用IF 函数进行判断，如果MOD 函数的结果为 1，则返回“男”，否则返回“女”。

注意

本例中，MID 函数得到的是文本型数字，由于MOD 函数能够对参数中的文本型数字进行自动识别，因此无须将其转换为数值。

查找与引用函数

在数据分析处理过程中，使用查找与引用类函数，可以实现在报表和指定单元格区域的数据源之间进行数据查找并返回特定内容的功能。WPS表格中提供了丰富的查找与引用函数，主要包括VLOOKUP函数、MATCH函数、INDEX函数、LOOKUP函数、OFFSET函数、INDIRECT函数、CHOOSE函数等。通过这些函数可以构建自动化的数据模型，解决信息检索、匹配查询、清单核对、多表关联等现实问题。

本章重点介绍常用的查询与引用函数及其典型的应用技巧。

技巧 137 使用 VLOOKUP 函数查询数据

演示视频

VLOOKUP 函数是使用频率非常高的查询与引用类函数之一，可以根据指定的查找值，在一个单元格区域或数组的首列中查找到该查找值，并返回与之对应的当前行中指定列的数据。函数语法如下。

VLOOKUP(lookup_value,table_array,col_index_num,range_lookup)

即：

VLOOKUP(查找内容 , 查找的区域 , 返回查找区域第几列的内容 , 匹配方式)

第一参数lookup_value是需要在单元格区域或数组中的首列中查找的数据。

第二参数table_array是需要查询的单元格区域或数组，需要查找的数据应位于第二参数的首列。

第三参数col_index_num用于指定返回查询区域中第几列的值，该参数如果超出待查询区域的总列数，VLOOKUP 函数将返回错误值"#REF!"。如果该参数小于 1 或是负数，VLOOKUP 函数将返回错误值"#VALUE!"。

第四参数range_lookup用于指定函数的匹配模式。如果为 0 或FALSE，或是只保留第四参数前的半角逗号，则为精确匹配模式。VLOOKUP 函数在精确匹配方式下支持无序查找。如果参数为非 0 的任意数值或TRUE或是省略第四参数前的半角逗号，则使用近似匹配模式。在近似匹配模式下，要求查询区域的首列按升序排序，如果查找不到具体的查找值，会以小于被查找值的最大值进行匹配。

137.1 基本用法

如图 13-1 所示，A:D列为公司联系人信息表，公司名称在第二列，要求根据F列的公司名称在G列返回对应联系人的姓名。

	A	B	C	D	E	F	G
1	公司代码	公司名称	联系人	电话		公司名称	联系人
2	3862	天源地产	张式荣	137****3970		联信投资	李锦培
3	5554	洞庭机械	夏翠英	137****0325		茂源置业	张黎明
4	3671	信业投资	李耀杰	135****3747		长江置业	李新民
5	8206	长江置业	李新民	135****5289			
6	2713	地鑫股份	冯玉萍	133****9253			
7	3506	茂源置业	张黎明	136****2226			
8	9500	联信投资	李锦培	132****4834			
9	4576	联易风投	苏学光	139****9926			
10	2646	合家地产	杨春林	137****1911			
11	6112	联信投资	杨亚存	136****3300			

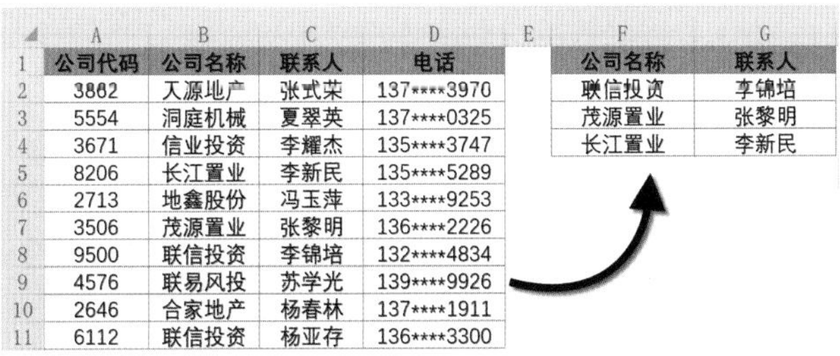

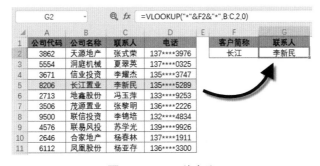

图 13-1 VLOOKUP 函数基本用法

在G2 单元格中输入以下公式，将公式向下复制填充到G4 单元格。

```
=VLOOKUP(F2,B:D,2,FALSE)
```

VLOOKUP函数根据F列单元格中的公司名称，在查找区域B:D的首列找到该公司名称，根据第三参数指定的数值 2，返回查找区域中第二列的内容，最终得到联系人的查找结果。

注意

VLOOKUP 函数的第三参数表示返回查询区域中的第几列，而不是工作表的第几列。如果查询区域中有多个符合条件的记录，VLOOKUP 函数默认返回首个匹配的结果。

137.2 通配符查找

VLOOKUP函数在精确匹配模式下，支持使用通配符查找，并且不区分大小写。如图 13-2 所示，要求根据F列的公司简称，在A:D列的客户信息表区域中查找对应的联系人姓名。

	A	B	C	D	E	F	G
1	公司代码	公司名称	联系人	电话		客户简称	联系人
2	3862	天源地产	张式荣	137****3976		长江	李新民
3	5554	洞庭机械	夏翠英	137****0325			
4	3671	信业投资	李耀杰	135****3747			
5	8206	长江置业	李新民	135****5289			
6	2713	地鑫股份	冯玉萍	133****9253			
7	3506	茂源置业	张黎明	136****2226			
8	9500	联信投资	李锦培	132****4834			
9	4576	联易风投	苏学光	139****9926			
10	2646	合家地产	杨春林	137****1911			
11	6112	凤凰股份	杨亚存	136****3300			

图 13-2 通配符查找

在G2 单元格中输入以下公式。

```
=VLOOKUP("*"&F2&"*",B:C,2,0)
```

星号“*”和半角问号“?”都是通配符的一种，在WPS表格中，星号表示任意多个字符，半角问号表示任意一个字符。

公式中的“"*"&F2&"*"”部分，使用连接符号将星号与F2单元格的查询值进行连接，返回结果“*长江*”，表示要查询的B列的值中包含关键字“长江”，并且前后均为任意长度的字符串。

如果VLOOKUP函数的第一参数本身包含“*”、“?”或“~”，需要在该字符前加上转义符“~”，函数会将其识别为字符本身，而不是通配符。

注意

由于VLOOKUP函数要求查询值必须位于查询区域的首列，因此选择查询区域时需要特别注意，否则公式将返回错误值。

137.3 近似匹配查询

图13-3所示，是某地区加油站业绩表的部分内容。其中A:C列单元格区域是部分加油站全年销售量，F:G列是销售量的考核标准对照表，要求根据年销售量查询出对应的销售等级。

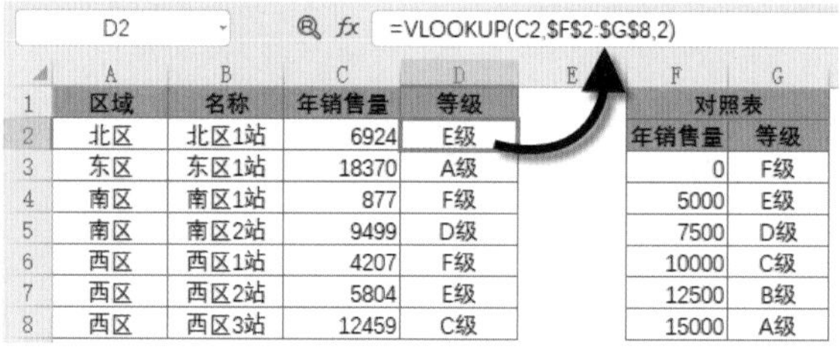

D2 =VLOOKUP(C2,$F$2:$G$8,2)

	A	B	C	D	E	F	G
1	区域	名称	年销售量	等级		对照表	
2	北区	北区1站	6924	E级		年销售量	等级
3	东区	东区1站	18370	A级		0	F级
4	南区	南区1站	877	F级		5000	E级
5	南区	南区2站	9499	D级		7500	D级
6	西区	西区1站	4207	F级		10000	C级
7	西区	西区2站	5804	E级		12500	B级
8	西区	西区3站	12459	C级		15000	A级

图 13-3 近似匹配查询

在D2单元格中输入以下公式，向下复制填充。

```
=VLOOKUP(C2,$F$2:$G$8,2)
```

VLOOKUP函数省略第四参数，表示使用近似匹配模式，如果找不到精确匹配值，则以小于查询值的最大值进行匹配。

C2单元格的年销售量6924在对照表中未列出，因此VLOOKUP函数在F列中查找小于等于6924的最大值5000进行匹配，并返回G列对应的等级“E级”。

注意

使用近似匹配时，查询区域的首列必须按照升序排序，否则无法得到正确的结果。在使用数字类的内容进行查询时，需要确保查找值与查询区域首列的数字格式相同，否则也有可能返回错误值。

137.4 常见问题

使用VLOOKUP函数查找完毕后，还要进行必要的错误检查，保证查找结果匹配正确。

如果VLOOKUP使用过程中返回了错误值，需要对错误值产生的原因进行具体分析，不建议直接使用IFERROR函数或条件格式等直接屏蔽错误值，应该在确认数据源正确无误、VLOOKUP函数及参数书写正确后，再根据实际情况屏蔽函数返回的错误值。

以下列举了一些VLOOKUP函数使用过程中的常见情况及处理办法。

💧 查找区域确实不存在查找值

使用VLOOKUP函数的精确匹配时，绝大部分情况下查找区域是包含需要查找的值。但有时在查找区域首列不存在被查找值，VLOOKUP函数就会返回错误值"#N/A"。

💧 第一参数与引用区域格式不统一

问题常见于查找值为数字内容，数字有数值型和文本型两种存储状态，当查找的数字与第二参数中的第一列的数据不是相同类型的数字，VLOOKUP函数也会返回错误值"#N/A"。

格式不统一的处理方法，可以通过分列、选择性粘贴等方式将第二参数引用区域的首列数字转换为与第一参数一致的格式。或者将第一参数强制转换格式，如使用D5&""，将D5单元格的数字转换为文本型，或使用1*D5，将D5单元格的数字转换为数值型。

💧 第一参数含有空格或非打印字符

如果被查找值的前后有多余的空格、非打印字符，在不带空格及非打印字符的查找区域中查找肯定是找不到的。出现这种情况大多是因为这些字符无法直接看出来，需要通过一定方法才能辨别，如使用LEN函数计算字符长度来判断等。

可以手工方式通过替换功能或分列功能清理掉空格或非打印字符，也可以在公式中套用TRIM函数和CLEAN函数清除，如公式=VLOOKUP(CLEAN(TRIM(A9)),A:D,2,0)。

💧 第一参数含有特殊作用的字符

有时查找结果出现错误，公式写法也没有问题，需要检查第一参数中是否含有"*""?""~"等通配符相关的字符，由于通配符具有特殊的作用，要想查到正确的结果，需要在其前面加上转义符"~"。可以将"*""?"分别替换为"~*""~?"，将"~"替换成"~~"，公式可修改为如下形式：

```
=VLOOKUP(SUBSTITUTE(H2,"~","~~"),B:E,4,0)
```

💧 第二参数引用范围未使用绝对引用

问题常见于写好公式后，拖动公式进行复制，或将公式复制粘贴到其他位置，由于第二参数引用区域是相对引用，填充或复制粘贴过程中引用区域发生了变化，导致查找结果出现错误。

解决方法通常是将VLOOKUP函数的第二参数查找引用区域采用绝对引用方式，防止公式填充或复制粘贴时发生变化。

💧 第二参数引用区域出错

VLOOKUP函数要求在第二参数查找引用区域的首列查找数据，如果查找的数据并不在首列，则会返回错误值"#N/A"。

解决方法是调整第二参数查找引用区域，将查找的数据调整到引用区域的首列。

💧 第二参数首列数据不唯一

当 VLOOKUP 函数查找到第一个匹配的数据时，即返回对应列的数据，不再继续查找。如果查找引用区域中有多个匹配的数据，公式返回的总是第一个匹配的数据，就会造成第一个数据之外的匹配数据"丢失"的假象。

解决方法通常是修改查找引用区域的首列，使其成为不含有重复值的数据，或者使用工号、科目代码等具有唯一性的第一参数作为查询值。

💧 第三参数返回列数错误

当第三参数大于第二参数查找区域的总列数，或小于 1 时，VLOOKUP 函数会返回错误值。解决方法是根据实际情况修改第三参数。

💧 第四参数丢失

VLOOKUP 函数的第四参数有两种选择，FALSE 或 0 表示精确匹配，TRUE 或非 0 数值表示近似匹配。通常情况下第四参数可以省略，但是逗号不能省略。如果逗号被省略了，则 VLOOKUP 函数默认以近似匹配模式进行查找。

解决方法是补上参数分隔符逗号或是将参数写完整。

> 💬 **注意**
>
> 部分函数的参数使用文本型数字时不会对计算造成影响，如 INDEX 函数、CHOOSE 函数、OFFSET 函数、SMALL 函数、LARGE 函数、MOD 函数、TEXT 函数、MID 函数、RIGHT 函数、LEFT 函数，以及本例中 VLOOKUP 函数的第三参数等，均可以使用文本型数字。

技巧 138 数据查询，LOOKUP 函数也很牛

实际应用中，WPS 表格对于在数据表中查询数据的需求有多种解决方式，如常用的 VLOOKUP 函数、HLOOKUP 函数、INDEX+MATCH 函数组合方式、LOOKUP 函数方式等。

LOOKUP 函数查询的自由度更大，在多条件查找数据时，操作更加方便。

LOOKUP 函数主要用于在查找范围中查询指定的值，并返回另一个范围中对应的位置的值。数据查询过程中忽略逻辑值和错误值。LOOKUP 函数有向量和数组两种语法形式，基本语法如下。

```
LOOKUP(lookup_value,lookup_vector,result_vector)
LOOKUP(lookup_value,array)
```

第一参数 lookup_value 是要查找的值，可以使用单元格引用和数组。

第二参数 lookup_vector 为查找范围。

第三参数 result_vector 为可选参数，为返回结果的范围，支持单元格引用和数组，但范围

大小必须与第二参数相同。当省略第三参数时，LOOKUP 函数将返回第二参数中匹配的内容。

如果需要在查找范围中查找一个明确的值，查找范围必须按升序排序；当需要查找一个不确定的值时，如查找一列或一行的最后一个值，查找范围并不需要严格的升序排列。

向量形式的语法，是在由单行或单列构成的第二参数中查找第一参数，并返回第三参数中的对应位置的值。

如果LOOKUP 函数找不到查询值，则会以查询区域中小于查询值的最大值进行匹配。如果查询值小于查询区域中的最小值，则会返回错误值“#N/A”。

138.1 使用 LOOKUP 函数查询数据

如图 13-4 所示，需要根据C列的应纳税额，从“经营所得适用个人所得税税率表”工作表中查询出对应的“说明”“税率”和“速算扣除数”信息。

	A	B	C	D
1	起始金额	说明	税率	速算扣除数
2	0	不超过3万元的	5%	0
3	30000.01	超过3万至9万部分	10%	1500
4	90000.01	超过9万至30万部分	20%	10500
5	300000.01	超过30万至50万部分	30%	40500
6	500000.01	超过50万部分	35%	65500
7				

Sheet1 | 经营所得适用个人所得税税率表

	A	B	C	D	E	F
1	纳税人识别号	国标行业名称	应纳税额	说明	税率	速算扣除数
2	3724211964****573401	其他食品零售	29000			
3	3714811995****846401	其他一般旅馆	80000			
4	3714211979****013XN2	正餐服务	40000			
5	3714221991****702401	食用菌种植	130000			
6	3714241982****152301	其他居民服务业	70000			
7	3724211977****0050N2	日用电器修理	34000			
8	3724011976****731801	正餐服务	710000			
9	3714211984****711X01	其他建筑安装	1590000			
10						

Sheet1 | 经营所得适用个人所得税税率表

图 13-4 查询税率和速算扣除数

在“Sheet 1”工作表D2 单元格输入以下公式，将公式复制填充到D2:F9 单元格区域。

```
=LOOKUP($C2, 经营所得适用个人所得税税率表!$A$2:$A$6, 经营所得适用个人所得税税率表!B$2:B$6)
```

“经营所得适用个人所得税税率表”工作表A2:A6 单元格区域的数值表示每个区间的起始金额，为升序排序。LOOKUP以C2 单元格的应纳税额为查询值，在该区域中进行查找，由于找不到具体的金额 29000。因此以查询区域中小于查询值的最大值，也就是 0 进行匹配，并返回“经营所得适用个人所得税税率表工作表”B$2:B$6 单元格区域对应的内容。

本例中，查询值 $C2 使用列方向的绝对引用，当公式向右复制时，同一行中的公式均使用 $C2 作为查询值。

"经营所得适用个人所得税税率表!$A$2:$A$6"部分使用绝对引用，当公式向右或是向下复制时，查询区域保持不变。

"经营所得适用个人所得税税率表!B$2:B$6"部分使用行方向的绝对引用，当公式向下复制时，同一列中的公式均使用此区域作为最终返回结果的区域；当公式向右复制时，引用区域的列号发生变化，使公式返回不同列中的查询内容。

138.2 LOOKUP 函数的模式化用法

如图 13-5 所示，A 列包括数值、文本、逻辑值、错误值等不同类型的数据，使用一些模式化的方法，能够返回不同类型的查询结果。

💧 返回 A 列最后一个文本

```
=LOOKUP("々",A:A)
```

	A	B	C	D	E
1	数据		要求	结果	公式
2	11		返回A列最后一个文本	ExcelHome	=LOOKUP("々",A2:A8)
3	WPS表格		返回A列最后一个数值	11	=LOOKUP(9E+307,A2:A8)
4	#N/A		返回A列最后一个非空数据	TRUE	=LOOKUP(1,0/(A2:A8<>""),A2:A8)
5	9				
6	ExcelHome				
7					
8	TRUE				

图 13-5　LOOKUP 模式化用法

"々"通常被看作一个计算机字符集编码很大的文本字符，用"々"作为查询值，可以返回一行或一列中的最后一个文本值。输入方法为<Alt+41385>组合键，其中数字 41385 需要用小键盘输入。汉字"做"也是一个比较大的文本，一般情况下也可以使用"做"替代"々"作为 LOOKUP 函数查找文本时的第一参数。

💧 返回最后一个数值

```
=LOOKUP(9E+307,A:A)
```

9E+307 是 WPS 表格中的科学计数法，即 $9*10^{307}$，被认为是接近 WPS 表格允许输入的最大数值。用 9E+307 作为查询值，可以返回一行或一列中的最后一个数值。

💧 返回最后一个非空数据

```
=LOOKUP(1,0/(A2:A8<>""),A2:A8)
```

公式中的"0/(A2:A8<>"")"部分，先使用(A2:A8<>"")判断 A2:A8 单元格区域中的每个元素是否不等于空，得到一个内存数组。

```
{TRUE;TRUE;#N/A;TRUE;TRUE;FALSE;TRUE}
```

然后使用 0 除以这个内存数组，得到一个由 0 和错误值构成的新内存数组。

`{0;0;#N/A;0;0;#DIV/0!;0}`

内存数组中的 0，对应不为空的单元格。

接下来使用数值 1 作为查找值，在该内存数组中进行查询，由于内存数组中不包含 1，因此以小于 1 的最大值，也就是 0 进行匹配。

根据 LOOKUP 函数的匹配规则，在查找一个具体的值时要求第二参数进行升序排序，实际操作时即便没有进行升序处理，LOOKUP 函数也会认为较大的数值总是排在最后。因此函数以最后一个 0 进行匹配，并返回第三参数中对应位置的内容。

> 注意
>
> 如果查询区域中有多个符合条件的记录，LOOKUP 函数将返回最后一条符合条件的记录。

138.3 逆向查询

LOOKUP 函数进行精确查找时的典型用法可以归纳为如下模式。

`=LOOKUP(1,0/( 条件区域 = 指定条件 ), 要返回结果的区域 )`

如图 13-6 所示，A：C 列是某单位的客户联系人姓名及电话对照表，需要根据 E 列的联系人姓名查询对应的公司名称。

在 F2 单元格中输入以下公式，即可查询联系人对应的公司名称。

`=LOOKUP(1,0/(B2:B11=E2),A2:A11)`

图 13-6　LOOKUP 函数逆向查询

公式中的"B2：B11=E2"部分，将对照表中的联系人姓名与 E2 单元格中的联系人姓名分别进行对比，返回一个由逻辑值 TRUE 或 FALSE 构成的内存数组。

`{FALSE;FALSE;TRUE;FALSE;…;FALSE;FALSE}`

再用 0 除以这个内存数组结果，在四则运算中，TRUE 的作用相当于 1，FALSE 的作用相当于 0，相除后得到由 0 和错误值“#DIV/0!”组成的新内存数组。

```
{#DIV/0!;#DIV/0!;0;#DIV/0!;…;#DIV/0!;#DIV/0!}
```

LOOKUP 函数用 1 作为查找值，在该内存数组中忽略错误值，以最后一个 0 进行匹配，并返回第三参数 A2:A11 单元格区域中对应位置的值。

138.4 多条件查询

LOOKUP 函数的第二参数可以在典型用法的基础上进行扩展，用多个条件依次判断后相乘，用这种方法能完成多条件的数据查询。常用的模式化写法如下。

```
=LOOKUP(1,0/((条件区域1=条件1)*(条件区域2=条件2)*…*(条件区域n=条件n)),要返回内容的区域)
```

如图 13-7 所示，A:C 列是某单位的客户联系人及电话对照表，需要根据 E 列和 F 列的公司名称和联系人，来查询对应的联系电话。

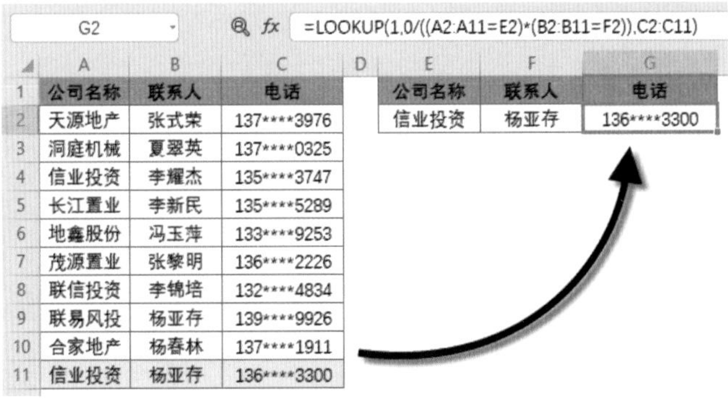
G2 fx =LOOKUP(1,0/((A2:A11=E2)*(B2:B11=F2)),C2:C11)

	A	B	C	D	E	F	G
1	公司名称	联系人	电话		公司名称	联系人	电话
2	天源地产	张式荣	137****3976		信业投资	杨亚存	136****3300
3	洞庭机械	夏翠英	137****0325				
4	信业投资	李耀杰	135****3747				
5	长江置业	李新民	135****5289				
6	地鑫股份	冯玉萍	133****9253				
7	茂源置业	张黎明	136****2226				
8	联信投资	李锦培	132****4834				
9	联易风投	杨亚存	139****9926				
10	合家地产	杨春林	137****1911				
11	信业投资	杨亚存	136****3300				

图 13-7 LOOKUP 函数多条件查询

在 G2 单元格中输入以下公式，即可查询指定公司名称和联系人对应的公司名称。

```
=LOOKUP(1,0/((A2:A11=E2)*(B2:B11=F2)),C2:C11)
```

LOOKUP 函数的第二参数用两组等式分别来比较 A 列中的公司名称与 E2 单元格的公司名称是否相同，B 列中的联系人与 F3 单元格的联系人是否相同。得到两组由逻辑值构成的内存数组。

```
{FALSE;FALSE;TRUE;FALSE;FALSE;FALSE;FALSE;FALSE;FALSE;TRUE}
{FALSE;FALSE;FALSE;FALSE;FALSE;FALSE;FALSE;TRUE;FALSE;TRUE}
```

然后将两个内存数组中的元素对应相乘，当两个条件同时满足时，对比后的逻辑值相乘返回数值 1，否则返回 0，相乘后得到一个新的内存数组。

```
{0;0;0;0;0;0;0;0;0;1}
```

接下来再用 0 除以该数组，返回值由 0 和错误值#VALUE!组成的新内存数组。

```
{#DIV/0!;#DIV/0!;#DIV/0!;#DIV/0!;…;#DIV/0!;0}
```

最后，LOOKUP 函数用 1 作为查找值，在该内存数组中进行查找，并以最后一个 0 进行匹配，最终返回第三参数C2:C11 单元格区域中对应位置的值。

138.5　有合并单元格的数据提取

图 13-8 所示，是某公司销售表的部分内容，A:B列是销售产品及单价表，D:F列是统计表，其中D列的销售产品字段中有多个合并单元格。需要根据D列、E列指定的产品和数量，汇总对应的产品销售总额。

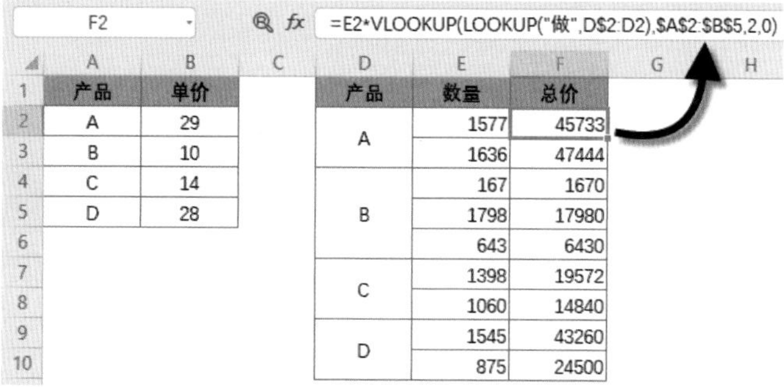

	A	B	C	D	E	F
1	产品	单价		产品	数量	总价
2	A	29		A	1577	45733
3	B	10			1636	47444
4	C	14		B	167	1670
5	D	28			1798	17980
6					643	6430
7				C	1398	19572
8					1060	14840
9				D	1545	43260
10					875	24500

图 13-8　合并单元格的数据提取

在F2 单元格中输入以下公式，向下复制。

```
=E2*VLOOKUP(LOOKUP("做",D$2:D2),$A$2:$B$5,2,0)
```

由于D列的产品名称字段中有多个合并单元格，因此需要进行特殊的处理技巧。通常在合并单元格中，只有左上角的单元格有数据，其他都是空单元格。本例中有数据的为D2、D4、D7、D9 共 4 个单元格。

“LOOKUP("做",D$2:D2)”部分，返回D列从第 2 行开始到公式所在行这个范围中的最后一个文本，以此作为VLOOKUP 函数的查找值。VLOOKUP 函数在产品单价表中查找相应产品，并返回查询区域中第二列对应的单价，再以此单价乘以E列的数量，得到对应的总价。

注意

合并单元格不仅影响表格的筛选、排序等基础功能，而且在使用公式进行统计处理时，会增加公式难度。因此在日常工作中，应尽量减少合并单元格的使用。

138.6　提取数字

图 13-9 所示，是某公司原材料使用情况统计表的部分内容，由于表格中数据记录填写

不规范，数量和单位写在了同一单元格内，需要在B列将其中的数量提取出来。

在B2单元格输入以下公式，并向下复制。

```
=-LOOKUP(0,-LEFT(A2,ROW($1:$9)))
```

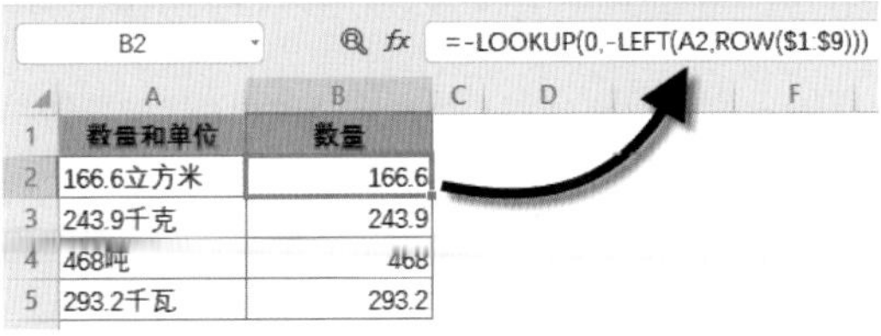

公式中的"ROW($1:$9)"部分，返回1~9的数字序列，作为LEFT函数的第二参数。

图 13-9　提取数字

"-LEFT(A2,ROW($1:$9))"部分，用LEFT函数从A2单元格左起第一个字符开始，依次取得长度为1~9的字符串。添加负号后，将文本型数字转换为负数数值，而含有文本字符的字符串则变成错误值#VALUE!。

LOOKUP函数使用0作为查询值，在由负数、0和错误值构成的数组中，返回最后一个小于或等于0的数值。由于提取出的数字是按位数升序排序的，这种情况下最后一个数值就是A列中实际数字的负数形式。最后再使用负号，将提取出的负数转为正数。

技巧 139　用 INDEX 函数和 MATCH 函数，数据查询更方便

139.1　MATCH 函数

MATCH函数用于根据指定的查找值，在单行或单列的单元格区域或数组中返回查找值所处的相对位置信息。函数语法如下。

```
MATCH(lookup_value,lookup_array,match_type)
```

即：

```
MATCH( 查找值 , 查找的区域 , 匹配的类型 )
```

第一参数lookup_value为指定的查找对象。

第二参数lookup_array为可能包含查找对象的单元格区域或数组。这个单元格区域或数组只可以是一行或一列，如果是多行多列，MATCH函数会返回错误值"#N/A"。

第三参数match_type为查找的匹配模式。选择0、1或-1时，分别表示精确匹配、近似匹配升序查找、近似匹配降序查找模式。第三参数也可以省略参数值，只保留逗号占位，此时MATCH函数默认使用精确匹配模式。

如图13-10所示，A:C列是某单位客户信息表的部分内容，需要根据E3中的联系人姓名，查找该联系人在客户信息表中位于第几行。

F3 =MATCH(E3,B3:B12,0)

	A	B	C	D	E	F
1						
2	公司名称	联系人	电话		联系人	所在位置
3	天源地产	张式荣	137****3976		李耀杰	3
4	洞庭机械	夏翠英	137****0325			
5	信业投资	李耀杰	135****3747			
6	长江置业	李新民	135****5289			
7	地鑫股份	冯玉萍	133****9253			
8	茂源置业	张黎明	136****2226			
9	联信投资	李锦培	132****4834			
10	联易风投	苏学光	139****9926			
11	合家地产	杨春林	137****1911			
12	联信投资	杨亚存	136****3300			

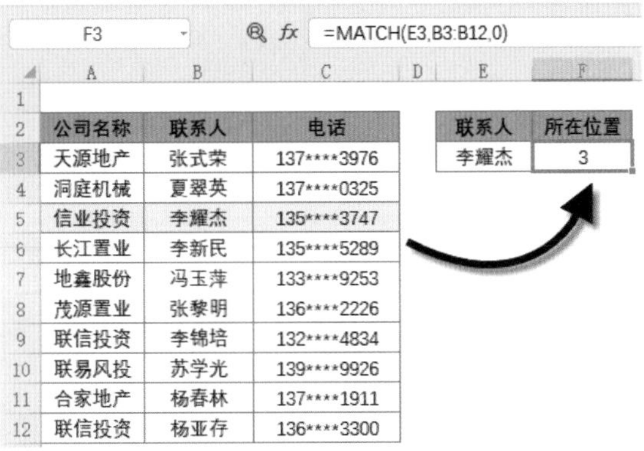

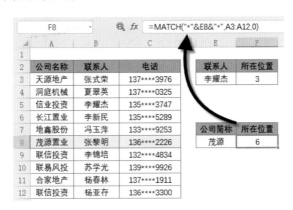

图 13-10　MATCH 函数应用

在F3单元格输入以下公式。

```
=MATCH(E3,B3:B12,0)
```

公式结果为3，即“李耀杰”位于B3:B12单元格区域的第3行。需要明确的是，返回值3是位置信息，它与第二参数的引用范围区域有直接的关联，“李耀杰”所在的B5单元格，在区域B3:B12的第3行，如果将查找区域改为B2:B12区域，则是在第4行。

在精确匹配时，MATCH函数第一参数支持使用通配符，通配符的使用方法与VLOOKUP函数类似。

如图13-11所示，需要根据E8单元格中的公司名称的部分关键字，查找包含这些关键字的公司名称在信息表中位于第几行。

F8 =MATCH("*"&E8&"*",A3:A12,0)

	A	B	C	D	E	F
1						
2	公司名称	联系人	电话		联系人	所在位置
3	天源地产	张式荣	137****3976		李耀杰	3
4	洞庭机械	夏翠英	137****0325			
5	信业投资	李耀杰	135****3747			
6	长江置业	李新民	135****5289			
7	地鑫股份	冯玉萍	133****9253		公司简称	所在位置
8	茂源置业	张黎明	136****2226		茂源	6
9	联信投资	李锦培	132****4834			
10	联易风投	苏学光	139****9926			
11	合家地产	杨春林	137****1911			
12	联信投资	杨亚存	136****3300			

图 13-11　MATCH 函数第一参数使用通配符

在F8单元格输入以下公式，计算结果为6。

```
=MATCH("*"&E8&"*",A3:A12,0)
```

注意

如果查找区域中包含多个查询值，MATCH函数只返回查询值首次出现的位置。

139.2 INDEX 函数

INDEX 函数可以实现在一个区域引用或数组范围中，根据指定的行号、列号返回值或引用。INDEX 函数有引用形式和数组形式两种，其语法分别如下。

```
INDEX(reference,Row_num,column_num,area_num)
INDEX(array,Row_num,column_num)
```

INDEX 函数的数组形式使用频率比较高。

第一参数 array 是一个单元格区域或是一个数组，如果数组只包含一行或一列，则相对应的参数 Row_num 或 column_num 为可选。如果数组有多行和多列，但只使用 Row_num 或 column_num，INDEX 函数返回数组中的整行或整列，且返回值也为数组。

第二参数 Row_num 是数组中的行序号，INDEX 函数从该行返回数值。如果省略 Row_num，则必须有 column_num。

第三参数 column_num 是数组中的列序号，函数从该列返回数值。如果省略 column_num，则必须有 Row_num。

图 13-12 所示，是各地旅游信息表的部分内容。需要按 I2 和 I4 单元格指定的行、列号，返回旅游信息表中对应位置的内容。

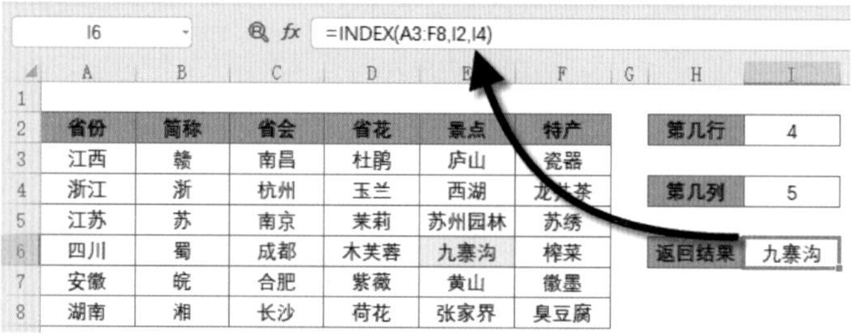

省份	简称	省会	省花	景点	特产
江西	赣	南昌	杜鹃	庐山	瓷器
浙江	浙	杭州	玉兰	西湖	龙井茶
江苏	苏	南京	茉莉	苏州园林	苏绣
四川	蜀	成都	木芙蓉	九寨沟	榨菜
安徽	皖	合肥	紫薇	黄山	徽墨
湖南	湘	长沙	荷花	张家界	臭豆腐

第几行	4
第几列	5
返回结果	九寨沟

图 13-12 INDEX 函数应用

在 I6 单元格输入以下公式，即可得到相应的信息，结果为“九寨沟”。

```
=INDEX(A3:F8,I2,I4)
```

139.3 INDEX+MATCH 函数组合

INDEX 函数是根据指定的行列号返回某个区域中对应位置的内容，MATCH 函数则是根据查找值得到该值在查找区域中的位置信息。

将 MATCH 函数与 INDEX 函数组合使用，在实际的数据查询应用中更加灵活，可以实现逆向查询、提取同时满足行列两个匹配条件的查询结果等。

在图 13-13 所示的旅游信息表中，需要根据省份和类别两项内容，来查找旅游信息表中的相应信息。

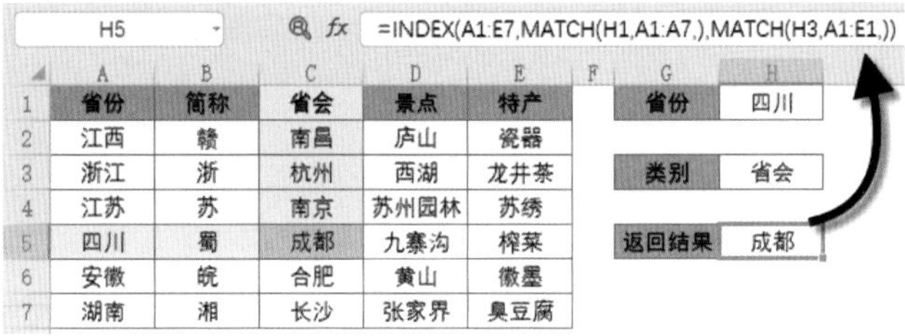
H5 =INDEX(A1:E7,MATCH(H1,A1:A7,),MATCH(H3,A1:E1,))

	A	B	C	D	E	F	G	H
1	省份	简称	省会	景点	特产		省份	四川
2	江西	赣	南昌	庐山	瓷器			
3	浙江	浙	杭州	西湖	龙井茶		类别	省会
4	江苏	苏	南京	苏州园林	苏绣			
5	四川	蜀	成都	九寨沟	榨菜		返回结果	成都
6	安徽	皖	合肥	黄山	徽墨			
7	湖南	湘	长沙	张家界	臭豆腐			

图 13-13　双向精确查找

在H5单元格输入以下公式，得到结果为“成都”。

```
=INDEX(A1:E7,MATCH(H1,A1:A7,),MATCH(H3,A1:E1,))
```

首先使用两个MATCH函数，分别查询H1单元格的省份在A1:A7单元格区域中的位置，以及H3单元格的类别在A1:E1单元格区域中的位置。

INDEX函数的第二参数和第三参数的行、列位置信息都是以MATCH函数返回值来确定，最终得到两个条件下的定位查询。

也可以使用以下公式完成同样的查询。

```
=VLOOKUP(H1,A:E,MATCH(H3,A1:E1,0),0)
```

VLOOKUP函数使用H1单元格中的省份作为查询值，在A:E列的首列中查找到该省份，然后以MATCH函数返回的位置信息指定返回查询区域中的哪一列。

139.4　使用 INDEX 函数和 MATCH 函数结合实现近似匹配

使用INDEX函数和MATCH函数结合，也能实现近似匹配形式的数据查询。如图13-14所示，A:B列是某单位销售等级对照表的部分内容，需要根据E列的年销售量查找对应的等级信息。

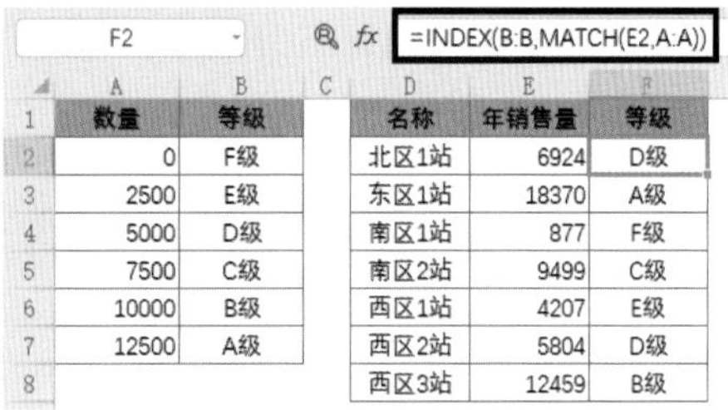
F2 =INDEX(B:B,MATCH(E2,A:A))

	A	B	C	D	E	F
1	数量	等级		名称	年销售量	等级
2	0	F级		北区1站	6924	D级
3	2500	E级		东区1站	18370	A级
4	5000	D级		南区1站	877	F级
5	7500	C级		南区2站	9499	C级
6	10000	B级		西区1站	4207	E级
7	12500	A级		西区2站	5804	D级
8				西区3站	12459	B级

图 13-14　近似查找

在F2单元格输入以下公式，向下复制填充。

```
=INDEX(B:B,MATCH(E2,A:A))
```

其中“MATCH(E2,A:A)”部分，省略了MATCH函数第三参数，默认该参数为1，也就是使用近似匹配的升序查询模式，查找小于或等于查找值的最大数值。

MATCH函数在A列查找E2单元格中的年销售量6924，由于A列中没有6924，因此以小于6924的最大值5000进行匹配，并返回对应的位置信息4。最后使用INDEX函数返回B列第4行的内容“D级”。

💬 注意

　　MATCH函数使用近似匹配的升序查询模式时，查询区域必须先进行升序排序，否则将无法完成查询。

技巧 **140** 认识 CHOOSE 函数

　　CHOOSE 函数可以根据指定的数字序号返回与其对应的数值、区域引用或嵌套函数结果。函数语法如下。

CHOOSE(index_num,value1,value2,…)

　　即：

CHOOSE(序号 , 项目 1, 项目 2…)

　　第一参数 index_num 为 1 到 254 的数字，也可以是包含 1 到 254 之间数字的公式或单元格引用。如果为 1，返回 value1；如果为 2，则返回 value2，以此类推。如果第一参数为小数，则在使用前将被截尾取整。参数 value1 至 value254，可以是一个数值、一段文字也可以是一个函数公式。

　　例如，以下公式将返回"B"。

=CHOOSE(2.2,"A","B","C","D")

　　图 13-15 为某公司不同销售人员 1~4 月的部分销售数据，要求根据 G2 单元格输入的月份统计全部销售人员当月的销量合计。

	H2		✇ fx	=SUM(CHOOSE(MATCH(G2,B1:E1,0),B2:B6,C2:C6,D2:D6,E2:E6))				
▲	A	B	C	D	E	F	G	H
1	姓名	1月	2月	3月	4月		月份	销量
2	王春雨	68	68	74	71		3月	385
3	李明国	68	81	77	87			
4	王佳庆	79	86	71	86			
5	李于珊	78	70	80	82			
6	王东建	74	84	83	73			

图 13-15 统计不同月份销量

　　在 H2 单元格输入以下公式：

=SUM(CHOOSE(MATCH(G2,B1:E1,0),B2:B6,C2:C6,D2:D6,E2:E6))

　　MATCH(G2,B1:E1,0)部分，返回 G2 单元格的月份"3 月"在 B1:E1 单元格区域中的所处的位置 3。CHOOSE 函数根据 MATCH 函数的返回值 3，返回参数 value3，也就是第四参数"D2:D6"，最后用 SUM 函数求和，得到了 3 月的销量合计。

在 WPS 表格中，尽管有绝对引用可以锁定引用范围，但插入行列或删除等操作，仍然可能造成已有公式中的引用区域发生改变，导致公式返回值发生错误，甚至返回错误值"#REF!"。

使用 INDIRECT 函数可以有效地解决这个问题，因为 INDIRECT 函数中代表引用的参数是文本常量，不会随公式复制或行列的增加、删除等操作而改变。

141.1　INDIRECT 函数

INDIRECT 函数能够根据第一参数的文本字符串，生成具体的单元格引用。常用于创建静态命名区域的引用、从工作表的行、列信息创建引用、创建固定的数值组等。其语法如下。

INDIRECT(ref_text,a1)

即：

INDIRECT(具有引用样式的文本字符串 , 解释为何种引用样式)

第一参数 ref_text 是一个代表单元格地址的文本，可以是 A1 或是 R1C1 引用样式的字符串，也可以是已定义的名称。

第二参数 a1 为可选参数，是一个逻辑值，用于指定将第一参数的文本识别为 A1 引用样式还是 R1C1 引用样式。如果该参数为 TRUE 或非 0 的任意数值，第一参数中的文本被解释为 A1 引用样式，如果为 FALSE 或 0，则将第一参数中的文本解释为 R1C1 引用样式。

INDIRECT 函数默认采用 A1 引用样式，第二参数可以省略。或以逗号占位，不输入具体参数，此时 INDIRECT 函数默认使用 0，即 R1C1 引用样式。

采用 R1C1 引用样式时，用字母"R"和"C"表示行和列，并且不区分大小写。参数中的"R"和"C"与各自后面的数字直接组合起来表示具体的区域，即绝对引用方式。如果数值是以方括号"[ ]"括起来，则表示与公式所在单元格相对位置的行、列，即相对引用方式。

例如，在任意单元格输入以下公式，将返回第一列第 8 个单元格的引用，即 A8 单元格。

=INDIRECT("R8C1",)

在 B2 单元格中输入以下公式，将返回 B2 向左一列向上一行的单元格引用，即 A1 单元格。

=INDIRECT("R[-1]C[-1]",)

如图 13-16 所示，B2 单元格为文本字符"E3"，E3 单元格中为字符串"我是 E3"，在 G3 单元格中输入以下公式，将返回 E3 单元格的内容"我是 E3"。

=INDIRECT(B2)

INDIRECT函数省略第二参数，表示将第一参数识别为A1引用方式。INDIRECT函数将B2单元格中的文本"E3"变成E3单元格的实际引用，最终返回E3单元格中的字符串"我是E3"。

使用以下公式，也会返回E3单元格中的内容"我是E3"。INDIRECT函数的第一参数是文本"E3"，使用A1引用样式，将其变成E3单元格的实际引用。

```
=INDIRECT("E3")
```

如图13-17所示，B9单元格为文本"R11C5"，E11单元格为文本"我是E11"。输入以下两个公式，都将返回E11单元格的内容"我是E11"。

```
=INDIRECT(B9,0)
=INDIRECT("R11C5",0)
```

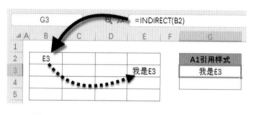

图 13-16　INDIRECT 函数 A1 引用样式

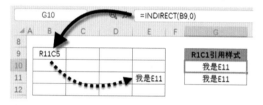

图 13-17　INDIRECT 函数 R1C1 引用样式

INDIRECT函数第二参数使用0，表示将第一参数解释为R1C1引用样式。INDIRECT函数将B9单元格中的字符串"R11C5"变成第11行第5列的实际引用。因此函数最终返回的是E11单元格的字符串"我是E11"。

141.2　跨工作表引用数据

图13-18所示，是某公司各区域销售人员1~6月的销售记录，要求将各月销售人员的销售额汇总到"多表汇总"工作表中。

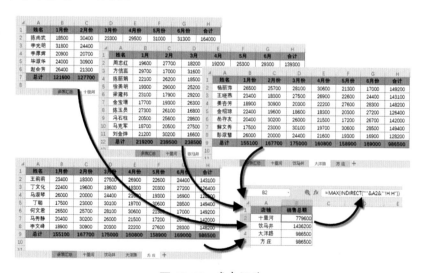

图 13-18　多表汇总

通过观察可以发现，各工作表中的记录行数虽然不同，但是总计数均在H列的最后一行。只要得到相应工作表中H列的最大值即可实现跨工作表引用数据。

在"多表汇总"工作表的B2单元格中输入以下公式，向下复制。

```
=MAX(INDIRECT("'"&A2&"'!H:H"))
```

公式中的"'"&A2&"'!H:H"部分，使用连接符与A2单元格的工作表名称连接，得到具有引用样式的字符串"'十里河'!H:H"也就是名称为"十里河"的工作表的H列地址。

再使用INDIRECT函数将其转换成真正的地址引用，返回H列整列的引用。最后通过MAX函数计算出该列的最大值，得到指定工作表的总计数。

如果引用工作表标签中包含有空格等特殊符号，或以数字开头时，工作表的标签名中必须使用一对半角单引号引起来，否则将返回错误值"#REF!"。

⊟ 注意

　　用INDIRECT函数也可以创建跨工作簿的引用，但被引用的工作簿必须是打开的，否则公式将返回错误值"#REF!"。

技巧 142 WPS 表格中的搬运工——OFFSET 函数

OFFSET函数的功能十分强大，是以指定的引用为基点，通过给定的行列偏移量和引用范围返回新的引用，返回的引用可以是一个单元格或单元格区域。使用OFFSET函数能够构建动态引用区域，可生成多维引用，以及数据有效性、数据透视表、图表等的动态数据源。

142.1 OFFSET 函数的参数和偏移方式

OFFSET 函数基本语法如下。

```
OFFSET(reference,rows,cols,height,width)
```

即：

```
OFFSET( 参照点 , 偏移的行数 , 偏移的列数 , 新引用的行数 , 新引用的列数 )
```

第一参数reference为偏移量参照的起始引用基点。此参数必须是对单元格或单元格区域的引用，否则OFFSET返回错误值"#VALUE!"。

第二参数rows为相对于第一参数左上角的单元格向上或向下偏移的行数。行数为正数时代表在起始引用的下方，行数为负数时代表在起始引用的上方。如果参数省略必须用半角逗号占位，省略该参数值时的默认值为0，即不偏移。

第三参数cols为相对于第一参数左上角单元格向左或向右偏移的列数。列数为正数时代表在起始引用的右侧，列数为负数时代表在起始引用的左侧。如果参数省略必须用半角逗号占位，省略该参数值时的默认值为 0，即不偏移。

第四参数 height 为可选参数，指定新引用区域的行数。当行数为正数时，代表向下扩展的行数。当行数为负数时，代表向上扩展的行数。如果只输入参数分隔符半角逗号，不输入具体的参数值，则其高度（行数）与第一参数的高度（行数）相同。

第五参数 width 为可选参数。指定新引用区域的列数。当列数为正数时，代表向右扩展的列数。当列数为负数时，代表向左扩展的列数。只输入参数分隔符半角逗号，不输入具体的参数值，则其宽度（列数）与第一参数的宽度（列数）相同。

如图 13-19 所示，公式 =OFFSET(B6,2,2)，表示从基点 B6 单元格向下偏移 2 行，再向右偏移 2 列，返回结果为 D8 单元格的引用。

如图 13-20 所示，公式 =OFFSET(G6,2,2,3,3)，表示从基点 G6 单元格向下偏移 2 行，向右偏移 2 列，新引用的行列范围为从偏移后的单元格位置向下扩展 3 行，向右扩展 3 列，最终返回 I8:K10 单元格区域的引用。

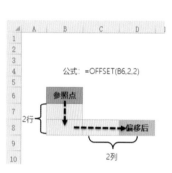

图 13-19　OFFSET 函数的偏移 1

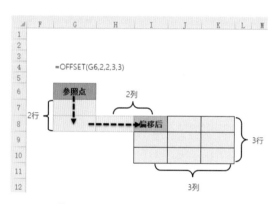

图 13-20　OFFSET 函数的偏移 2

如果 OFFSET 函数的 rows 参数、cols 参数、height 参数、width 参数不是整数，则 OFFSET 函数会自动舍去小数部分，只截取整数部分作为参数。

如果 OFFSET 函数行数和列数的偏移量超出工作表边缘，将返回错误值 "#REF!"。

142.2　动态汇总销售额

图 13-21 所示，是某单位部分产品各店铺在不同月份的销售数据的部分内容，需要根据 B11:B12 单元格区域指定的起止月份，汇总该公司在指定期间的销售额。

在 B13 单元格中输入以下公式：

```
=SUM(OFFSET(A2:A8,0,MATCH(B11,B1:M1,),,MATCH(B12,B1:M1,)-MATCH(B11,B1:M1,)+1))
```

其中 "MATCH(B11,B1:M1,)" 部分，用于查询 B11 单元格的起始日期在 B1:M1 单元格区域的位置，结果为 4。

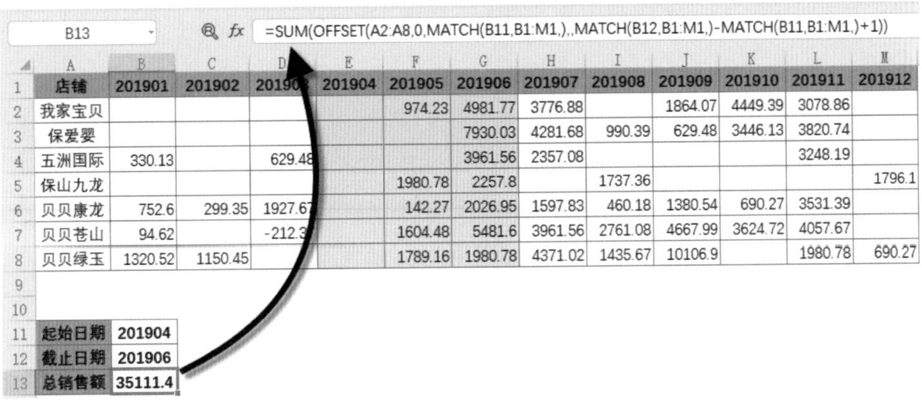

	A	B	C	D	E	F	G	H	I	J	K	L	M
1	店铺	201901	201902	20190	201904	201905	201906	201907	201908	201909	201910	201911	201912
2	我家宝贝					974.23	4981.77	3776.88		1864.07	4449.39	3078.86	
3	保爱婴						7930.03	4281.68	990.39	629.48	3446.13	3820.74	
4	五洲国际	330.13		629.48			3961.56	2357.08				3248.19	
5	保山九龙					1980.78	2257.8		1737.36				1796.1
6	贝贝康龙	752.6	299.35	1927.67		142.27	2026.95	1597.83	460.18	1380.54	690.27	3531.39	
7	贝贝苍山	94.62		-212.3		1604.48	5481.6	3961.56	2761.08	4667.99	3624.72	4057.67	
8	贝贝绿玉	1320.52	1150.45			1789.16	1980.78	4371.02	1435.67	10106.9		1980.78	690.27
9													
10													
11	起始日期	201904											
12	截止日期	201906											
13	总销售额	35111.4											

图 13-21　按月汇总销售额

“MATCH(B12,B1:M1,)”部分，用于查询B12单元格的截止日期在B1:M1单元格区域的位置，结果为6。

“MATCH(B12,B1:M1,)-MATCH(B11,B1:M1,)+1”即为本次需要汇总计算数据区域宽度，结果为3。

OFFSET函数以A2:A8单元格区域为基点，向下偏移0行、向右偏移4列到E2:E8单元格区域，第四参数省略参数值，表示返回引用区域的行数与基点行数相同。第五参数也就是新引用的列数为3列，最终得到E2:G8单元格区域的引用。

最后使用SUM函数对E2:G8单元格区域求和，即得出指定期间的销售总额。

142.3　制作工资条

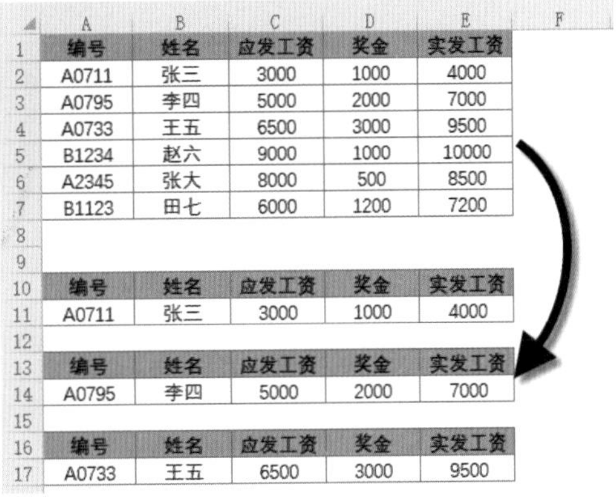

	A	B	C	D	E
1	编号	姓名	应发工资	奖金	实发工资
2	A0711	张三	3000	1000	4000
3	A0795	李四	5000	2000	7000
4	A0733	王五	6500	3000	9500
5	B1234	赵六	9000	1000	10000
6	A2345	张大	8000	500	8500
7	B1123	田七	6000	1200	7200
8					
9					
10	编号	姓名	应发工资	奖金	实发工资
11	A0711	张三	3000	1000	4000
12					
13	编号	姓名	应发工资	奖金	实发工资
14	A0795	李四	5000	2000	7000
15					
16	编号	姓名	应发工资	奖金	实发工资
17	A0733	王五	6500	3000	9500

图 13-22　制作工资条

图13-22展示的是一份简化后的工资表的部分内容，需要以此制作工资条，要求每条工资记录上方带有标题行，下方带有一个空行。可以通过OFFSET函数和CHOOSE函数组合来完成工资条。

在A10单元格输入以下公式，向右复制到E列，再向下复制公式，到编号列数据出现0为止。

```
=CHOOSE(MOD(ROW(A1),3)+1,"",A$1,OFFSET(A$1,(ROW(A1)-1)/3+1,))
```

“OFFSET(A$1,(ROW(A1)-1)/3+1,)”部分，先使用ROW函数返回1，2，3，4，…的递增序列，减去1除以3，结果再加1后，得到1，1.33，1.66，2，2.33，2.66，……的序列，以此作为OFFSET函数的第二参数，也就是向下偏移的行数。OFFSET函数会自动将小数参数截取为整数，也就是公式每向下复制三行，偏移的行数增加1行。

"MOD(ROW(A1),3)+1" 部分，用 MOD 函数结合 ROW 函数生成 2，3，1，2，3，1，…… 的循环序列。

当 MOD 函数计算结果为 2 时，CHOOSE 函数返回第三参数 A\$1，也就是工资表中的字段标题。当 MOD 函数的计算结果为 3 时，CHOOSE 函数返回第四参数 OFFSET(A\$1，(ROW(A1)-1)/3+1,)部分的计算结果。当 MOD 函数的计算结果为 1 时，CHOOSE 函数返回第二参数空文本 ""。

技巧 143 动态扩展的下拉列表

OFFSET 函数与 COUNTA 函数相结合，可以构建动态的数据区域引用，应用到数据有效性中，可以实现当数据源中的记录数发生变化时，数据有效性下拉列表中的候选项也会动态地发生变化。

图 13-23 所示，为某公司不同店铺销售表的部分内容，A 列单元格区域为店铺对照表的基础数据源，需要在 D 列创建店铺的下拉列表。

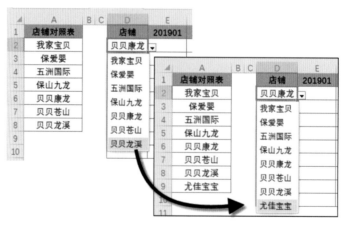

图 13-23　动态扩展下拉列表

操作步骤如下。

↑ 步骤一　选中需要输入店铺名称的 D2:D10 单元格区域，依次单击【数据】→【有效性】按钮，打开【数据有效性】对话框。

↑ 步骤二　在【设置】选项卡下单击【允许】下拉按钮，在下拉列表中选择"序列"，在【来源】编辑框中输入以下公式：

```
=OFFSET($A$1,1,0,COUNTA($A$2:$A$50))
```

最后单击【确定】按钮，如图 13-24 所示。

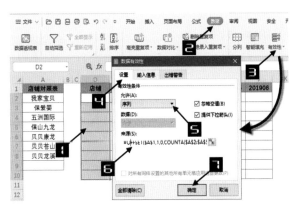

图 13-24　动态扩展下拉列表

其中"COUNTA($A$2:$A$50)"部分，计算出$A$2:$A$50单元格区域中的非空单元格的数量，得到该数据区域内的店铺数量，返回结果为7，以此作为OFFSET函数新引用的行数。

然后使用OFFSET函数，以A1单元格为基点，向下偏移1行，向右偏移0列，新引用的行数7行。第五参数省略，表示返回的引用区域的列数与基点列数相同，即1列。最终得到A2:A8单元格区域的引用。

A列中的店铺对照表数据区域要求数据记录是连续的、不存在空值，通过计算A列的非空单元格个数，即可确定出店铺的数量。

当数据区域的店铺数量增加或减少时，COUNTA函数计算的非空单元格数也会相应地增加或减少。OFFSET函数以此为新引用的行数，返回动态的引用数据区域，使D列下拉列表中的数据可以随着店铺对照表中数据的变化而自动更新。

技巧 144　创建动态二级下拉列表

图 13-25 所示，是某公司客户所在市区对照表的部分内容，需要根据"对照表"工作表中的数据内容，在Sheet1工作表中创建二级下拉列表。

操作步骤如下。

↑ 步骤一　切换到Sheet1工作表中，选中A2:A9单元格区域，依次单击【数据】→【有效性】按钮，打开【数据有效性】对话框。

↑ 步骤二　在【设置】选项卡下单击【允许】下拉按钮，在下拉列表中选择"序列"，在【来源】编辑框中输入以下公式，单击【确定】按钮，创建动态的一级下拉列表，如图 13-26 所示。

```
=OFFSET( 对照表 !$A$1,0,0,1,COUNTA( 对照表 !$1:$1))
```

	A	B	C	D
1	北京市	天津市	上海市	重庆市
2	门头沟区	北辰区	黄浦区	万州区
3	昌平区	武清区	徐汇区	涪陵区
4	平谷区	宝坻区	长宁区	渝中区
5	密云区	滨海新区	静安区	大渡口区
6	怀柔区	宁河区	普陀区	江北区
7	延庆区	静海区	虹口区	沙坪坝区
8	大兴区		杨浦区	九龙坡区
9	房山区			南岸区
10				北碚区
11				

Sheet1　对照表　＋

图 13-25　客户所在市区对照表

图 13-26　创建一级下拉列表

公式中的"COUNTA(对照表!$1:$1)"部分，用于统计"对照表"工作表第一行的非空单元格数量，即一级下拉列表中城市的数量，以此作为 OFFSET 函数新引用区域的列数。

然后使用 OFFSET 函数以对照表 A1 单元格为基点，向下偏移 0 行，向右偏移 0 列，新引用的行数为 1 行，新引用的列数为 COUNTA 函数的统计结果，最终得到"对照表"工作表中城市所在单元格区域的引用。

↑ 步骤三　在 Sheet1 工作表中选中 B2:B9 单元格区域，参照步骤二打开【数据有效性】对话框，在【来源】编辑框中输入以下公式，单击【确定】按钮，创建动态二级下拉列表，如图 13-27 所示。

```
=OFFSET( 对照表 !$A$2,0,MATCH(A2, 对照表 !$1:
$1,)-1,COUNTA(OFFSET( 对照表 !$A$2,0,MATCH(A2, 对照
表 !$1:$1,)-1,100)))
```

图 13-27　创建二级下拉列表

"MATCH(A2,对照表!$1:$1,)-1"部分，根据 A2 单元格已选择的城市，统计出该城市在"对照表"工作表第一行中位于第几列。结果减去 1，作为 OFFSET 函数的第三参数，也就是向右偏移的列数。

"OFFSET(对照表!$A$2,0,MATCH(A2,对照表!$1:$1,)-1,100)"部分，OFFSET 函数以"对照表"工作表 A2 为基点，向下偏移 0 行，向右偏移的列数为 MATCH 函数的计算结果减去 1，新引用的行数为 100，这里的 100，可以是大于实际记录行数的任意数值。

再使用 COUNTA 函数，计算这个引用区域中非空单元格的个数。结果减去字段标题的计数 1，即得到已选择的城市所对应的区的记录数。计算结果作为最外层 OFFSET 函数的第四参数，也就是新引用的行数。

最外层 OFFSET 函数以"对照表!$A$2"为基点，向下偏移 0 行，向右偏移的列数为 MATCH 函数的计算结果，新引用的行数为 COUNTA 函数的计算结果，第五参数省略，表示新引用区域的列数与基点的列数相同，即 1 列。

创建完动态二级下拉列表后，在一级下拉列表中选择对应的城市，二级菜单的下拉选项中将仅显示该城市下各区的候选项。如果在"对照表"中增加或减少城市或各区的记录数，下拉

选项中能够自动扩展，如图 13-28 所示。

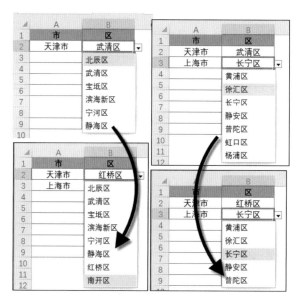

图 13-28　动态的二级下拉列表

技巧 145　使用 HYPERLINK 函数生成超链接

145.1　HYPERLINK 函数

在使用 WPS 表格过程中，经常需要在各个工作表或是不同工作簿之间进行切换，如果使用超链接函数建立快捷方式，可以极大地提高效率。

HYPERLINK 函数可以创建一个快捷方式，用以打开存储在网络服务器、Intranet 或 Internet 中的文件。当单击 HYPERLINK 函数所在的单元格时，WPS 表格将打开指定路径的文件或跳转到指定工作表的单元格。函数语法如下。

HYPERLINK(link_location,friendly_name)

即：

HYPERLINK(要跳转的位置或是要打开的路径和文件名 , 在单元格中显示的内容)

第一参数 link_location 是要打开的文档的路径和文件名。可以是指向 WPS 表格工作簿或工作表中特定的单元格区域、用户设置的自定义名称，或者是指向 WPS 文字文档的书签。路径可以表示存储在硬盘驱动器上的文件，也可以是 UNC 路径和 URL 路径。

HYPERLINK 函数除了可使用直接的文本链接以外，还支持使用在 WPS 表格中定义的名称，但相应的名称前必须加上前缀 "#"，如 #DATA、#Name。当前工作簿中的链接地址，也可以使用前缀"#"来代替当前工作簿的名称。

第二参数 friendly_name 为可选参数，表示单元格中显示的文本。如果此参数省略，HYPERLINK 函数建立超链接后将显示第一参数的内容。如果只输入参数分隔符逗号，不输入具体参数，HYPERLINK 函数建立超链接后将显示"0"。

145.2 带超链接的工作表目录

图 13-29 所示，是某公司不同部门的员工名单，每个部门的员工名单存储在以部门命名的工作表中。为了方便查看数据，需要在"部门目录"工作表中创建指向各个工作表的超链接。

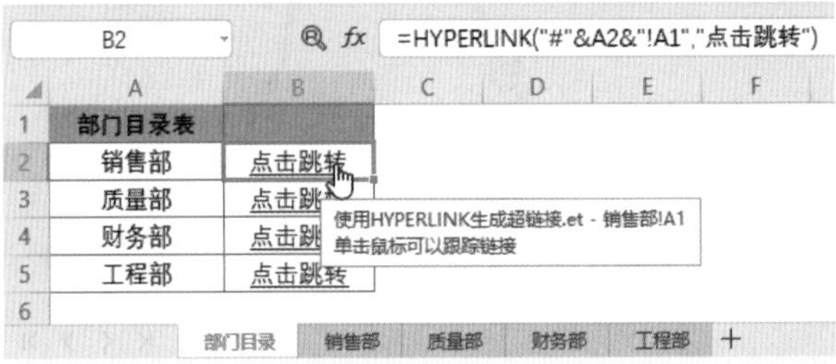

图 13-29 有超链接的工作表目录

操作步骤如下。

步骤一 依次单击【公式】→【名称管理器】按钮，或按<Ctrl+F3>组合键，打开【名称管理器】对话框。

步骤二 单击【新建】按钮，在【名称】文本框中输入"部门"，在【引用位置】编辑框中输入以下公式，单击【确定】按钮返回【名称管理器】对话框，单击【关闭】按钮完成自定义名称的设置，如图 13-30 所示。

```
=REPLACE(GET.WORKBOOK(1),1,FIND("]",GET.WORKBOOK(1)),)&T(NOW())
```

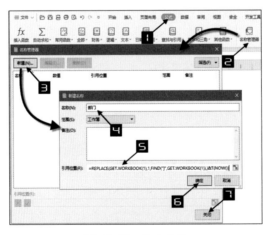

图 13-30 新建名称

GET.WORKBOOK函数是宏表函数，能够以数组形式返回当前工作簿中的所有工作表名称。

"GET.WORKBOOK(1)"部分返回"［工作簿名称］工作表名称"形式的水平数组。

接下来使用FIND函数在这个数组中返回方括号"］"的位置。

再使用REPLACE函数，从水平数组的第一个字符开始，根据FIND函数得到的结果，替换掉指定数量的字符，也就是将方括号"］"及其之前部分的内容都替换掉，得到由所有工作表名称组成的内存数组。

"T(NOW())"部分，NOW函数用于返回系统当前的日期和时间，属于易失性函数。嵌套一个T函数，将时间结果转换为空文本""。带有工作表名称的数组与空文本连接后，不会影响原有内容。

由于GET.WORKBOOK函数的结果不能自动刷新。因此使用在公式最后连接T(NOW())的方式，目的是使名称"部门"的公式能够随着工作表的增加、减少及重命名等变化而实时更新。

↑ 步骤三　在A2单元格输入以下公式，向下复制填充公式，直到单元格显示空白为止。

```
=IFERROR(INDEX( 部门 ,ROW(2:2)),"")
```

通过INDEX函数从自定义名称"部门"中依次提取出各个部门的名称，当所有部门名称都提取完毕后，公式继续向下复制，会返回错误值。因此用IFERROR函数进行屏蔽。

提取完毕后，当工作表的顺序发生改变或是修改了工作表名称、插入了新工作表，公式取得的工作表名称也会随之改变，上述公式默认目录工作表位于所有工作表的最左侧。

在B2单元格中输入以下公式，向下复制。

```
=HYPERLINK("#"&A2&"!A1"," 点击跳转 ")
```

公式中的""#"&A2&"!A1""部分，使用文本字符串与A2单元格的工作表名称进行连接，指定跳转到当前工作簿内的具体工作表名称和单元格位置。第二参数为"点击跳转"，表示建立超链接后，显示在B2单元格的文字。

如果工作表名含有特殊符号，如"#"、"-"、空格等，或是以数字命名的工作表名称，此时构建的工作表名称两边要用单引号引起来才能被识别。虽然本例不用单引号也能得到正确结果，为了通用起见，可以加上单引号避免出错。上述公式可修改如下。

```
=IF(A2=""，""，HYPERLINK("#'"&A2&"'!A1"," 点击跳转 "))
```

145.3　带超链接的文件目录

使用HYPERLINK函数，除了可以链接到当前工作簿中的单元格位置外，还可以在不同工作簿之间建立超链接或链接到其他应用程序。主要技巧是使用"&"运算符生成带有路径和工作簿名称、工作表名称及单元格地址的文本字符串，作为HYPERLINK函数跳转的具体位置。

假定"工程部1"和"工程部2"两个工作簿文件存放于D盘根目录下。

新建一个空白工作簿，保存在D盘根目录下，参考145.2中的步骤，设置自定义名称"myPath"，公式为：

```
=MID(CELL("filename"),1,FIND("[",CELL("filename"))-1)
```

"CELL("filename")"部分，将返回包括完整路径及当前文件名、当前工作表名的水平数组，其中文件名是在一对方括号"[ ]"之间。通过MID函数和FIND函数组合，截取当前文件所在的路径。

继续添加自定义名称"myFiles"，公式为：

```
=FILES(myPath&"*.*")&T(NOW())
```

FILES函数是一个宏表函数，能返回指定文件夹下的所有文件名的内存数组。

在B4单元格输入以下公式，向下复制填充公式，直到单元格显示空白为止。

```
=IFERROR(HYPERLINK(myPath&INDEX(myFiles,ROW(A1)),INDEX(myFiles,ROW(A1))),"")
```

"INDEX(myFiles,ROW(A1))"部分，依次返回指定文件夹内的文件名，用连接符号"&"将文件夹路径和文件名连接到一起，成为带有完整路径的文件名字符串，作为HYPERLINK函数的跳转的具体位置。

第二参数为INDEX函数依次返回的文件名，表示建立超链接后单元格内显示的内容为点击单元格后要打开的文件的文件名。

设置完成以后，单击公式所在的单元格的超链接，即可打开相应的工作簿，并跳转到指定的工作表中的单元格位置。如图13-31所示。

HYPERLINK函数的第一参数也可以使用固定的路径名称，如"D:\生产文件\工作计划.et"，表示在D盘"生产文件"文件夹中的"工作计划.et"文档。

图 13-31　有超链接的文件目录

第14章 统计求和函数

统计求和函数在日常工作中有较高的使用频率，如求和、计数、最大值、最小值、平均值、频率统计和排名等。本章主要介绍常用的统计求和函数及使用技巧。

技巧 146 计算截止到当月的累计销量

图 14-1 展示了一张销量统计表，其中 C 列是截止到当月的累计销量，可以用 SUM 函数轻松实现。

在 C2 单元格输入如下公式，向下复制到 C13 单元格。

=SUM($B$2:B2)

该公式使用 SUM 函数实现求和运算，主要技巧是参数的引用方式不同。

表示求和起始的单元格"$B$2"是绝对引用，公式向下复

	A	B	C
1	销售月份	销量	累计销量
2	1月份	199.00	199.00
3	2月份	429.00	628.00
4	3月份	449.00	1,077.00
5	4月份	329.00	1,406.00
6	5月份	399.00	1,805.00
7	6月份	399.00	2,204.00
8	7月份	429.00	2,633.00
9	8月份	249.00	2,882.00
10	9月份	429.00	3,311.00
11	10月份	1,499.00	4,810.00
12	11月份	1,798.00	6,608.00
13	12月份	798.00	7,406.00

图 14-1 计算累计销量

制填充时不会发生变化。而求和终止单元格的"B2"部分是相对引用，会随着公式向下填充，依次变化为"B3""B4""B5"……，所以公式下拉填充时，SUM 函数的参数会不断扩展，依次变化为"$B$2:B3""$B$2:B4""$B$2:B5"……从而计算出 1 月份至当前月份的销量累加之和。

技巧 147 使用 SUMIF 函数对单字段进行条件求和

SUMIF 函数用于按给定条件对指定单元格求和，语法如下。

SUMIF（range,criteria,sum_range）

即：

SUMIF(条件区域 , 指定条件 , 求和区域)

第一参数是判断条件的区域，第二参数是指定条件，第三参数是求和区域。如果第一参数符合指定的条件，就对第三参数对应的数值进行求和。如果省略第三参数，则求和区域和条件区域相同。

图14-2展示了一张供货金额统计表，现需要按照一定条件对供货金额进行统计，可以使用SUMIF函数实现。

	A	B	C	D	E	F	G
1	业务日期	流水号	供货商	金额			
2	2019/8/28	1912026099	富华纺织	33,928.00		供货商	合计金额
3	2019/8/29	1912037174	富华纺织	18,093.00		绿源集团	70,569.00
4	2019/8/29	1912039378	绿源集团	4,590.00			
5	2019/8/29	1912039511	黎明纺织	34,527.00		关键字	合计金额
6	2019/8/29	1912036154	富华纺织	24,012.00		纺织	260,613.00
7	2019/8/29	1912035918	富华纺织	29,061.00			
8	2019/8/30	1912049892	兴豪皮业	25,873.00		指定条件	合计金额
9	2019/8/30	1912046499	兴豪皮业	11,752.00		>30000	243,599.00
10	2019/8/30	1912044396	乐悟集团	31,311.00			
11	2019/8/30	1912045897	黎明纺织	23,327.00			
12	2019/8/30	1912049722	绿源集团	26,297.00			
13	2019/8/30	1912044670	富华纺织	15,698.00			
14	2019/8/30	1912048410	绿源集团	28,542.00			
15	2019/8/30	1912048146	富路车业	35,614.00			

图 14-2　使用 SUMIF 函数进行条件求和

要对F3单元格指定的供货商"绿源集团"对应的金额求和，可以在G3单元格输入以下公式。

```
=SUMIF(C2:C27,F3,D2:D27)
```

要对C列供货商名称中包含F6单元格指定关键字"纺织"的对应金额求和，可以在G6单元格输入以下公式。

```
=SUMIF(C2:C27,"*"&F6&"*",D2:D27)
```

此公式中，SUMIF函数的第二参数""*"&F6&"*""，是将F6单元格的内容前后各连接上一个通配符（*），构建了包含关键字的模糊匹配条件，从而达到按照关键字条件求和的目的。

要对F9单元格指定的条件，金额大于30000的对应记录求和，可以在G9单元格输入以下公式。

```
=SUMIF(D2:D27,F9,D2:D27)
```

📢 注意

以上公式中，SUMIF的第一参数"条件区域"和第三参数"求和区域"为同一区域，此时可以省略第三参数，简写为 =SUMIF(D2:D27,F9)

如果F9单元格为数值30000，要计算大于该单元格金额的总和，可以使用以下两个公式。

```
=SUMIF(D2:D27,">"&F9,D2:D27)
=SUMIF(D2:D27,">"&F9)
```

在条件统计类函数中，如果统计条件需要与单元格中的数值进行大小比较，注意要将比较运算符加上半角双引号后，再使用连接符&与单元格地址进行连接，如本例中的">"&F9。如果写成">F9"，公式会将其中的F9识别为文本字符"F9"，而不是F9单元格。

技巧 148 使用 SUMIFS 函数对多字段进行条件求和

SUMIFS 函数用于对某一区域内满足多重条件的单元格求和，语法如下。

SUMIFS(sum_range,criteria_range1,criteria1,[criteria_range2,riteria2],…)

即：

SUMIFS(求和区域 , 区域 1, 条件 1,[区域 2, 条件 2],…)

当区域 1 中等于指定的条件 1，并且区域 2 中等于指定的条件 2……，则对求和区域对应的数值进行求和。

与 SUMIF 函数不同，SUMIFS 函数的求和区域被放到第一参数，其他参数依次是区域 1，条件 1，区域 2，条件 2……

图 14-3 展示了一张供货金额统计表，现需要根据 F3 单元格指定的条件业务日期"<=2019/8/30"，和 G3 单元格指定的供货商"绿源集团"对应的金额统计求和。

	A	B	C	D	E	F	G	H
1	业务日期	流水号	供货商	金额		业务日期	供货商	金额
2	2019/8/28	1912026099	富华纺织	33,928.00		<=2019/8/30	绿源集团	59,429.00
3	2019/8/29	1912037174	富华纺织	18,093.00				
4	2019/8/29	1912039378	绿源集团	4,590.00		业务日期	供货商	金额
5	2019/8/29	1912039511	黎明纺织	34,527.00		2019/8/30	绿源集团	59,429.00
6	2019/8/29	1912036154	富华纺织	24,012.00				
7	2019/8/29	1912035918	富华纺织	29,061.00				
8	2019/8/30	1912049892	兴豪皮业	25,873.00				
9	2019/8/30	1912046499	兴豪皮业	11,752.00				
10	2019/8/30	1912044396	乐悟集团	31,311.00				
11	2019/8/30	1912045897	黎明纺织	23,327.00				
12	2019/8/30	1912049722	绿源集团	26,297.00				

图 14-3 使用 SUMIFS 函数进行多条件求和

在 H3 单元格输入以下公式。

=SUMIFS(D2:D27,A2:A27,F3,C2:C27,G3)

公式中第一参数"D2:D27"是求和区域，"A2:A27,F3"是第一组区域/条件，"C2:C27,G3"是第二组区域/条件。如果 A 列的日期小于或等于"2019/8/30"，并且 C 列的供货商名称等于 G3 单元格的内容"绿源集团"，则将与之对应的 D 列金额汇总求和。

如果日期条件单元格仅输入日期（如 F6 单元格为"2019/8/30"），需要使用文本连接的方式构建统计条件，以上规则若以 F6、G6 单元格为求和条件，公式可更改为：

=SUMIFS(D2:D27,A2:A27,"<="&F6,C2:C27,G6)

公式中“"<="&F6”使用文本连接符&将“<=”符号与F6单元格中的日期连接，作为SUMIFS函数的条件参数，同样可以实现按上述条件统计金额之和。

技巧 149 常用的计数函数

常用的计数函数主要包括COUNT函数、COUNTA函数和COUNTBLANK函数。各函数的作用如表14-1。

表 14-1　常用计数函数的作用

函数名称	函数作用
COUNT 函数	返回包含数字的单元格及参数列表中的数字个数
COUNTA 函数	返回参数列表中非空单元格的个数
COUNTBLANK 函数	计算区域中空白单元格的个数

图14-4展示了一张考试成绩单，需要统计应试人数和实际参加考试的人数。

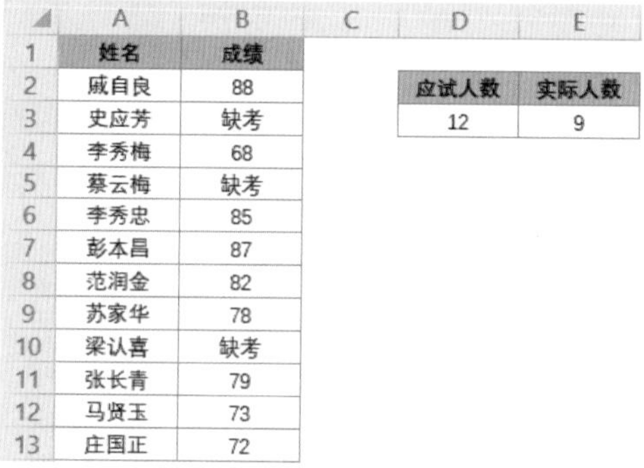

	A	B	C	D	E
1	姓名	成绩			
2	戚自良	88		应试人数	实际人数
3	史应芳	缺考		12	9
4	李秀梅	68			
5	蔡云梅	缺考			
6	李秀忠	85			
7	彭本昌	87			
8	范洞金	82			
9	苏家华	78			
10	梁认喜	缺考			
11	张长青	79			
12	马贤玉	73			
13	庄国正	72			

图 14-4　统计符合条件的记录数

如果要统计应试人数，可以利用COUNTA函数统计成绩表中非空单元格的个数来实现，在D3单元格输入如下公式。

```
=COUNTA(B2:B13)
```

此公式返回B2:B13单元格区域内的非空单元格的个数，无论是具体分数，还是文本“缺考”均统计在内。统计结果即为应试人数。

如果要统计实际参加考试人数，即只统计B列数据区域中的数值个数，可以利用COUNT函数来实现，在E3单元格输入如下公式即可。

```
=COUNT(B2:B13)
```

技巧 150 使用 COUNTIF 函数进行单条件计数

COUNTIF函数用于计算区域中满足给定条件的单元格个数，语法如下。

```
COUNTIF(range,criteria)
```

即：

COUNTIF(统计区域 , 指定条件)

第一参数是需要计算其中满足条件的单元格数目的单元格区域。第二参数用于指定统计的条件，其形式可以为数字、表达式或文本。例如，条件可以表示为 32、"32"、">32" 或 "apples"。

图 14-5 展示了一张供货金额统计表，需要按照指定条件统计业务笔数。

▲	A	B	C	D	E	F	G
1	业务日期	流水号	供货商	金额			
2	2019/8/28	1912026099	富华纺织	33,928.00		供货商	业务笔数
3	2019/8/29	1912037174	富华纺织	18,093.00		绿源集团	4
4	2019/8/29	1912039378	绿源集团	4,590.00			
5	2019/8/29	1912039511	黎明纺织	34,527.00		关键字	业务笔数
6	2019/8/29	1912036154	富华纺织	24,012.00		纺织	11
7	2019/8/29	1912035918	富华纺织	29,061.00			
8	2019/8/30	1912049892	兴豪皮业	25,873.00		指定条件	业务笔数
9	2019/8/30	1912046499	兴豪皮业	11,752.00		>30000	7
10	2019/8/30	1912044396	乐悟集团	31,311.00			
11	2019/8/30	1912045897	黎明纺织	23,327.00			
12	2019/8/30	1912049722	绿源集团	26,297.00			
13	2019/8/30	1912044670	富华纺织	15,698.00			
14	2019/8/30	1912048410	绿源集团	28,542.00			
15	2019/8/30	1912048146	富路车业	35,614.00			

图 14-5 使用 COUNTIF 函数进行单条件计数

要统计 F3 单元格指定的供货商"绿源集团"的业务笔数，可以在 G3 单元格输入以下公式。

=COUNTIF(C2:C27,F3)

要统计 C 列供货商名称中包含 F6 单元格指定关键字"纺织"的业务笔数，可以在 G6 单元格输入以下公式。

=COUNTIF(C2:C27,"*"&F6&"*")

COUNTIF 函数的第二参数""*"&F6&"*""，是将 F6 单元格的内容前后各连接上一个通配符（*），构建了包含关键字的模糊匹配条件，从而达到按照关键字条件计数的目的。

要统计 F9 单元格指定的条件（金额大于 30000）的业务笔数，可以在 G9 单元格输入以下公式。

=COUNTIF(D2:D27,F9)

技巧 151 使用 COUNTIF 函数按部门添加序号

图 14-6 所示为某企业员工信息表的部分内容。要求根据 B 列的部门编写序号，遇不同部门，序号从 1 重新开始。

在 A2 单元格输入以下公式，并复制填充至 A2：A11 单元格区域。

=COUNTIF($B$2:B2,B2)

公式中第一参数使用动态扩展的技巧，第一个 $B$2 使用绝对引用，第二个 B2 使用相对引用。向下复制时，依次变成 $B$2:B3、$B$2:B4……这样逐行扩大的引用区域范围，通过统计在此区域中与 B 列当前行相同的单元格个数，实现按部门添加序号的要求。

图 14-6　按部门添加序号

技巧 152　使用 COUNTIFS 函数对多字段进行条件计数

COUNTIFS 函数用于对某一区域内满足多重条件的单元格求和，语法如下。

=COUNTIFS(criteria_range1,criteria1,[criteria_range2,criteria2],…)

即：

=COUNTIFS(区域 1, 条件 1,[区域 2, 条件 2],…)

图 14-7 展示了一张供货金额统计表，需要根据 F3 单元格指定的条件（业务日期<=2019/8/30）和 G3 单元格指定的供货商"绿源集团"来统计对应的业务笔数。

图 14-7　使用 COUNTIFS 函数对多字段进行条件计数

在 H3 单元格输入以下公式。

=COUNTIFS(A2:A27,F3,C2:C27,G3)

公式中"A2：A27,F3"是第一组区域 / 条件，"C2：C27,G3"是第二组区域 / 条件。以上公式返回 A 列的日期小于或等于"2019/8/30"，并且 C 列的供货商名称等于 G3 单元格的内容"绿源集团"的记录数量。

如果在F6单元格内仅输入日期，需要统计小于等于该日期的条件时，可以使用文本连接的方式构建条件，以上规则若以F6、G6单元格为求和条件，公式可更改为：

```
=COUNTIFS(A2:A27,"<="&F6,C2:C27,G6)
```

公式中的""<="&F6"部分，使用文本连接符"&"将"<="符号与F6单元格中的日期连接，作为COUNTIFS函数的条件参数，同样可以实现按上述条件统计记录数量。

技巧 153 能按条件求和、按条件计数的 SUMPRODUCT 函数

除了用于多条件求和的SUMIFS函数和用于多条件计数的COUNTIFS函数之外，SUMPRODUCT函数也被广泛用于多条件求和、多条件计数的统计。该函数主要用于对多个相同尺寸的引用区域或数组进行相乘运算，最后对乘积求和。在实际应用中，使用该函数不仅可以用于多条件求和，而且还能够执行多条件的计数运算。

以图14-8所示的供货金额统计表为例，要统计符合对应条件的供货金额总计和业务笔数。

	A	B	C	D	E	F	G	H
1	业务日期	流水号	供货商	金额				
2	2019/8/28	1912026099	富华纺织	33,928.00		业务日期	供货商	金额
3	2019/8/29	1912037174	富华纺织	18,093.00		2019/8/30	绿源集团	59,429.00
4	2019/8/29	1912039378	绿源集团	4,590.00				
5	2019/8/29	1912039511	黎明纺织	34,527.00		业务日期	供货商	业务笔数
6	2019/8/29	1912036154	富华纺织	24,012.00		2019/8/30	绿源集团	3
7	2019/8/29	1912035918	富华纺织	29,061.00				
8	2019/8/30	1912049892	兴豪皮业	25,873.00				
9	2019/8/30	1912046499	兴豪皮业	11,752.00				
10	2019/8/30	1912044396	乐悟集团	31,311.00				
11	2019/8/30	1912045897	黎明纺织	23,327.00				
12	2019/8/30	1912049722	绿源集团	26,297.00				

图 14-8 使用 SUMPRODUCT 函数多条件求和、计数

要对业务日期小于或等于F3单元格指定的日期2019/8/30，同时供货商等于G3单元格指定的供货商"绿源集团"对应的金额统计求和，可以在H3单元格输入以下公式。

```
=SUMPRODUCT((A2:A27<=F3)*(C2:C27=G3),D2:D27)
```

公式中，先使用比较运算符，分别判断"A2:A27<=F3"和"C2:C27=G3"两个条件是否成立。得到两组由逻辑值TRUE和FALSE组成的内存数组。

然后将两个数组中所有元素对应相乘，表示按"并且"的逻辑关系运算，返回1和0组成的乘积。再用相乘后的结果与D列金额对应相乘，最后将乘积结果相加得到计算结果。

如果将公式中的求和参数"D2:D27"去掉，即表示汇总符合多个条件的个数。因此可使用该函数统计符合条件的业务笔数。H6单元格统计业务笔数公式如下。

```
=SUMPRODUCT((A2:A27<=F6)*(C2:C27=G6))
```

第 14 章 统计求和函数

SUMPRODUCT 函数多条件求和的通用写法如下。

=SUMPRODUCT(条件 1* 条件 2*…条件 n, 求和区域)

SUMPRODUCT 函数多条件计数的通用写法如下。

=SUMPRODUCT(条件 1* 条件 2*…条件 n)

💬 注意

使用 SUMPRODUCT 函数求和时，如果目标求和区域的数据类型全部为数值，最后一个参数前的逗号也可以使用乘号"*"代替。如果目标求和区域中存在文本类型数据，使用"*"会返回错误值 #VALUE!。使用","则会将非数值型元素作为 0 值处理。

技巧 154 数组及数组间的直接计算

数组公式是一种能够完成更加复杂计算的公式运用方式，一旦学会使用数组公式，就将真正体会到函数公式的美妙和强大。

154.1 数组的概念及分类

数组（Array）是由一个或多个元素组成的集合，这些元素可以是文本、数值、逻辑值、日期、错误值等。各个元素构成集合的方式有按行排列或按列排列，也可能两种方式同时包含。根据数组的存在形式，又可分为常量数组、区域数组和内存数组。

　● 常量数组

常量数组的所有组成元素均为常量数据，其中文本必须由半角双引号引起来。所谓的常量数据，指的就是直接写在公式中，并且在使用中不会发生变化的固定数据。

常量数组的表示方法为用一对大括号 { } 将构成数组的常量括起来，各常量数据之间用分隔符间隔。可以使用的分隔符包括半角分号";"和半角逗号","，其中分号用于间隔按行排列的元素，逗号用于间隔按列排列的元素。例如：

{" 甲 ",20;" 乙 ",50;" 丙 ",80;" 丁 ",120;" 戊 ",150;" 己 ",200}

这就是一个 6 行 2 列的常量数组。如果将这个数组填入表格区域，排列方式如图 14-9 所示。

甲	20
乙	50
丙	80
丁	120
戊	150
己	200

　● 区域数组

区域数组实际上就是公式中对单元格区域的直接引用。例如：

图 14-9　6 行 2 列数组

=SUMPRODUCT(A2:A5,B2:B5)

公式中的 A2:A5 与 B2:B5 都是区域数组。

💧 内存数组

内存数组是指通过公式计算返回的结果，在内存中临时构成，并可以作为一个整体直接嵌套到其他公式中，继续参与其他计算的数组。例如：

```
=SMALL(A1:A10,{1,2,3})
```

在这个公式中，{1,2,3} 是常量数组，而整个公式得到的计算结果为 A1:A10 单元格区域中最小的 3 个数值组成的内存数组。假定 A1:A10 区域中所保存的数据分别是 101~110 这 10 个数值，那么这个公式所产生的内存数组就是 {101,102,103}。

154.2　数组的维度和尺寸

数组具有行、列及尺寸的特征，数组的尺寸由行列两个参数来确定，M 行 N 列的二维数组是由 $M \times N$ 个元素构成的。常量数组中用分号或逗号分隔符来辨识行列，而区域数组的行列结构则与其引用的单元格区域保持一致。如以下常量数组。

```
{"甲",20;"乙",50;"丙",80;"丁",120;"戊",150;"己",200}
```

包含 6 行 2 列，一共由 $6 \times 2 = 12$ 个元素组成，如图 14-9 所示。

数组中的各行或各列中的元素个数必须保持一致，如果在单元格中输入以下公式，将返回图 14-10 所示的错误警告。

```
={1,2,3,4;1,2,3}
```

这是因为它的第一行有 4 个元素，而第 2 行只有 3 个元素，各行尺寸没有统一，因此不能被识别为数组。

上面这样同时包含行列两个方向元素的数组称为"二维数组"。与此区分的是，如果数组的元素都在同一行或同一列中，则称为"一维数组"。例如，{1,2,3,4,5} 就是一个一维数

图 14-10　错误警告

组，它的元素都在同一行中，由于行方向也是水平方向。因此行方向的一维数组也称为"水平数组"。同理，{1;2;3;4;5} 就是一个单列的"垂直数组"。

如果数组中只包含一个元素，则称为单元素数组，如 {1}，以及 ROW(1:1)、ROW()、COLUMN(A:A) 返回的结果等。与单个数据不同，单元素数组虽然只包含一个数据，却也具有数组的"维"的特性，可以被认为是 1 行 1 列的一维水平或垂直数组。

154.3　数组与单值直接运算

数组与单值（或单元素数组）可以直接运算（所谓"直接运算"，是指不使用函数，直接

使用运算符对数组进行运算），返回一个数组结果，并且与原数组尺寸相同，如表 14-2 所示。

表 14-2　数组与单值直接运算

序号	公式	说明
1	=3+{1;2;3;4}	返回{4;5;6;7}，与{1;2;3;4}尺寸相同
2	={2}*{1,2,3,4}	返回{2,4,6,8}，与{1,2,3,4}尺寸相同
3	=ROW(2:2)*{1;2;3;4}	返回{2;4;6;8}，与{1;2;3;4}尺寸相同

154.4　同方向一维数组之间的直接运算

两个同方向的一维数组直接进行运算，会根据元素的位置进行一一对应运算，生成一个新的数组结果，并且新数组的尺寸和维度与原来的数组保持一致。例如下面的公式。

={1;2;3;4}>{2;1;4;3}

返回结果如下。

={FALSE;TRUE;FALSE;TRUE}

公式运算过程如图 14-11 所示。

参与运算的两个一维数组需要具有相同的尺寸，否则结果中会出现错误值。例如：

={1;2;3;4}>{2;1}

返回结果如下。

={FALSE;TRUE;#N/A;#N/A}

1	>	2	=	FALSE
2	>	1	=	TRUE
3	>	4	=	FALSE
4	>	3	=	TRUE

图 14-11　相同方向一维数组运算

154.5　不同方向一维数组之间的直接运算

两个不同方向的一维数组，即 M 行垂直数组与 N 列水平数组进行运算，其运算方式如下。数组中每一元素分别与另一数组每一元素进行运算，返回 $M×N$ 二维数组。例如下面的公式。

={2,3,5}*{1;2;3;4}

返回结果如下。

={2,3,5;4,6,10;6,9,15;8,12,20}

公式运算过程如图 14-12 所示。

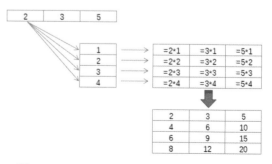

图 14-12　不同方向一维数组之间的直接运算

154.6　一维数组与二维数组之间的直接运算

如果一个一维数组的尺寸与另一个二维数组的某个方向尺寸一致时，可以在这个方向上与数组中的每个元素进行一一对应运算。即 M 行 N 列的二维数组可以与 M 行或 N 列的一维数组进行运算，返回一个 $M×N$ 的二维数组。

例如下面的公式。

={1;2;3;4}*{1,2;2,3;4,5;6,7}

返回结果如下：

={1,2;4,6;12,15;24,28}

公式运算过程如图 14-13 所示。

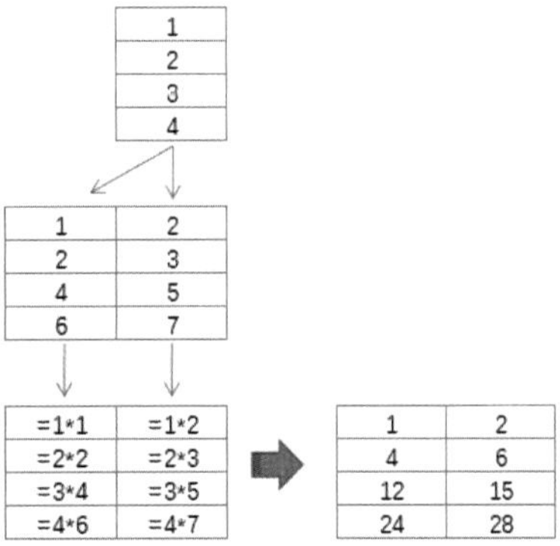

如果两个数组之间没有完全匹配尺寸的维度，直接运算则会产生错误值。例如下面的公式：

={1;2;3;4}*{1,2;2,3;4,5}

返回结果如下：

={1,2;4,6;12,15;#N/A,#N/A}

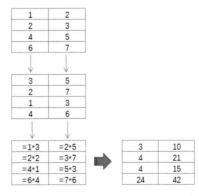

图 14-13　一维数组与二维数组之间的直接运算

154.7　二维数组之间的直接运算

两个尺寸完全相同的二维数组，也可以直接运算，运算中将每个相同位置的元素一一对应进行运算，返回一个与它们尺寸相同的二维数组结果。

例如下面的公式。

={1,2;2,3;4,5;6,7}*{3,5;2,7;1,3;4,6}

返回结果如下：

{3,10;4,21;4,15;24,42}

公式运算过程如图 14-14 所示。

如果参与运算的两个二维数组尺寸不一致，会产生错误值，生成的结果以两个数组中的最大行列为新的数组尺寸。例如下面的公式。

={1,2;2,3;4,5;6,7}*{3,5;2,7;1,3}

返回结果为：

{3,10;4,21;4,15;#N/A,#N/A}

图 14-14　二维数组之间的直接运算

除了上面所说的直接运算方式，数组之间的运算还包括使用函数，部分函数对参与运算的数组尺寸有特定的要求，而不一定遵循直接运算的规则。

技巧 155 LARGE 函数和 SMALL 函数的应用

LARGE 函数和 SMALL 函数用于从一组数据中计算排名第几大或第几小的数。例如，要在 A2:A10 中取第三大的数，可以使用 LARGE 函数，公式如下。

```
=LARGE(A2:A10,3)
```

同理，如果要取第三小的数，可以使用 SMALL 函数，公式如下。

```
=SMALL(A2:A10,3)
```

在实际工作中，经常会需要统计前几名或后几名的合计。图 14-15 展示了一张销售员业绩统计表，希望统计销售金额前三名、后三名的销售总额。

	A	B	C	D	E
1	销售员	金额			
2	苏凌云	33,928.00		前三名	后三名
3	褚程悦	18,093.00		99,766.00	32,040.00
4	何志海	4,590.00			
5	韩梦科	34,527.00			
6	孙桂兰	24,012.00			
7	吴红燕	29,061.00			
8	郜之双	25,873.00			
9	何功民	11,752.00			
10	浦雪萍	31,311.00			
11	许叶平	23,327.00			
12	周眉元	26,297.00			
13	张令萍	15,698.00			
14	赵文晶	28,542.00			

图 14-15 计算前三名、后三名的销售总额

在 D3 单元格输入如下公式。

```
=SUM(LARGE(B2:B14,{1,2,3}))
```

公式中，LARGE 函数的第二参数使用常量数组 {1,2,3}，可以返回 B2:B14 区域中第 1 名、第 2 名和第 3 名的金额，结果是包含这三个元素的数组 {34527,33928,31311}。然后再用 SUM 函数对这三个元素求和，即为前三名的总额。

同理，在 E3 单元格输入如下公式，可以得到后三名的销售总额。

```
=SUM(SMALL(B2:B14,{1,2,3}))
```

技巧 156 去掉最大和最小值后计算平均值

演示视频

在日常工作中，常常需要将数据的最大值和最小值去掉之后再求平均值，可以利用 TRIMMEAN 函数。

TRIMMEAN 函数用于返回数据集的内部平均值。从数据集的头部和尾部除去一定百分比的数据点，然后再求平均值。语法如下。

```
=TRIMMEAN(array,percent)
```

即：

```
=TRIMMEAN( 数组 , 要排除的百分比 )
```

第一参数为求平均值的数组或数值区域。第二参数为从计算中排除数据点的比例。如果排除的数据点数为奇数，将向下舍入为最接近的 2 的倍数。

例如，要计算图 14-16 中去除最高薪资和最低薪资后的平均薪资。

E3 单元格可输入以下公式。

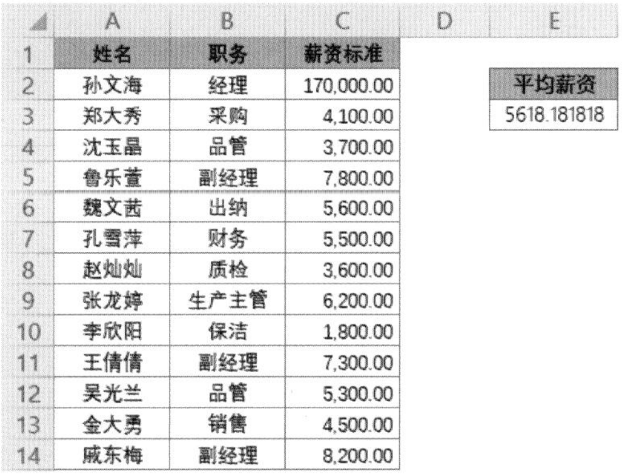

	A	B	C	D	E
1	姓名	职务	薪资标准		
2	孙文海	经理	170,000.00		平均薪资
3	郑大秀	采购	4,100.00		5618.181818
4	沈玉晶	品管	3,700.00		
5	鲁乐萱	副经理	7,800.00		
6	魏文茜	出纳	5,600.00		
7	孔雪萍	财务	5,500.00		
8	赵灿灿	质检	3,600.00		
9	张龙婷	生产主管	6,200.00		
10	李欣阳	保洁	1,800.00		
11	王倩倩	副经理	7,300.00		
12	吴光兰	品管	5,300.00		
13	金大勇	销售	4,500.00		
14	戚东梅	副经理	8,200.00		

图 14-16　去掉最大和最小值后计算平均值

```
=TRIMMEAN(C2:C14,2/13)
```

此公式的第二参数“2/13”表示在C2:C14 单元格区域的 13 个数值中，去除一个最高值 170000 和一个最低值 1800，然后计算出平均值。

在实际工作中当处理的数据量较大时，并不方便计算数值的总个数，此时可以用COUNT函数自动计算需要处理的数字个数，以上公式可以写成：

```
=TRIMMEAN(C2:C14,2/COUNT(C2:C14))
```

技巧 157 隐藏和筛选状态下的统计汇总

图 14-17 所示，是一张启用了自动筛选功能的商品销售明细表，如果需要在筛选和隐藏状态下进行相关统计，可以使用SUBTOTAL函数。

SUBTOTAL 函数可以返回列表或数据库中的分类汇总，包括求和、平均值、最大值、最小值、标准差、方差等多种统计方式，其中第一参数的功能代码可分为包含隐藏值和忽略隐藏值两种类型，如表 14-3 所示。

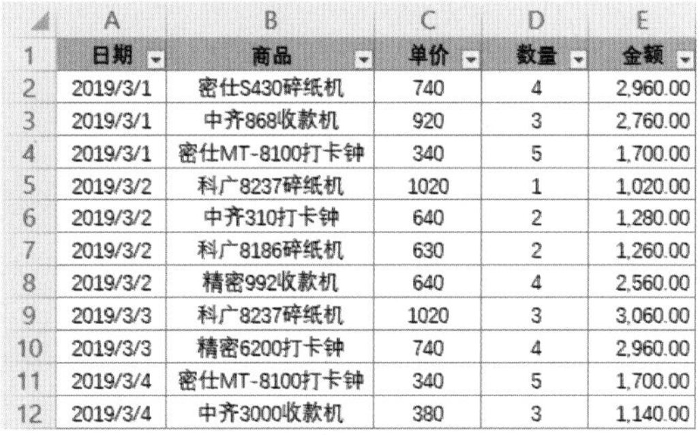

	A	B	C	D	E
1	日期	商品	单价	数量	金额
2	2019/3/1	密仕S430碎纸机	740	4	2,960.00
3	2019/3/1	中齐868收款机	920	3	2,760.00
4	2019/3/1	密仕MT-8100打卡钟	340	5	1,700.00
5	2019/3/2	科广8237碎纸机	1020	1	1,020.00
6	2019/3/2	中齐310打卡钟	640	2	1,280.00
7	2019/3/2	科广8186碎纸机	630	2	1,260.00
8	2019/3/2	精密992收款机	640	4	2,560.00
9	2019/3/3	科广8237碎纸机	1020	3	3,060.00
10	2019/3/3	精密6200打卡钟	740	4	2,960.00
11	2019/3/4	密仕MT-8100打卡钟	340	5	1,700.00
12	2019/3/4	中齐3000收款机	380	3	1,140.00

图 14-17　商品销售明细表

表 14-3　SUBTOTAL 函数参数功能

第一参数 （包含手动设置了 隐藏的行）	第一参数 （忽略手动设置了 隐藏的行）	应用函数规则	说明
1	101	AVERAGE	计算平均值
2	102	COUNT	计算数值的个数
3	103	COUNTA	计算非空单元格的个数
4	104	MAX	计算最大值
5	105	MIN	计算最小值
6	106	PRODUCT	计算数值的乘积
7	107	STDEV.S	计算样本标准偏差
8	108	STDEV.P	计算总体标准偏差
9	109	SUM	求和
10	110	VAR.S	计算样本的方差
11	111	VAR.P	计算总体方差

例如，在筛选状态下选择了所有商品名称包含"打卡钟"的记录，可以使用 SUBTOTAL 函数进行相关统计。

计算销售总额，公式如下。

```
=SUBTOTAL(9,E2:E20)
=SUBTOTAL(109,E2:E20)
```

计算平均销售额，公式如下。

```
=SUBTOTAL(1,E2:E20)
=SUBTOTAL(101,E2:E20)
```

计算最大销售额，公式如下。

```
=SUBTOTAL(4,E2:E20)
=SUBTOTAL(104,E2:E20)
```

在筛选状态下，SUBTOTAL 函数功能代码使用包括隐藏和忽略隐藏两类功能代码，计算结果均相同，如图 14-18 所示。

如果使用隐藏行功能后，再使用右键隐藏了商品名称部分包含"打卡钟"的记录，SUBTOTAL 函数使用不同的第一参数进行相关计算时的结果如图 14-19 所示。

	A	B	C	D	E
1	日期	商品	单价	数量	金额
4	2019/3/1	密仕MT-8100打卡钟	340	5	1,700.00
6	2019/3/2	中齐310打卡钟	640	2	1,280.00
10	2019/3/3	精密6200打卡钟	740	4	2,960.00
11	2019/3/4	密仕MT-8100打卡钟	340	5	1,700.00
14	2019/3/4	中齐310打卡钟	640	3	1,920.00
19	2019/3/5	精密6200打卡钟	740	3	2,220.00
21					
22		计算项目	包括隐藏	忽略隐藏	
23		销售总额	11780	11780	
24		平均销售额	1963.3333	1963.3333	
25		最大销售额	2960	2960	

图 14-18　筛选状态下的计算

	A	B	C	D	E
1	日期	商品	单价	数量	金额
4	2019/3/1	密仕MT-8100打卡钟	340	5	1,700.00
6	2019/3/2	中齐310打卡钟	640	2	1,280.00
10	2019/3/3	精密6200打卡钟	740	4	2,960.00
11	2019/3/4	密仕MT-8100打卡钟	340	5	1,700.00
14	2019/3/4	中齐310打卡钟	640	3	1,920.00
19	2019/3/5	精密6200打卡钟	740	3	2,220.00
21					
22		计算项目	包括隐藏	忽略隐藏	
23		销售总额	35230	11780	
24		平均销售额	1854.2105	1963.3333	
25		最大销售额	3060	2960	

图 14-19　隐藏状态下的计算

由此可以看出，SUBTOTAL函数可以在筛选和隐藏行状态下统计当前显示的数据，可以不受隐藏的影响统计所有数据，也可以在隐藏或筛选的状态下仅统计显示的数据。

注意

使用SUBTOTAL函数时，要根据是否存在隐藏记录来正确选择函数的第一参数功能代码。对于筛选方式的隐藏，SUBTOTAL函数只能统计显示的数据，而对于手动隐藏的数据，SUBTOTAL函数则可以通过设定功能代码，在统计全部数据和仅统计显示数据两种方式间切换。SUBTOTAL函数仅支持隐藏行的统计，不支持隐藏列的统计。

技巧158 筛选状态下生成连续序号

图14-20展示了一张不同部门的销售汇总表，如果希望在筛选状态下A列的序号仍然连续，可以使用SUBTOTAL函数。

	A	B	C	D
1	序号	姓名	所属部门	销售额
8	1	高节英	潘家园	43,500.00
10	2	何汝华	潘家园	26,900.00
11	3	雷一啸	潘家园	69,580.00
13	4	李立伟		
15	5	米思翰		
21	6	司徒鹤		
22	7	唐苉		

	A	B	C	D
1	序号	姓名	所属部门	销售额
4	1	陈佳	左安门	88,450.00
7	2	段惠仙	左安门	87,650.00
9	3	归辛树	左安门	76,980.00
12	4	李丹	左安门	87,650.00
17	5	沐剑声	左安门	87,650.00
23	6	王璐	左安门	69,580.00
24	7	韦小宝	左安门	88,450.00
25	8	夏绍琼	左安门	76,980.00

图 14-20　表格筛选状态下的连续序号

清空所有筛选条件，在A2单元格输入如下公式，并复制填充至A3:A27单元格区域。

```
=SUBTOTAL(3,$B$2:B2)*1
```

公式中SUBTOTAL函数第一参数为3，功能为“计算非空单元格的个数”，第二参数$B$2:B2，在向下复制填充时依次变成$B$2:B3、$B$2:B4、$B$2:B5……通过SUBTOTAL

函数即可返回筛选状态下B列第2行到公式所在行的可见非空单元格的个数，达到生成连续序号的效果。

注意

在表格中直接使用SUBTOTAL函数时，WPS表格会将公式所在区域的最后一行默认为汇总行，影响筛选操作。要解决这个问题，只需将SUBTOTAL函数返回的结果进行一次算术运算即可。上述公式中的*1（乘以1）目的就是在于此。

技巧159 用FREQUENCY函数统计各年龄段人数

FREQUENCY函数的作用是计算一组数据的频率分布。虽然这是一个专业的统计函数，但随着对这个函数研究的深入，它在日常工作中的应用越来越广泛。

图14-21所示为员工年龄统计表，现需要从25岁开始每10岁划分一个年龄段，具体划分范围见D3:D7单元格区域。要求在E3:E7单元格区域统计各年龄段的人数。

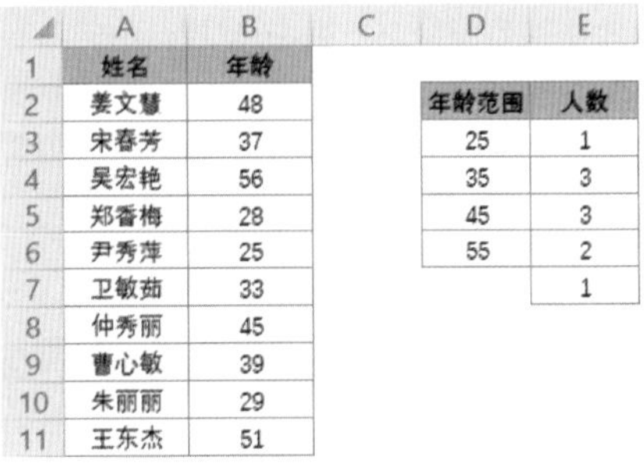

	A	B	C	D	E
1	姓名	年龄			
2	姜文慧	48		年龄范围	人数
3	宋春芳	37		25	1
4	吴宏艳	56		35	3
5	郑香梅	28		45	3
6	尹秀萍	25		55	2
7	卫敏茹	33			1
8	仲秀丽	45			
9	曹心敏	39			
10	朱丽丽	29			
11	王东杰	51			

图14-21 员工年龄分段统计表

选中E3:E7单元格区域，在编辑栏输入如下公式，然后按<Ctrl+Shift+Enter>组合键，生成多单元格数组公式。

```
{=FREQUENCY(B2:B11,D3:D6)}
```

FREQENCY函数返回的元素个数会比第二参数中的元素个数多1个，多出来的元素表示超出最大年龄范围的数值个数。如E7单元格中结果为1，表示超过55岁的人数为1人。

在按间隔统计时，FREQENCY函数按包括间隔上限，但不包括间隔下限进行统计。例如，年龄范围35对应的统计结果3，为包括35岁而不包括25岁的员工人数，即大于25岁且小于等于35岁的人数。

技巧160 业绩排名，其实很简单

在竞技比赛和成绩管理等统计分析工作中，经常对成绩进行排名。针对这一类应用，WPS表格专门提供了RANK函数来计算排名。

RANK函数语法如下。

```
=RANK(number,ref,order)
```

即：

=RANK（ 数值 ， 引用范围 ， 排位方式 ）

其中第一参数是要参与排位的数值，第二参数用于指定要以哪些数据作为排位的参照，第三参数可选，用数字来指定排位的方式，如果该参数为 0（零）或省略，WPS表格对数字的排位按照降序排列，即第二参数中最大的数值排名为 1。如果该参数不为零，对数字的排位则按照升序排列，即第二参数中最小的数值排名为 1。

使用 RANK 函数对销售额排名

图 14-22 所示是一张业务员销售业绩表，要对销售业绩进行排名。

C2 单元格输入如下公式，向下复制填充到 B16 单元格。

=RANK(B2,$B$2:$B$16,0)

公式中B2 是需要参与排名的销售额，$B$2:$B$16 是包含所有业务员销售额的数据区域，用RANK 函数得到结果为 3，表示业务员"戚婷婷"的业绩排名为第 3 名。第三参数为 0（零），表示对当前数字的排位是基于数据区域的降序排列名次。

	A	B	C
1	业务员	销售额	业绩排名
2	戚婷婷	937,000.00	3
3	周凤珍	524,000.00	10
4	施文清	973,000.00	2
5	沈梅梅	608,000.00	7
6	朱美琳	644,000.00	6
7	张含会	524,000.00	10
8	昌冰易	445,000.00	14
9	何东红	404,000.00	15
10	陈亚萍	678,000.00	5
11	尤琼琼	528,000.00	9
12	华美兰	471,000.00	13
13	周凌云	974,000.00	1
14	何敏婷	558,000.00	8
15	戚彩霞	476,000.00	12
16	姜龙婷	745,000.00	4

图 14-22　业务员销售业绩表

以上公式也可以写成：

=RANK(B2,$B$2:$B$16)

注意

RANK 函数排名时，如有重复数字，则返回相同的排名，但重复数字的存在会影响后续数值的排名。如业务员"周凤珍"和"张含会"的销售额均是 524000，两人并列第 10 名。因此排名中没有第 11 名，下一位排名为第 12 名。

对于使用连续排名方式的中国式排名方法，请参阅技巧 162。

技巧 161　百分比排名

RANK 函数的使用比较简单，但是在不知道数据的样本总量时，仅根据排名的结果意义不大。而使用百分比排位的方式，则能够比较直观地展示出该数据在总体样本中的实际水平。例如，有五名学生参加测验，使用RANK 函数计算出小明考试成绩排名为第五，而使用百分比排位的方式，其排名结果为 0，表示小明的成绩高于 0% 的其他同学。

百分比排名，是指比当前数据小的数据个数除以与此数据进行比较的数据总数（当前数据不计算在内）。PERCENTRANK 函数用于返回特定数值在一个数据组中的百分比排位，语法如下。

```
=PERCENTRANK(array,x,significance)
```

即：

```
=PERCENTRANK( 数组 , 要得到排位的数值 , 要保留的小数位 )
```

仍以技巧 160 的业务员销售业绩表为例，如果要计算销售业绩的百分比排名，可以在 C2 单元格输入以下公式，向下复制填充到 C16 单元格。

```
=PERCENTRANK($B$2:$B$16,B2,4)
```

统计结果如图 14-23 所示。

该公式使用 PERCENTRANK 函数计算 B2 单元格的数值在 B2:B16 单元格的数据组中的百分比排位，并保留 4 位小数，结果换算为百分比格式后为 85.71%。说明当前业务员的销售额高于 85.71% 的业务员。

▲	A	B	C
1	业务员	销售额	业绩排名
2	戚婷婷	937,000.00	85.71%
3	周凤珍	524,000.00	28.57%
4	施文清	973,000.00	92.85%
5	沈梅梅	608,000.00	57.14%
6	朱美琳	644,000.00	64.28%
7	张含会	524,000.00	28.57%
8	昌冰易	445,000.00	7.14%
9	何东红	404,000.00	0.00%
10	陈亚芹	678,000.00	71.42%
11	尤琼琼	528,000.00	42.85%
12	华美兰	471,000.00	14.28%
13	周凌云	974,000.00	100.00%
14	何敏婷	558,000.00	50.00%
15	戚彩霞	476,000.00	21.42%
16	姜龙婷	745,000.00	78.57%

图 14-23　对销售业绩进行百分比排名

技巧 162　中国式排名

通过技巧 160 可以看出，利用 RANK 函数进行排名，并不完全符合日常的排名习惯。按照中国人排名习惯，并列排名不占用名次，即无论有几个第 1 名，之后的排名仍然是第 2 名。

如图 14-24 所示，业务员"周凤珍"和"张含会"并列第 10 名，按照中国式排名，紧随其后的"戚彩霞"的排名应为第 11 名。

要实现中国式排名，可以在 C2 单元格输入以下公式，向下复制填充到 C16 单元格。

```
=SUMPRODUCT(($B$2:$B$16>=B2)/
COUNTIF($B$2:$B$16,$B$2:$B$16))
```

中国式排名方式在计算名次时不考虑高于当前数值的总个数，而只关注高于此数值的不重复数值个数。因此求取中国式排名的实质就是求取大于等于当前数值的不重复数值个数。

公式中的"$B$2:$B$16>=B2"部分，使用 B 列的销售额分别与 B2 单元格中的数值进行

▲	A	B	C
1	业务员	销售额	业绩排名
2	周凤珍	524,000.00	10
3	施文清	973,000.00	2
4	张含会	524,000.00	10
5	沈梅梅	608,000.00	7
6	戚彩霞	476,000.00	11
7	朱美琳	644,000.00	6
8	戚婷婷	937,000.00	3
9	昌冰易	445,000.00	13
10	何东红	404,000.00	14
11	陈亚芹	678,000.00	5
12	尤琼琼	528,000.00	9
13	华美兰	471,000.00	12
14	周凌云	974,000.00	1
15	何敏婷	558,000.00	8
16	姜龙婷	745,000.00	4

图 14-24　中国式排名

对比，返回一组逻辑值，结果为：

{TRUE;TRUE;TRUE;TRUE;FALSE;TRUE;TRUE;FALSE;FALSE;TRUE;TRUE;FALSE;TRUE;TRUE;TRUE}

在四则运算中，逻辑值TRUE和FALSE分别相当于1和0。因此该部分可以看作为：

{1;1;1;1;0;1;1;0;0;1;1;0;1;1;1}

COUNTIF($B$2:$B$16,$B$2:$B$16)部分，返回B2:B16单元格区域中每个单元格中的值出现的次数，结果为：

{2;1;2;1;1;1;1;1;1;1;1;1;1;1;1}

将内存数组{1;1;1;1;0;1;1;0;0;1;1;0;1;1;1}与COUNTIF函数返回的内存数组{2;1;2;1;1;1;1;1;1;1;1;1;1;1;1}中的每个元素对应相除，相当于如果B$2:B$16>=B2的条件成立，就对该数组中对应的元素取倒数，得到新的数组结果为：

{0.5;1;0.5;1;0;1;1;0;0;1;1;0;1;1;1}

如果将以上内存数组以分数形式显示，结果为：

{1/2;1;1/2;1;0;1;1;0;0;1;1;0;1;1;1}

对照B2:B16单元格区域中的数值可以看出，如果数值小于B2单元格，该部分的计算结果为0。如果数值大于等于B2，并且仅出现一次，则该部分计算结果为1。如果数值大于等于B2，并且出现了多次，则计算出现次数的倒数（例如524300出现了两次，则每个524300对应的结果是1/2，两个1/2合计起来还是1）。

然后再利用SUMPRODUCT函数将以上内存数组求和，得到大于或等于B2单元格数值的不重复数值个数，此结果即为中国式排名。

第15章 函数与公式应用实例

使用函数的嵌套组合，能够实现一些比较特殊的数据查询汇总功能。本章将介绍日常工作中比较常用的一对多查询、多对多查询等应用的典型方法。

技巧 163 根据指定条件返回多项符合条件的记录

图 15-1 所示是某公司员工信息表的部分内容，需要根据 G2 单元格中指定的学历，提取出学历为"本科"的所有人员姓名。

▲	A	B	C	D	E	F	G	H	I
1	工号	姓名	隶属部门	学历	年龄		指定学历		姓名
2	068	李俊伟	生产部	本科	30		本科		李俊伟
3	014	阮富庆	生产部	专科	37				刘国华
4	055	梁威威	生产部	硕士	57				郭怡军
5	106	林昊莉	生产部	专科	48				战桂英
6	107	刘国华	销售部	本科	38				李文明
7	114	郭怡军	销售部	本科	25				乐应国
8	118	李光宗	行政部	专科	32				欧阳红
9	069	战桂英	行政部	本科	24				
10	236	李文明	生产部	本科	24				
11	237	陆宝富	生产部	专科	44				
12	238	孙小婷	生产部	高中	30				
13	239	方勇华	生产部	高中	33				
14	240	乐应国	生产部	本科	29				
15	241	欧阳红	生产部	本科	35				
16	242	张智玲	生产部	硕士	48				

图 15-1 员工信息表

在 I2 单元格输入以下数组公式，按 <Ctrl+Shift+Enter> 组合键，再将公式向下拖动到出现空白单元格为止。

`{=INDEX(B:B,SMALL(IF($D$2:$D$16=$G$2,ROW($2:$16),4^8),ROW(A1)))&""}`

公式比较长，可将其逐步分解后再进行解读。首先看公式中的 IF 函数部分：

`IF($D$2:$D$16=$G$2,ROW($2:$16),4^8)`

IF 函数的作用是判断一个条件是否成立，如果成立返回第二参数，否则返回第三参数。

本例中，要判断的条件是"$D$2:$D$16=$G$2"，如果 $D$2:$D$16 单元格区域中的学历等于G2单元格中指定的"本科"，就返回$D$2:$D$16单元格对应的行号，否则返回4^8，即4的8次幂，结果为65536，最终得到一个内存数组的计算结果如下。

{2;65536;65536;65536;6;7;65536;9;10;65536;65536;65536;14;15;65536}

如果将这个内存数组结果放到单元格中，结果如图15-2中F列所示。

	A	B	C	D	E	F	G
1	工号	姓名	隶属部门	学历	年龄		指定学历
2	068	李俊伟	生产部	本科	30	2	本科
3	014	阮富庆	生产部	专科	37	65536	
4	055	梁威威	生产部	硕士	57	65536	
5	106	林曼莉	生产部	专科	48	65536	
6	107	刘国华	销售部	本科	38	6	
7	114	郭怡军	销售部	本科	25	7	
8	118	李光宗	行政部	专科	32	65536	
9	069	战桂英	行政部	本科	24	9	
10	236	李文明	生产部	本科	24	10	
11	237	陆宝富	生产部	专科	44	65536	
12	238	孙小婷	生产部	高中	30	65536	
13	239	方勇华	生产部	高中	33	65536	
14	240	乐应国	生产部	本科	29	14	
15	241	欧阳红	生产部	本科	35	15	
16	242	张智玲	生产部	硕士	48	65536	

图 15-2　IF 函数部分的计算结果

接下来再用SMALL函数，这个内存数组中从小到大依次提取内容。

SMALL函数的作用是返回一组数值中的第k个最小值。本例中，SMALL函数用IF函数的计算结果作为第一参数，在这个内存数组中依次提取第k个最小值。这里的k由公式最后部分的ROW(A1)来指定。

ROW(A1)的作用是返回A1单元格的行号，结果是1。当公式向下复制时，参数会依次变成ROW(A2)、ROW(A3)……，也就是得到从1开始、依次递增的序号。最终的目的是给SMALL函数一个动态的参数，依次从内存数组中提取出第1至n个最小值。

从图15-2中可以看出，SAMLL函数首先提取出内存数组中的第1个最小值，结果是2。该结果用作INDEX函数的参数。

INDEX函数的作用是根据指定的位置信息，从数据区域中返回对应位置的内容。SMALL函数得到的结果2就是位置信息，INDEX函数从"B:B"（也就是B列中返回第2个单元格中的内容）最终得到第一个符合条件的姓名"李俊伟"。

公式向下复制到I3单元格，公式中的ROW(A1)变成了ROW(A2)，得到A2的行号2。

SMALL函数再从内存数组中提取第2个最小值，从图15-2中可以看出，第2个最小值是6。INDEX函数以此作为位置信息，最终返回B列第6个单元格中的内容"刘国华"。

随着公式向下复制，符合条件的行号会被SMALL函数依次提取出来，再由INDEX函数返回B列对应位置的内容。

当公式继续向下复制，SMALL函数提取出的结果就会成为65536，INDEX函数再返回B列第65536个单元格中的内容。通常情况下，工作表的数据不会超过65536条，也就是默认第65536行是空白单元格。INDEX函数引用空白单元格时，会返回一个无意义的0。因此在公式的最后部分连接一个空文本&""，使无意义的0不再显示。

函数与公式应用实例

技巧 164 提取出同时符合多个条件的所有记录

如图 15-3 所示，要在员工信息表中提取出学历为"本科"，部门为"生产部"的所有人员姓名。

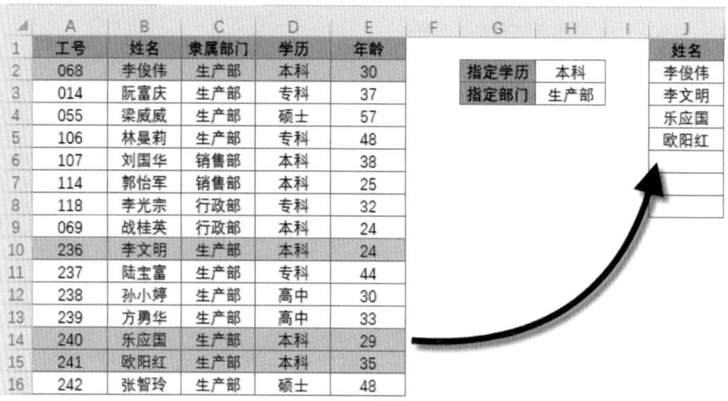

图 15-3 提取出同时符合多个条件的所有记录

在 J2 单元格输入以下数组公式，按 <Ctrl+Shift+Enter> 组合键，再将公式向下拖动到出现空白单元格为止。

```
{=INDEX(B:B,SMALL(IF(($D$2:$D$16=$H$2)*($C$2:$C$16=$H$3),ROW($2:$16),4^8),ROW
(A1)))&""}
```

本例中，要求"学历"和"部门"两个条件同时符合，公式看起来更加冗长。仔细观察可以发现，公式中的大部分内容和技巧 163 中的公式几乎是相同的，有所不同的地方是 IF 函数的第一参数部分：

```
($D$2:$D$16=$H$2)*($C$2:$C$16=$H$3)
```

"$D$2:$D$16=$H$2"部分，用于判断 $D$2:$D$16 单元格区域中的学历是不是等于 $H$2 单元格中指定的学历，计算结果为：

```
{TRUE;FALSE;FALSE;FALSE;TRUE;TRUE;FALSE;TRUE;TRUE;FALSE;FALSE;FALSE;TRUE;TRUE;FALSE}
```

"$C$2:$C$16=$H$3"部分，用于判断 $C$2:$C$16 单元格区域中的部门是不是等于 $H$3 单元格中指定的部门，计算结果为：

```
{TRUE;TRUE;TRUE;TRUE;FALSE;FALSE;FALSE;FALSE;TRUE;TRUE;TRUE;TRUE;TRUE;TRUE;TRUE}
```

接下来再将以上两个内存数组中的元素对应相乘。在四则运算中，逻辑值 TRUE 相当于 1，FALSE 相当于 0。只有两组条件同时符合时，对应相乘后的结果才是 1，否则相乘结果是 0，相乘后的新内存数组为：

{1;0;0;0;0;0;0;0;1;0;0;0;1;1;0}

如果将这个内存数组结果放到单元格中，结果如图 15-4 中 F 列所示。

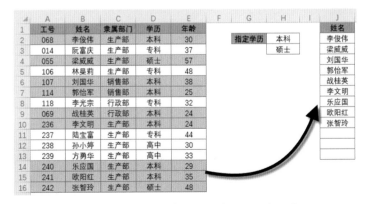

图 15-4　内存数组结果示意图

在 IF 函数的第一参数中，0 的作用相当于逻辑值 FALSE，不等于 0 的数值则相当于逻辑值 TRUE。也就是两个条件同时符合则返回对应的行号，否则返回 65536。

"IF(($D$2:$D$16=$H$2)*($C$2:$C$16=$H$3),ROW($2:$16),4^8)"部分的计算结果为：

{2;65536;65536;65536;65536;65536;65536;65536;10;65536;65536;65536;14;15;65536}

接下来再使用 SMALL 函数，从该内存数组中从小到大依次提取出行号信息，再由 INDEX 函数根据行号信息返回 B 列对应位置的内容。

技巧 165　提取多个条件符合其一的所有记录

如图 15-5 所示，要从员工信息表中提取学历为"本科"和"硕士"的所有人员姓名。

图 15-5　提取多个条件符合其一的所有记录

在 J2 单元格输入以下数组公式，按 <Ctrl+Shift+Enter> 组合键，再将公式向下拖动到出现空白单元格为止。

```
{=INDEX(B:B,SMALL(IF(($D$2:$D$16=$H$2)+($D$2:$D$16=$H$3),ROW($2:$16),4^8),ROW
(A1)))&""}
```

该公式与技巧 164 中的公式区别之处在于，IF 函数第一参数中的多个条件之间由乘号换成了加号。

```
($D$2:$D$16=$H$2)+($D$2:$D$16=$H$3)
```

两组条件分别与 H2 和 H3 中指定的学历进行对比，返回两组由逻辑值构成的内存数组。将两个内存数组中的元素对应相加，只要有一个条件符合，对应相加后的结果则不为 0，只有所有条件都不符合，相加结果才是 0。两组条件相加后得到内存数组结果如图 15-6 中 F 列所示。

	A	B	C	D	E	F	G	H
1	工号	姓名	隶属部门	学历	年龄			
2	068	李俊伟	生产部	本科	30	1	指定学历	本科
3	014	阮富庆	生产部	专科	37	0		硕士
4	055	梁威威	生产部	硕士	57	1		
5	106	林晨莉	生产部	专科	48	0		
6	107	刘国华	销售部	本科	38	1		
7	114	郭怡军	销售部	本科	25	1		
8	118	李光宗	行政部	专科	32	0		
9	069	战桂英	行政部	本科	24	1		
10	236	李文明	生产部	本科	24	1		
11	237	陆宝富	生产部	专科	44	0		
12	238	孙小婷	生产部	高中	30	0		
13	239	方勇华	生产部	高中	33	0		
14	240	乐应国	生产部	本科	29	1		
15	241	欧阳红	生产部	本科	35	1		
16	242	张智玲	生产部	硕士	48	1		

图 15-6 内存数组结果示意图 2

公式其他部分的计算过程与技巧 164 中的公式计算过程相同，不再赘述。

第 3 篇

数据可视化

俗话说"一图胜千言",将纷杂、枯燥的数据以图形、图表的形式表现出来，并从不同的维度观察和分析，能够使数据更具有说服力。本篇将重点介绍数据可视化技术中的条件格式、常用图表以及交互式图表和非数据类图表与图形的处理。

第16章 用条件格式标记数据

使用条件格式功能，可以预先设置单元格格式或图形效果，并在满足指定的条件时自动应用于目标单元格。如果单元格的值发生变化，则其对应的格式也会自动改变。本章主要讲述使用"数据条""色阶""图标集"等图形化功能来展示数据分析的结果，以及用预定义规则来快速标记包含重复值、特定日期提醒或特定文本的单元格。

技巧 166 突出显示前 3 名的成绩

图 16-1 展示了某公司员工考核表，使用条件格式可以标记考核成绩前 3 名的记录。

	A	B	C
1	姓名	部门	考核成绩
2	郑建杰	安监部	69
3	李芳菲	销售部	77
4	张颖建	安监部	73
5	王伟达	销售部	84
6	刘英玫	销售部	65
7	金士鹏	采购部	77
8	张雪眉	信息表	73
9	孙林茂	信息表	70
10	赵军来	人资部	83
11	何梅东	储运部	70
12	童世杰	生产部	71
13	马向东	生产部	75
14	刘文娟	储运部	68

	A	B	C
1	姓名	部门	考核成绩
2	郑建杰	安监部	69
3	李芳菲	销售部	77
4	张颖建	安监部	73
5	王伟达	销售部	84
6	刘英玫	销售部	65
7	金士鹏	采购部	77
8	张雪眉	信息表	73
9	孙林茂	信息表	70
10	赵军来	人资部	83
11	何梅东	储运部	70
12	童世杰	生产部	71
13	马向东	生产部	75
14	刘文娟	储运部	68

图 16-1 突出显示前 3 名的成绩

操作步骤如下。

↑ **步骤一** 选中C2:C14 单元格区域，在【开始】选项卡下依次单击【条件格式】→【项目选取规则】→【前10项】命令，打开【前10项】对话框。

↑ **步骤二** 在【为值最大的那些单元格设置格式：】中将数字"10"更改为"3"，保留【设置为】下拉列表中的默认格式【浅红填充色深红色文本】。单击【确定】按钮关闭【前10项】对话框，如图 16-2 所示。

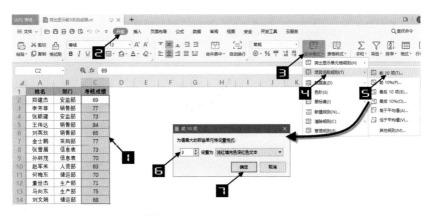

图 16-2　设置项目选取规则

注意

在【项目选取规则】中，需要选取的数据如遇并列情况，条件格式将所有符合条件的项目一并选取，所以本例中突出显示前 3 名结果实际为 4 项。

如果需要更改格式，可单击【前 10 项】对话框中的【设置为】下拉按钮，在下拉列表中选择内置格式效果，或单击【自定义格式】命令，在打开的【单元格格式】对话框中进行更加个性化的设置，如图 16-3 所示。

图 16-3　更改格式

技巧 **167** **用数据条展示应收账款占比**

图 16-4 展示了某公司往来应收账款占比情况，可以用条件格式更加直观地展示各往来公司的应收账款占比情况。

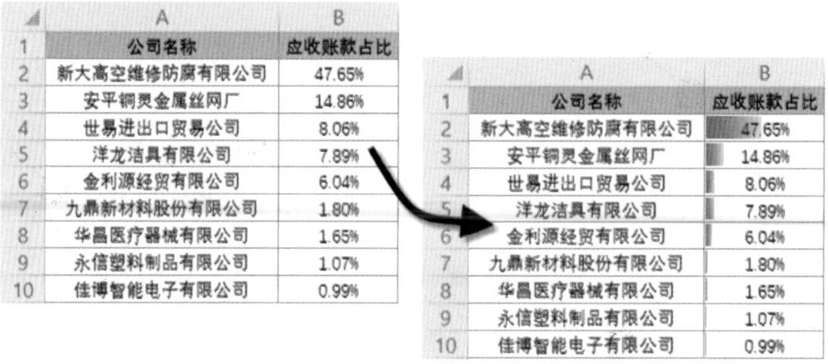

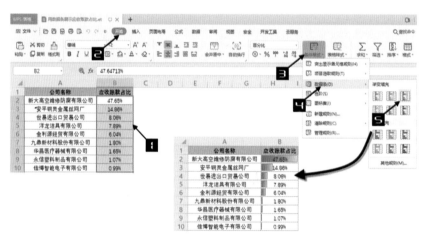

图 16-4　用数据条展示应收账款占比

操作步骤如下。

↑ **步骤一**　选中 B2:B10 单元格区域，在【开始】选项卡下依次单击【条件格式】→【数据条】→【红色数据条】命令。如图 16-5 所示。

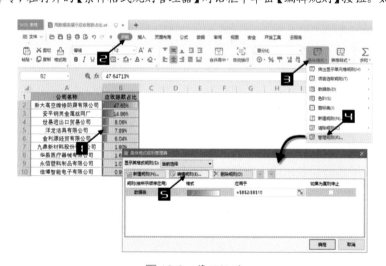

图 16-5　设置数据条

↑ **步骤二**　保持 B2:B10 单元格选中状态，在【开始】选项卡下，依次单击【条件格式】→【管理规则】命令，在打开的【条件格式规则管理器】对话框中单击【编辑规则】按钮。如图 16-6 所示。

图 16-6　管理规则

↑ 步骤三 在打开的【编辑规则】对话框中，首先在【最小值】和【最大值】的【类型】下拉菜单中选择"数字"、【值】编辑框中分别输入"0"和"1"，然后在【边框】下拉菜单中选择"无边框"，最后单击【确定】按钮，再单击【条件格式规则管理器】对话框的【确定】按钮完成设置，如图16-7所示。

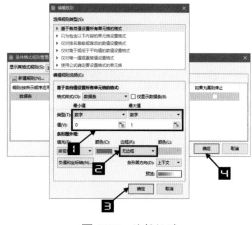

图 16-7 编辑规则

💬 注意

　　在步骤三中，设置【最小值】和【最大值】的类型为"数字"并且【值】分别为"0"和"1"，其意义在于将当前单元格中的百分比和最小值（0）、最大值（本例中的1代表100%）进行比较，再以数据条的形式将上述比较结果显示。此时，如果单元格中百分比数值为100%，数据将填充整个单元格。

技巧 168 用色阶制作热图

　　图16-8展示了一张某地区各月份的日均最低气温，可以用条件格式的色阶功能，生动地展示气温的高低变化。

▲	A	B	C	D	E	F	G	H	I	J	K	L	M
1	月份	1月	2月	3月	4月	5月	6月	7月	8月	9月	10月	11月	12月
2	日均最低气温	-9.3	-6.2	0.1	7.6	14.6	19.4	22.8	21.9	15.4	8.4	0.9	-6.5

▲	A	B	C	D	E	F	G	H	I	J	K	L	M
1	月份	1月	2月	3月	4月	5月	6月	7月	8月	9月	10月	11月	12月
2	日均最低气温	-9.3	-6.2	0.1	7.6	14.6	19.4	22.8	21.9	15.4	8.4	0.9	-6.5

图 16-8 用色阶制作热图

操作步骤如下。

↑ 步骤 选中B2:M2单元格区域，在【开始】选项卡下，依次单击【条件格式】→【色阶】→【红-白-蓝色阶】命令。如图16-9所示。

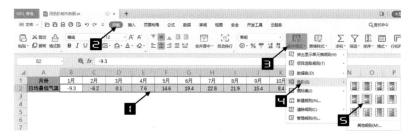

图 16-9 设置色阶

此时，气温越高红色越深，反之，气温越低，蓝色越深。

技巧 169　对优秀业绩加红旗

图 16-10 展示了一张销售业绩表，可以使用条件格式并根据 F2 单元格所选择的名次，对优秀业绩加红旗。

操作步骤如下。

↑ 步骤一　在 F3 单元格输入如下公式。

```
=LARGE(C2:C14,F2)
```

▲	A	B	C	D	E	F
1	工号	姓名	销售业绩			
2	10252	张文斌	49300		名次	3
3	10250	董文峰	49900		销售业绩	54800
4	10222	叶文婷	51400			
5	10218	田光明	54500			
6	10216	王大力	45600			
7	10144	董思源	42400			
8	10142	方建忠	▶ 54800			
9	10140	汪婷婷	▶ 55100			
10	10138	周国超	50000			
11	10130	董士河	50500			
12	10128	叶文杰	51900			
13	10122	张永斌	49300			
14	10120	鲍海丽	▶ 59600			

图 16-10　条件格式对优秀业绩加红旗

以上公式可以返回 F2 单元格所选择名次的销售业绩，如 F2 单元格数值为"3"时，对应的第 3 名的销售业绩为"54800"。

↑ 步骤二　选中 C2:C14 单元格区域，在【开始】选项卡下依次单击【条件格式】→【图标集】→【其他规则】命令。如图 16-11 所示。

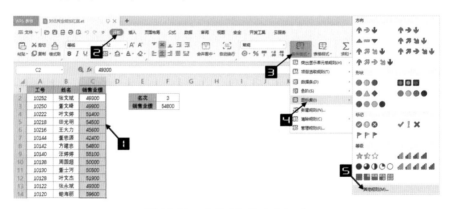

图 16-11　设置图标集其他规则

↑ 步骤三　在打开的【新建格式规则】对话框中，首先在第一个【图标】下拉列表中选择"红旗"，在对应的【类型】下拉框选择"数字"，清空对应的【值】编辑栏。然后在单元格区域单击 F3 单元格，也可以直接在【值】编辑栏输入公式"=$F$3"。其他的【图标】选择"无单元格图标"选项。最后单击【确定】按钮完成设置。如图 16-12 所示。

此时，C 列的"销售业绩"将根据 F3 单元格名次的变化，自动为对应的优秀业绩加红旗。例如，名次为"5"时，将为前 5 名加红旗。如图 16-13 所示。

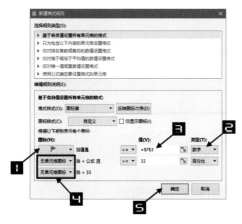

图 16-12　设置图标集格式规则

	A	B	C	D	E	F
1	工号	姓名	销售业绩			
2	10252	张文斌	49300		名次	5
3	10250	董文峰	49900		销售业绩	51900
4	10222	叶文婷	51400			
5	10218	田光明	▶ 54500			
6	10216	王大力	45600			
7	10144	董思源	42400			
8	10142	方建忠	▶ 54800			
9	10140	汪婷婷	▶ 55100			
10	10138	周国超	50000			
11	10130	董士河	50500			
12	10128	叶文杰	▶ 51900			
13	10122	张永斌	49300			
14	10120	鲍海丽	▶ 59600			

图 16-13　自动为前 5 名加红旗

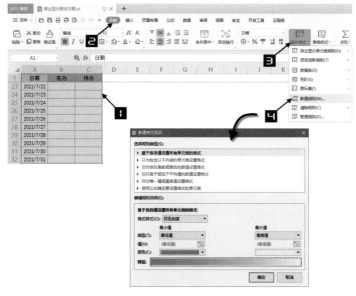

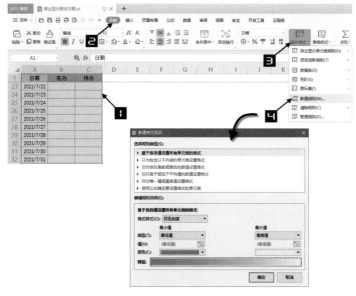 此处占位

技巧 170　突出显示周末日期

图 16-14 展示的是某公司 7 月份的日程表，使用条件格式能够自动突出显示周末日期，使日程安排更方便灵活。

操作步骤如下。

↑ 步骤一　选中 A1:C32 单元格区域，在【开始】选项卡下，依次单击【条件格式】→【新建规则】命令，打开【新建格式规则】对话框。如图 16-15 所示。

	A	B	C
1	日期	在办	待办
2	2021/7/1		
3	2021/7/2		
4	2021/7/3		
5	2021/7/4		
6	2021/7/5		
7	2021/7/6		
8	2021/7/7		
9	2021/7/8		
10	2021/7/9		
11	2021/7/10		
12	2021/7/11		
13	2021/7/12		
14	2021/7/13		
15	2021/7/14		

图 16-14　条件格式突出显示周末日期

图 16-15　新建规则

↑ **步骤二** 在【选择规则类型】列表框中，选择【使用公式确定要设置格式的单元格】选项，在【只为满足以下条件的单元格设置格式】编辑框中输入以下公式：

```
=WEEKDAY($A1,2)>5
```

↑ **步骤三** 单击【格式】按钮打开【单元格格式】对话框，在【单元格格式】对话框中切换到【图案】选项卡下，设置单元格填充颜色为"橙色"，单击【确定】按钮关闭对话框。然后单击【新建格式规则】对话框中的【确定】按钮完成设置。如图 16-16 所示。

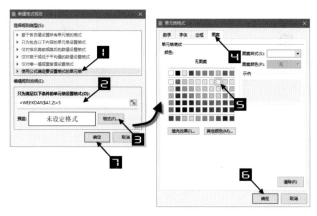

图 16-16　设置条件格式规则

在条件格式中使用函数与公式时，如果公式返回的结果为 TRUE 或不等于 0 的任意数值，则应用预先设置的格式效果；如果公式返回的结果为 FALSE 或数值 0，则不会应用预先设置的格式效果。

在条件格式中使用公式时需要注意选择正确的引用方式。

如果选中的是一个单元格区域，可以根据活动单元格作为参照编写公式，设置完成后，该规则会应用到所选中范围的全部单元格。

如果需要在公式中固定引用某一行或某一列，或者固定引用某个单元格的数值，需要特别注意选择不同引用方式，在条件格式的公式中选择不同引用方式时，可以理解为在所选区域的活动单元格中输入公式。

如果选中的是一列多行的单元格区域，需要注意活动单元格中的公式在向下复制填充时引用范围的变化，也就是行方向的引用方式的变化。

如果选中的是一行多列的单元格区域，需要注意活动单元格中的公式在向右复制填充时引用范围的变化，也就是列方向的引用方式的变化。

如果选中的是多行多列的单元格区域，需要注意活动单元格中的公式在向下、向右复制填充时引用范围的变化，也就是要同时考虑行方向和列方向的引用方式的变化。

在条件格式中使用较为复杂的公式时，在编辑框中不方便编写。可以先在工作表中编写公式，然后复制公式，粘贴到【只为满足以下条件的单元格设置格式】编辑框中。

技巧 **171** **突出显示已完成计划**

图 16-17 展示了一张计划完成情况表，使用条件格式，能够对已完成计划的记录自动标记。

操作步骤如下。

	A	B	C	D
1	部门	责任人	计划任务	完成情况
2	饮马井	董成河	110700	未完成
3	大洋路	何恩成	105700	未完成
4	方庄路	毕思远	103200	未完成
5	十里河	马文慧	111400	已完成
6	左安门	韩成玉	84600	未完成
7	潘家园	段兴海	104200	进行中

图 16-17 突出显示已完成计划

↑ **步骤一** 选中 A2:D7 单元格区域，在【开始】选项卡下，依次单击【条件格式】→【新建规则】命令，打开【新建格式规则】对话框。

↑ **步骤二** 在【选择规则类型】列表框中，选择【使用公式确定要设置格式的单元格】选项，在【只为满足以下条件的单元格设置格式】编辑框中输入以下公式。

=$D2=" 已完成 "

↑ **步骤三** 单击【格式】按钮打开【单元格格式】对话框，在【单元格格式】对话框中切换到【图案】选项卡下，设置单元格填充颜色为"橙色"，单击【确定】按钮关闭对话框。再单击【新建格式规则】对话框中的【确定】按钮完成设置。如图 16-18 所示。

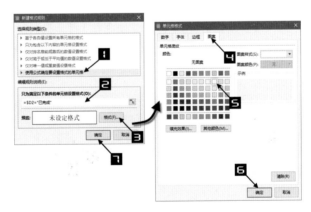

图 16-18 设置条件格式规则

技巧 **172** **标记重复记录**

图 16-19 展示了某公司各门店的信息，需要使用条件格式对 B 列重复的姓名进行标记。左上方表格仅标记了"店长"字段，这可以通过预定义的命令快速实现。右下方表格对整行进行了标记，这可以通过使用公式设定条件格式规则来实现。

	A	B	C	D	E
1	部门	店长	已绑定人数	已提单人数	已放款人数
2	东海新城	杨国俊	3	0	0
3	东海丽景	金美会	4	5	5
4	东海国际	王志芬	2		
5	和谐东郡	牛国洪	1		
6	东郡花园	陈学娜	6		
7	丰华苑	何丽娜	1		
8	丰泰家园	张黎雯	4		
9	丽日君颐	董静华	8		
10	丽景城	杨雁峰	8		
11	中城天邑	干亚菁	6		
12	中央原著	李竹英	1		
13	蓝景帝城	刘红英	0		
14	东海新城	杨国俊	1		
15	沁林山庄	李志贤	5		
16	中房怡芬	赵书华	2		
17	和谐东郡	牛国洪	0		

	A	B	C	D	E
1	部门	店长	已绑定人数	已提单人数	已放款人数
2	东海新城	杨国俊	3	0	0
3	东海丽景	金美会	4	5	5
4	东海国际	王志芬	2	2	2
5	和谐东郡	牛国洪	1	0	0
6	东郡花园	陈学娜	6	5	5
7	丰华苑	何丽娜	1	0	0
8	丰泰家园	张黎雯	4	1	1
9	丽日君颐	董静华	8	1	1
10	丽景城	杨雁峰	8	2	2
11	中城天邑	干亚菁	6	2	2
12	中央原著	李竹英	1	1	1
13	蓝景帝城	刘红英	0	0	0
14	东海新城	杨国俊	1	0	0
15	沁林山庄	李志贤	5	5	5
16	中房怡芬	赵书华	2	1	1
17	和谐东郡	牛国洪	0	0	0

图 16-19 标记重复记录的门店信息表

172.1 使用内置规则

使用内置规则标记重复值的操作步骤如下。

↑步骤一 选中B2:B17单元格区域，在【开始】选项卡下，依次单击【条件格式】→【突出显示单元格规则】→【重复值】命令，打开【重复值】对话框。

↑步骤二 保留对话框中的默认设置，单击【确定】按钮关闭【重复值】对话框。如图16-20所示。

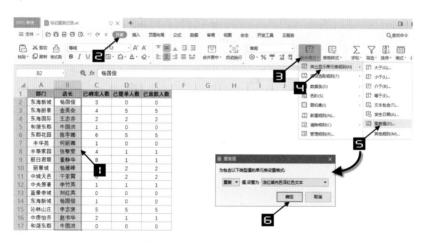

图 16-20 设置重复值规则

📢 注意

通过单击【重复值】对话框的【值】下拉按钮，还可以选择标记"唯一值"，如图16-21所示。

图 16-21 标记唯一值

注意

使用内置规则方式只能标记指定的字段，无法对整行记录进行标记。

172.2 使用公式标记整行

使用公式标记重复值的操作步骤如下。

↑ **步骤一** 选中A2:E17单元格区域，在【开始】选项卡中依次单击【条件格式】→【新建规则】
命令，打开【新建格式规则】对话框。

↑ **步骤二** 在【选择规则类型】列表框中，选择【使用公式确定要设置格式的单元格】选项，在
【只为满足以下条件的单元格设置格式】编辑框中输入以下公式。

```
=COUNTIFS($B:$B,$B2)>1
```

由于公式中所有引用的列标都带有$符号（绝对引用），这意味着同一行中的单元格所对
应的条件格式规则公式都是相同的。

↑ **步骤三** 单击【格式】按钮打开【单元格格式】对话框，在【单元格格式】对话框中切换到
【图案】选项卡下，设置单元格填充颜色为"橙色"，单击【确定】按钮关闭对话框。
最后单击【新建格式规则】对话框中的【确定】按钮完成设置。如图16-22所示。

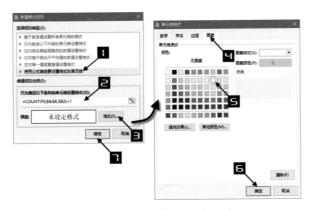

图16-22 设置条件格式规则

注意

如果需要标记多字段多条件重复记录，可在公式中继续增加条件。

技巧 173 清除条件格式规则

不再需要条件格式或不希望条件格式产生作用时，可以清除条件格式规则。

173.1 批量清除

如果要整体清除选中单元格区域或整个工作表中的条件格式，可以直接使用菜单命令实现。选中目标单元格区域，然后在【开始】选项卡中依次单击【条件格式】→【清除规则】→【清除所选单元格的规则】命令，就可以快速清除所选单元格区域的条件格式。如果要清除整个工作表的条件格式，可以在最后一步选择【清除整个工作表的规则】命令，如图 16-23 所示。

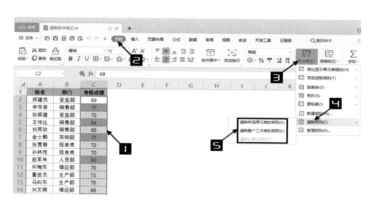

图 16-23　批量清除区域中的条件格式

173.2 清除指定的条件格式规则

如果在同一个单元格区域中设置了多种条件格式规则，可以根据需要清除指定的规则，如图 16-24 所示。

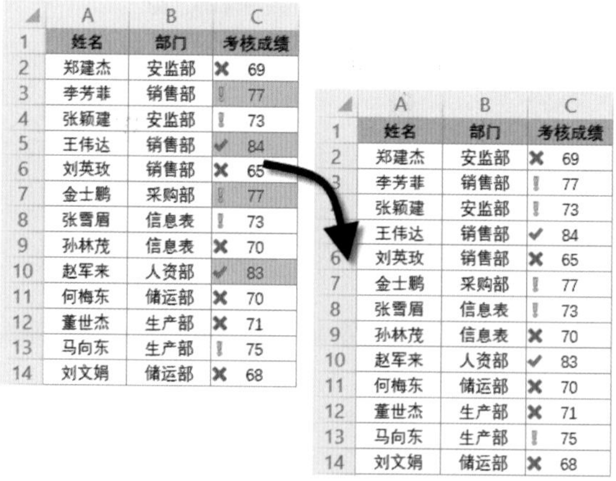

图 16-24　清除指定的条件格式规则

操作步骤如下。

步骤一　选中应用了【条件格式】的单元格区域，在【开始】选项卡中依次单击【条件格式】→【管理规则】命令，打开【条件格式规则管理器】对话框。

↑ 步骤二 在【条件格式规则管理器】对话框
中选中要删除的规则，如应用于
C2:C14单元格区域的"前3个"
规则，单击【删除规则】按钮，最
后单击【确定】按钮关闭对话框。
如图16-25所示。

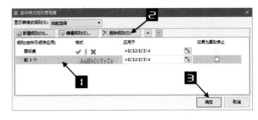

图16-25　条件格式规则管理器

技巧 174　调整条件格式的优先级

同一个单元格区域中，可以根据需要设置多项条件格式规则，后设置的规则具有较高的优
先级，并且在【条件格式规则管理器】对话框的规则列表中处于顶部。

例如，先为A1单元格设置条件格式规则1为"=A1>0"时浅绿色填充，再设置条件格式
规则2为"=A1=1"时红色填充。当A1单元格中的数值为1时，同时符合规则1和规则2，
WPS表格仅执行最后设置的条件格式规则，如图16-26所示。

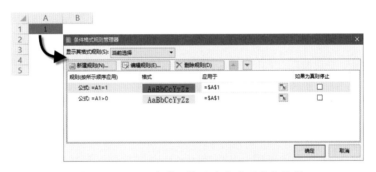

图16-26　同一个单元格区域中多项条件格式

在上述情况下，如果需要优先执行"规则1"，可以单击"规则1"，然后单击【上移】按钮，
提高"规则1"的优先级，最后单击【确定】按钮完成设置。如图16-27所示。

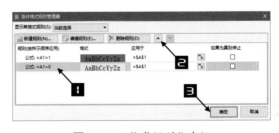

图16-27　格式规则优先级

第17章 用图表展示数据

图表是数据的可视化表现形式，在数据展示方面具有独特的优势。人们常说"文不如表，表不如图"，以图形化形式展示的数据趋势变化、分类对比等往往给人的印象会更加深刻，本章主要介绍部分常用图表的制作方法。

技巧 175 选择合适的图表类型

WPS 表格中的内置图表类型包括柱形图、条形图、折线图、雷达图、面积图、气泡图、股价图、XY 散点图和组合图等。

柱形图主要用于表现数据之间的差异，利用柱子的高度反映数据的差异。通常用来反映分类项目之间的比较，也可以用来反映时间趋势。该图表类型仅适用于展示较少的数据点，当数据点较多时则不易分辨。图 17-1 所示，是用簇状柱形图展示的某商品全年销售状况，从图中可以看出该商品的销售受季节性影响，高峰期主要集中在二季度和三季度。

将柱形图旋转 90 度则为条形图，条形图主要用于按顺序显示数据的大小，并且可以使用较长的分类标签。图 17-2 所示，是使用条形图制作的部分国家新冠肺炎确诊病例分布情况，从图中可以直观反映出各国家的确诊病例多少。

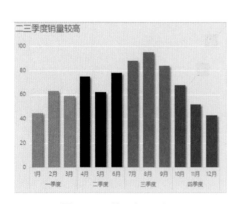

图 17-1　簇状柱形图

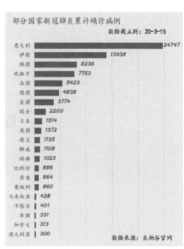

图 17-2　条形图

折线图、面积图、XY散点图均可表现数据的变化趋势。图17-3所示，是用XY散点图结合趋势线展示的某外卖公司人均配送单数与准时送达率的关系，从图中可以看出人均配送单数越高，准时送达率指标就越低。

图17-4所示，是用折线图展示的某商品1—6月份在不同省市的销售状况，从图中可以直观地看出各区域的销售变化趋势。

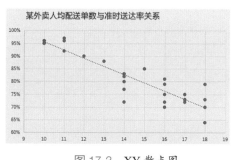

图 17-3　XY 散点图

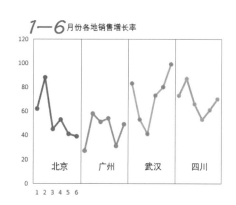

图 17-4　折线图

图 17-5 是用面积图结合折线图展示的某市私人住宅不同年份售价指数的变化情况。使用填充的阴影来展示数据的变化，相对于折线图更加醒目。

面积图适合展示一个数据系列的变化情况，当数据系列较多时，不同系列之间可能会互相遮挡。

饼图和圆环图均可用于展现某一部分指标占总体的百分比。通常情况下，饼图中的数据点不要超过 6 个，否则会显得比较杂乱。相对于饼图，圆环图在展示多组数据时更具有优势。图 17-6 所示，分别是使用饼图展示的各区域销售占比和使用圆环图展示的两个年度各区域的销售占比情况。

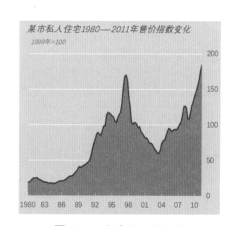

图 17-5　折线图＋面积图

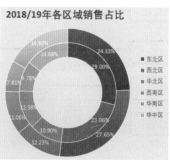

图 17-6　饼图和圆环图

第1篇 常用数据处理与分析

第2篇 函数与公式

第3篇 数据可视化

第4篇 文档安全与打印输出

气泡图可以应用于分析较为复杂的数据关系。如图17-7所示，用水平方向的数值表示销售额的多少，用垂直方向的百分比表示毛利率，用气泡大小表示销量。

雷达图对于采用多项指标全面分析目标情况有着重要的作用，在经营分析等活动中可以直观发现一些问题短板。图17-8所示，是某快递公司各项主要指标的用户满意度调查情况，从图中可以看出包装及投递两项指标的满意度较低，存在较大的提升空间。

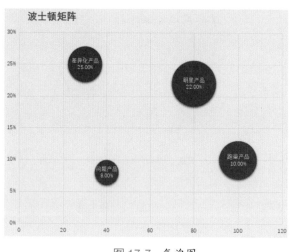

图 17-7　气泡图

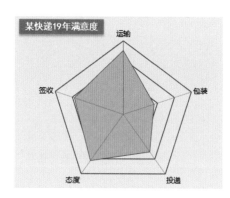

图 17-8　雷达图

当然，仅仅对基本的图表类型有了解还不够，在制作图表之前，还应该先确定要表现的主题是什么，然后再选择适合的图表类型来展示需要表现的主题。

技巧 176　认识图表的组成元素

图表通常由图表区、绘图区、图表标题、数据系列、图例和网格线、数据标签等元素构成，如图17-9所示。

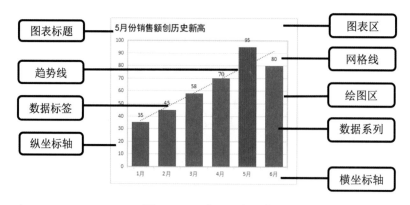

图 17-9　图表的组成元素

当光标悬停在图表中的某个元素上方时，屏幕提示将显示该元素的名称，如图 17-10 所示。

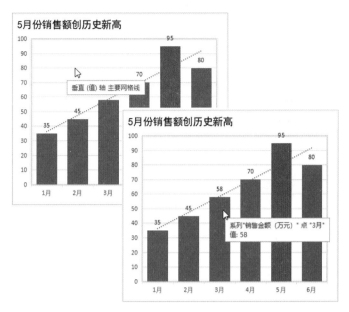

图 17-10　屏幕提示图表元素名称

图表区：是指图表的全部范围，选中图表区时，将显示图表边框，以及用于调整图表大小的 8 个控制点，拖动这些控制点，可以调整图表的大小及长宽比例。

图表标题：作用是对图表要展示的核心思想进行说明。

绘图区：是指图表区内的图形区域。

数据系列：由一个或多个数据点构成，每个数据点对应于一个单元格内的数据，每个数据系列对应于工作表中的一行或一列数据。

坐标轴：分为主要横坐标轴、主要纵坐标轴、次要横坐标轴和次要纵坐标轴四种。用户可以根据需要设置刻度值大小、刻度线、坐标轴交叉与标签的数字格式与单位。

图例：用于对图表中的数据系列进行说明标识，当图表只有一个数据系列时，默认不显示图例，当超过一个数据系列时，图例则默认显示在绘图区下方。

除此之外，在不同类型的图表中还可以添加趋势线、误差线、线条及涨跌柱线等元素。但是并非在一个图表中需要将所有的元素都显示出来，在保证完整展示数据的前提下，应该对图表中的元素进行必要的精简，使图表看起来更加简洁。例如，如果在柱形图中添加了数据标签，则可以考虑删除垂直轴标签。

单击图表时，在图表的右上方还会显示出【图表元素】【图表样式】【图表筛选器】和【设置图表区域格式】四个快捷选项按钮。

使用【图表元素】按钮可以添加或删除图表元素，如图表标题、图例、网格线和数据标签等，还可以选择内置的布局效果。

使用【图表样式】按钮可以选择内置的图表样式和配色方案。

使用【图表筛选器】按钮可以选择在图表上显示哪些数据系列或哪些数据点的数值和名称。

使用【设置图表区域格式】按钮，可以快速打开任务窗格，方便用户进行更加详细的设置。如图 17-11 所示。

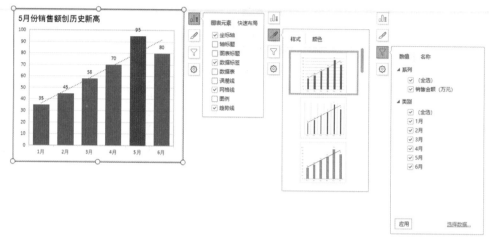

图 17-11　快捷选项按钮

技巧 177　制作展示排名效果的条形图

条形图用宽度相同的条形来表示数据的多少，通过条形图能够直观地看出各个数据的大小，易于比较数据之间的差别。

图 17-12 所示，是截至到 2020 年 4 月 9 日新型冠状肺炎较为严重的国外部分国家和地区累计确诊病例数据。展示部分国家和地区的累计确诊病例差异时，可以选择使用条形图。

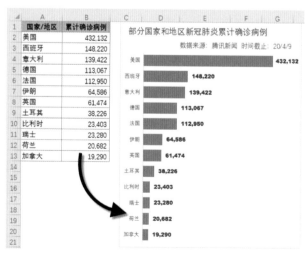

图 17-12　展示排名效果的条形图

操作步骤如下。

↑ **步骤一** 单击数据区域任意单元格，如A3
单元格，在【插入】选项卡下单击
【插入条形图】下拉按钮，在下拉
菜单中选择【簇状条形图】命令，
如图 17-13 所示。

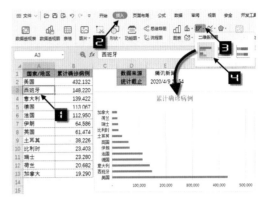

图 17-13　插入条形图

↑ **步骤二** 在默认的条形图中，各数据点的
顺序和数据表中的排列顺序相反。
因此需要对纵坐标轴进行必要的
设置。单击选中纵坐标轴，鼠标
右击，在快捷菜单中选择【设置
坐标轴格式】命令，打开【属性】任务窗格。依次单击【坐标轴选项】→【坐标轴】
命令，在【坐标轴选项】选项下的【坐标轴位置】区域勾选【逆序类别】复选框，如
图 17-14 所示。

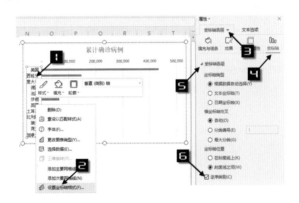

图 17-14　设置逆序类别

↑ **步骤三** 默认效果下，条形图中的各个柱形间距较大，可以单击选中图表中的数据系列，在
【属性】任务窗格的【系列选项】选项卡下依次单击【系列】→【系列选项】命令，将
【分类间距】调整为 40% 左右。这里的数值越小，条形图中各个柱形的距离就越近。
如图 17-15 所示。

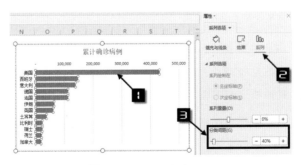

图 17-15　设置分类间距

↑**步骤四** 默认的条形图数据系列颜色为蓝色，可以根据需要设置不同的颜色效果。保持数据系列的选中状态，在【属性】任务窗格的【系列选项】选项卡下单击【填充与线条】→【填充】下拉按钮，在颜色下拉菜单中选择一种内置的颜色效果，如"巧克力黄，着色2"，如图17-16所示。

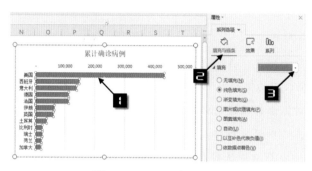

图 17-16　设置填充颜色

↑**步骤五** 在图表中，数据系列标签和带有数值的坐标轴标签可以仅显示其一。单击选中横坐标轴，在【属性】任务窗格的【坐标轴选项】选项卡下单击【坐标轴】→【标签】，在【标签位置】右侧的下拉菜单中选择"无"，如图17-17所示。

↑**步骤六** 单击图表区，拖动四周的控制点，适当调整图表宽高比例。单击选中网格线，按<Delete>键删除，如图17-18所示。

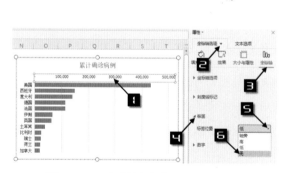

图 17-17　设置横坐标轴不显示标签

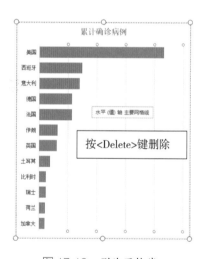

图 17-18　删除网格线

↑**步骤七** 图表标题用于展示图表的主题，用户可以根据需要对默认的图表标题进行修改。单击图表标题，拖动标题边框将其移动到图表左侧，修改标题内容为"部分国家和地区新冠肺炎累计确诊病例"，如图17-19所示。

↑**步骤八** 单击图表区，然后单击图表右上角的【图表元素】快捷选项按钮，在【图表元素】选项卡下勾选【数据标签】复选框，如图17-20所示。

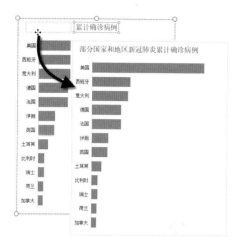

图 17-19　调整标题位置，输入新的图表标题

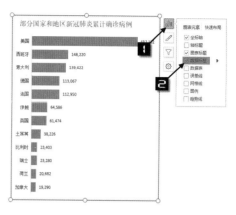

图 17-20　添加数据标签

↑ **步骤九**　单击绘图区，拖动绘图区外侧的控制点，适当调整绘图区域与图表标题的距离，如图 17-21 所示。

↑ **步骤十**　单击图表区，在【插入】选项卡依次单击【文本框】→【横向文本框】命令，拖动鼠标在图表中绘制一个文本框，如图 17-22 所示。在文本框中输入说明文字"数据来源：腾讯新闻　时间截至：20/4/9"。

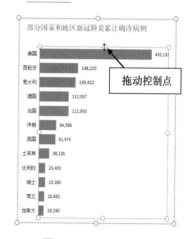

图 17-21　调整绘图区

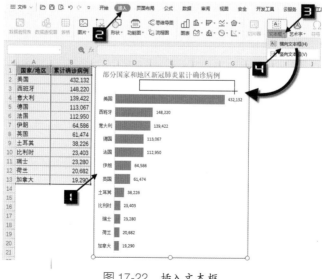

图 17-22　插入文本框

第1篇 常用数据处理与分析

第2篇 函数与公式

第3篇 数据可视化

第4篇 文档安全与打印输出

↑步骤十一单击数据标签，在【开始】选项卡下设置【字体】为"等线"，【字号】为11。单击图表区，设置【字体】为"等线"。单击选中数据标签，设置【字体】为"Arial Black"，【字号】为9。如图17-23所示。

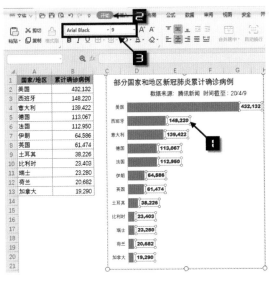

图17-23 设置数据标签字体字号

技巧 178 使用模板创建自定义样式的图表

对内置的图表类型进行个性化设置后，可以将其保存为模板，在创建相同类型的图表时能够快速调用该模板。

图17-24所示，是某厨电销售公司2019年度不同商品的销售目标与实际完成率数据。

本例中，实际完成率为百分数，与销售目标中的数据类型不同，并且变化范围较大，因此适合选择组合图表类型。首先以此制作组合图表并进行个性化设置，操作步骤如下。

	A	B	C
1	商品	目标	完成率
2	洗碗机	840	83.33%
3	微波炉	1,262	68.30%
4	电磁炉	664	32.68%
5	加湿器	721	70.74%
6	净水器	840	95.60%
7	电烤箱	1,518	72.20%
8	消毒柜	1,698	99.06%

图17-24 销售目标与实际完成率

↑步骤一单击数据区域任意单元格，如A3单元格，在【插入】选项卡下依次单击【插入组合图】→【簇状柱形图—次坐标轴上的折线图】命令，如图17-25所示。

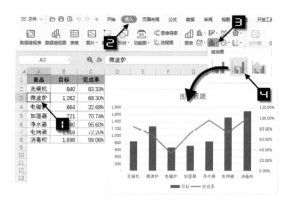

图 17-25　插入组合图表

↑ **步骤二**　单击图表区，再单击任意一个柱形选中"目标"数据系列，单击【设置图表区域格式】快捷选项按钮命令，打开【属性】任务窗格。在【系列选项】下依次单击【系列】→【系列选项】命令，在【分类间距】选项下的文本框中输入 70%，也可以使用滑块及微调按钮调整分类间距，使各柱形之间的距离更加紧密。如图 17-26 所示。

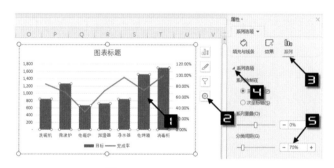

图 17-26　调整分类间距

↑ **步骤三**　单击图表中的折线，选中"完成率"数据系列，在【属性】任务窗格中切换到【系列】→【系列选项】区域下，勾选【平滑线】复选框，如图 17-27 所示。

↑ **步骤四**　保持"完成率"数据系列的选中状态，切换到【系列选项】→【填充与线条】→【标记】选项下，在【数据标记选项】区域，选中【内置】单选按钮，在【类型】下拉菜单中选择圆形，调整【大小】微调按钮，将标记大小设置为 8。如图 17-28 所示。

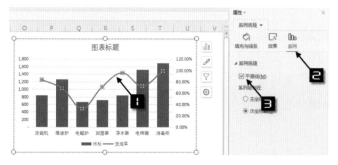

图 17-27　设置平滑线

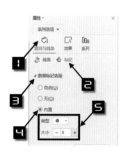

图 17-28　设置数据标记类型和大小

↑ **步骤五** 单击纵坐标轴，在【属性】任务窗格中切换到【坐标轴选项】→【坐标轴】→【坐标轴选项】区域，在【单位】下方的【主要】文本框中输入 300，如图 17-29 所示。

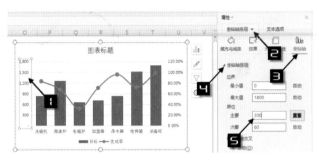

图 17-29 设置纵坐标轴

对于图表的配色，除了使用内置的配色方案及自定义设置之外，还可以借鉴使用已有的配色方案。

↑ **步骤六** 在网页上能够搜索到很多专业的图表配色方案，先选择适合的图表图片，复制后粘贴到 WPS 表格中。选中需要应用颜色方案的"目标"数据系列，在【绘图工具】选项卡下单击【填充】下拉按钮，在下拉菜单中单击【取色器】命令，此时光标将变成吸管形状，将光标移动到图片区域，在目标颜色上单击，即可将该颜色应用到所选的图表元素上，如图 17-30 所示。

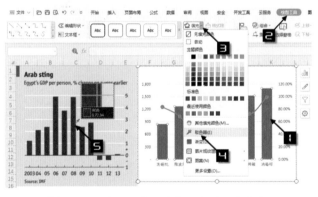

图 17-30 使用取色器选择已有的配色方案

↑ **步骤七** 使用同样的方法，依次使用取色器功能，对图表区、"完成率"系列的填充颜色进行设置。将图表标题修改为"2019年各商品销售目标与完成率"，再拖动图表区外侧的控制点，适当调整图表比例。效果如图 17-31 所示。

↑ **步骤八** 单击任意网格线，在【绘图工具】选项卡下单击【轮廓】下拉按钮，在下拉菜

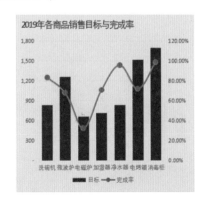

图 17-31 应用配色方案后的图表效果

单中依次设置主题颜色为白色，设置线条样式为 1.5 磅，如图 17-32 所示。

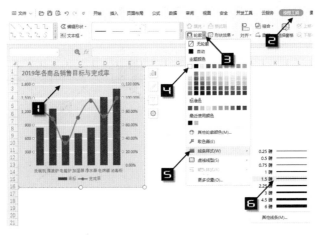

图 17-32　设置网格线轮廓颜色与线条样式

↑ **步骤九**　本例中图表标题的字数较多，可以设置字符间距使其更加紧凑。单击图表标题，在【开始】选项卡下单击【字体设置】扩展按钮，打开【字体】对话框。切换到【字符间距】选项卡下，单击【间距】右侧的下拉按钮，在下拉菜单中选择"紧缩"，单击【度量值】右侧的微调按钮，将度量值调整为 1.5 磅，单击【确定】按钮，如图 17-33 所示。

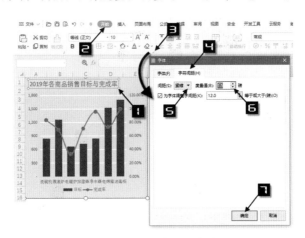

图 17-33　设置图表标题字符间距

设置完成后的图表效果如图 17-34 所示。

↑ **步骤十**　图表样式设置完成之后，鼠标右击图表区，在快捷菜单中选择【另存为模板】命令，弹出【保存图表模板】对话框。在【文件名】文本框中输入名称，如"组合图表"，最后单击【保存】按钮，如图 17-35 所示。

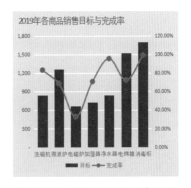

图 17-34　最终完成的图表效果

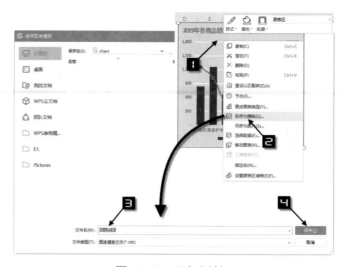

图 17-35　另存为模板

↑**步骤十一**在使用类似结构的数据制作图表时，如需调用该模板，可以单击数据区域任意单元格，如A3单元格，然后依次单击【插入】→【图表】按钮，弹出【插入图表】对话框。切换到【模板】选项卡下，单击选中预览界面的【组合图表】类型，最后单击【确定】按钮，如图 17-36 所示。

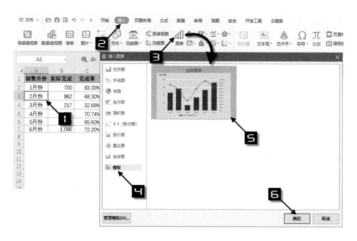

图 17-36　使用模板创建图表

　　生成的图表配色、轮廓效果等均使用自定义模板中的效果，只要修改一下图表标题即可，如图 17-37 所示。

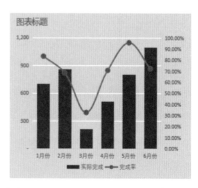

图 17-37　使用模板生成的图表效果

演示视频

图 17-38 所示，是某公司不同销售区域的销售记录，在以此数据制作的柱形图中添加平均线，不仅能够展示各销售区域的业绩差异，而且能够看出哪些公司高于或低于平均线，使读图者对业绩分布有更加直观的了解。

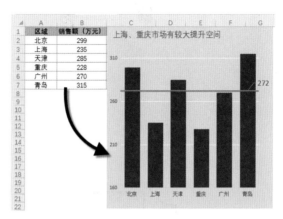

图 17-38　带平均线的柱形图

操作步骤如下。

↑ **步骤一**　首先需要使用公式创建平均值数据系列。在 C1 单元格输入字段标题"平均值（万元）"，在 C2 单元格输入以下公式计算出 B 列销售额的平均值，再将公式向下复制填充到 C7 单元格，如图 17-39 所示。

图 17-39　使用公式计算平均值

```
=AVERAGE($B$2:$B$7)
```

↑ **步骤二**　单击数据区域任意单元格，如 A3 单元格，然后依次单击【插入】→【插入组合图】→【簇状柱形图—折线图】命令，插入一个默认样式的组合图表，如图 17-40 所示。

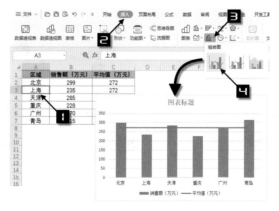

图 17-40　插入组合图表

↑ **步骤三** 选中图表中的"平均值（万元）"数据系列，也就是折线部分，单击最右侧数据点，使其处于选中状态。鼠标右击，在快捷菜单中选择【添加数据标签】命令，如图 17-41 所示。

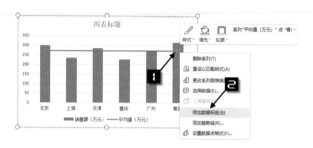

图 17-41　添加数据标签

↑ **步骤四** 单击数据标签的边框位置，在【开始】选项卡下设置【字号】为 14 号，【字体颜色】为红色，如图 17-42 所示。

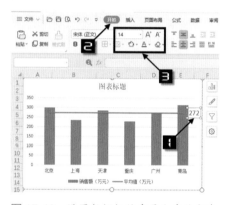

图 17-42　设置数据标签字号和字体颜色

↑ **步骤五** 选中图例项，按<Delete>键删除。

↑ **步骤六** 选中纵坐标轴，然后单击图表右上方的【设置图表区域格式】快捷选项按钮，打开【属性】任务窗格。依次单击【坐标轴选项】→【坐标轴】→【坐标轴选项】命令，在【边界】选项下的【最小值】和【最大值】文本框中分别输入 160 和 320，在【单位】选项下的【主要】文本框中输入 50，如图 17-43 所示。

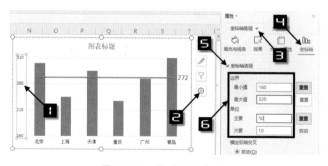

图 17-43　设置纵坐标轴

↑ **步骤七** 单击图表中的任意柱形，参考技巧
178 中的步骤，设置分类间距为
50%。设置图表区及数据系列的
填充颜色，设置网格线的轮廓颜
色和线条样式。适当调整图表区
比例和数据标签的位置。单击绘
图区，适当调整与图表边缘的距
离。如图 17-44 所示。

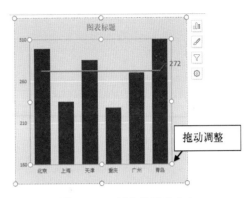

图 17-44　调整绘图区大小

↑ **步骤八** 默认状态下，折线图到绘图区的
两侧边缘各有一段间隔距离，看起来不太美观，可以借助趋势线来进行美化。单击
图表中的折线，然后单击图表右上方的【图表元素】快捷选项按钮，在快捷菜单中
依次单击【图表元素】→【趋势线】→【更多选项】，打开【属性】任务窗格。依次单
击【趋势线】→【趋势线选项】，在【趋势预测】的【向前】和【向后】文本框中分别
输入 0.50，如图 17-45 所示。

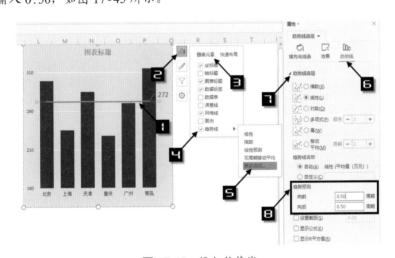

图 17-45　添加趋势线

↑ **步骤九** 切换到【填充与线条】选项卡下，单击【线
条】右侧的下拉按钮，在下拉菜单中选择
"线条样式：实线，线条宽度：2.25 磅"，如
图 17-46 所示。

最后将图表标题修改为"上海、重庆市场有较大提
升空间"，再适当调整位置即可。

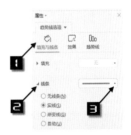

图 17-46　设置趋势线线条样式

技巧 180 用填充折线图展示住房售价指数变化

第1篇 常用数据处理与分析

展示数据在一段时间内的变化趋势时，使用填充效果的折线图能够使数据变化看起来更加直观，图 17-47 所示，就是使用填充折线图展示的某市私人住宅历年售价指数变化情况。

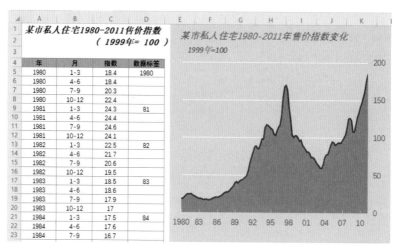

图 17-47　填充折线图

操作步骤如下。

↑ **步骤一**　首先在 D5 输入首个起始年份"1980"，在 D6 单元格输入以下公式向下复制填充到表格最后部分。公式的结果将用作图表的横坐标轴标签。

```
=IF(COUNTIF(A$5:A6,A6)=1,RIGHT(A6,2),"")
```

公式中的"COUNTIF(A$ 5 :A 6 ,A 6)= 1"部分，先使用 COUNTIF 函数统计从 A 5 开始到公式所在行这个不断扩展的范围内，A 列年份出现的次数。

然后使用 IF 函数进行判断，如果某个年份为第一次出现，则使用 RIGHT 函数返回该年份的后两位，否则返回空文本 ""。

↑ **步骤二**　单击 C4 单元格，按 <Ctrl+ Shift+↓> 组合键，也就是按住 Ctrl 和 Shift 键不放，按方向键的下箭头，快速选中 C 列数据区域。依次单击【插入】→【插入折线图】→【折线图】命令，如图 17-48 所示。

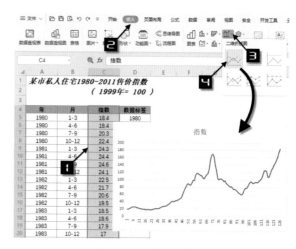

图 17-48　插入折线图

↑ **步骤三** 单击图表区，在【图表工具】选项卡下单击【选择数据】命令，打开【编辑数据源】
　　　　　对话框。

　　1.单击【系列】右侧的【添加】按钮，打开【编辑数据系列】对话框。在【系列名称】编辑框
中输入"填充"，单击【系列值】编辑框右侧的折叠按钮，拖动鼠标选择C5:C130单元格区域
中的指数数据，单击【确定】按钮关闭【编辑数据系列】对话框。

　　2.单击【类别】右侧的【编辑】按钮，打开【轴标签】对话框。单击【轴标签区域】编辑框
右侧的折叠按钮，选择D5:D130单元格区域中的数据作为图表横坐标轴标签，选择完成后，
系统会在单元格地址前自动添加工作表名称，最后依次单击【确定】按钮关闭对话框，如
图 17-49 所示。

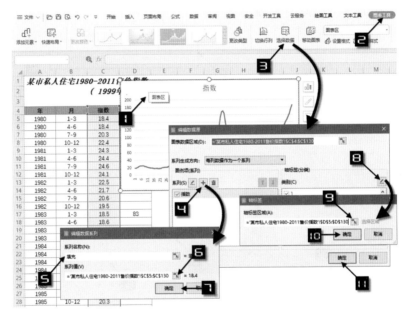

图 17-49　在图表中添加数据系列

↑ **步骤四** 保持图表区的选中状态，在【图表工具】选项卡下单击【更改类型】按钮，弹出【更
　　　　　改图表类型】对话框。切换到【组合图】选项卡下，在【创建组合图表】区域中将"指
　　　　　数"系列的图表类型更改为折线图，将"填充"系列的图表类型更改为面积图，单
　　　　　击【确定】按钮，如图 17-50 所示。

↑ **步骤五** 选中纵坐标轴，然后单击图表右上方的【设置图表区域格式】快捷选项按钮，打开
　　　　　【属性】任务窗格。依次单击【坐标轴选项】→【坐标轴】→【坐标轴选项】，在【单
　　　　　位】下方的【主要】文本框中输入 50，如图 17-51 所示。

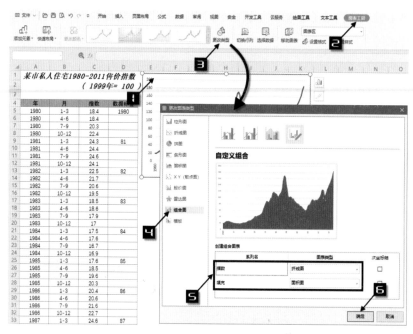

图 17-50　更改图表类型

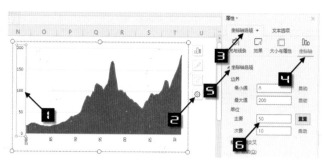

图 17-51　设置纵坐标轴格式

↑步骤六　在【坐标轴选项】→【坐标轴】选项卡下单击【坐标轴选项】按钮，使该命令组折叠。
单击【标签】按钮，【标签位置】选择"高"。设置完成后，纵坐标轴标签将显示在图
表右侧，使读图者便于观察最近年份的数据范围区间，如图 17-52 所示。

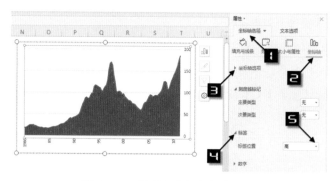

图 17-52　设置纵坐标轴标签位置

↑**步骤七** 单击选中横坐标轴，切换到【坐标轴选项】→【坐标轴】选项卡下。

1. 单击【坐标轴选项】按钮，在【坐标轴位置】下方选中【在刻度线上】单选按钮。这样设置后，绘图区两侧边缘处的折线图和面积图能够对齐显示。

2. 单击【刻度线标记】按钮，将【标记间隔】设置为 12。本例中的横坐标轴数据标签较多，在图表中不能全部显示出来。观察数据源可以发现，每个年份有四项数据，这里设置为 12，是希望横坐标轴标签按间隔二年显示。

3. 将【主要类型】设置为【内部】，如图 17-53 所示。

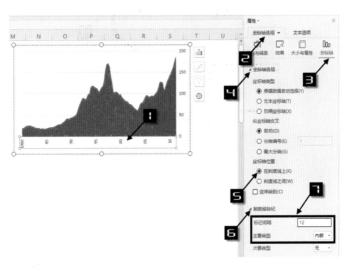

图 17-53　设置横坐标轴格式

↑**步骤八** 保持横坐标轴的选中状态，切换到【坐标轴选项】→【大小与属性】→【对齐方式】，将【文字方向】设置为"横排"，如图 17-54 所示。

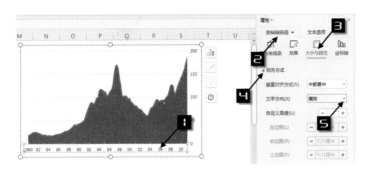

图 17-54　设置横坐标轴文字方向

↑**步骤九** 单击选中图表区，在【绘图工具】选项卡下单击【填充】下拉按钮，在下拉菜单中选择【其他填充颜色】命令，弹出【颜色】对话框。切换到【自定义】选项卡下，【颜色模式】保留默认的"RGB"，在【红色】文本框中输入 205，在【绿色】文本框中输入 222，在【蓝色】文本框中输入 230，如图 17-55 所示。

　　用同样的方法，设置面积图的填充颜色为"红色95，绿色151，蓝色176"。

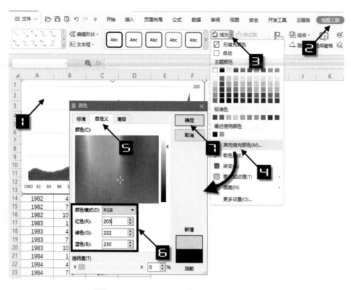

图 17-55　设置图表区填充颜色

↑**步骤十**　单击选中"指数"数据系列，也就是图表中的折线，在【绘图工具】选项卡下单击【轮廓】下拉按钮，在下拉菜单中选择"深红"，如图 17-56 所示。

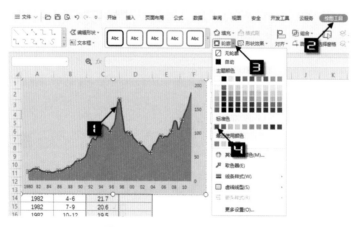

图 17-56　设置折线轮廓颜色

　　选中网格线，参照上述步骤设置轮廓颜色为"白色，背景1，深色5%"，线条样式为1.5磅。

↑**步骤十一**单击图表区，在【开始】选项卡下设置【字体】为"等线"，【字号】为14，适当调整图表比例，使横坐标轴按间隔3年显示，如图 17-57 所示。

↑**步骤十二**最后添加图表标题，适当调整绘图区的大小和位置，再参考技巧 177 中的方法插入文本框，完成设置。

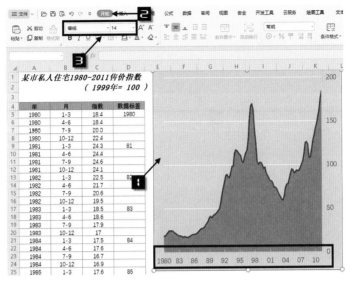

图 17-57　设置字体和字号

技巧 181　制作双层圆环图

双层圆环图适合展示总计均为百分之百的多个系列的占比。图 17-58 所示，是某销售公司 2019 年度销售情况，在图表中不仅可以直观地看到各个月份的销售占比，同时还能显示出每个季度的销售比例。

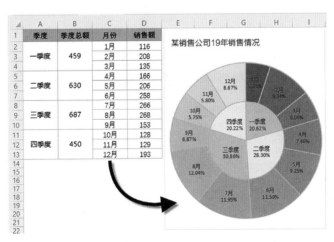

图 17-58　使用双层圆环图展示的全年销售情况

> 💬 注意

　　如果文件格式为 .et 格式，在制作该图表之前，需要按<F12>功能键将文件保存为 .xlsx 格式，然后重新打开进行操作，否则会影响部分图表元素的设置。

具体操作步骤如下。

↑步骤一 选中B2:B13单元格区域的季度销售数据，依次单击【插入】→【插入饼图或圆环图】→【圆环图】命令，插入一个默认样式的圆环图，如图17-59所示。

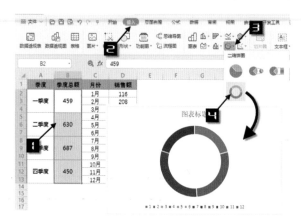

图 17-59 插入圆环图

↑步骤二 单击选中绘图区，鼠标右击，在快捷菜单中选择【选择数据】命令，打开【编辑数据源】对话框。单击【系列】右侧的【添加】按钮，打开【编辑数据系列】对话框。单击【系列值】编辑框，再拖动鼠标选择D2:D13单元格区域中的月份销售额数据，最后依次单击【确定】按钮关闭对话框，如图17-60所示。

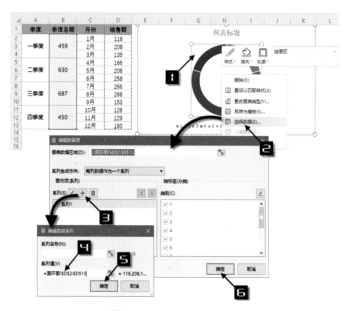

图 17-60 添加数据系列

↑步骤三 单击选中图表中的任意一个圆环，然后单击【设置图表区域格式】快捷选项按钮，打开【属性】任务窗格。依次单击【系列】→【系列选项】按钮，拖动【圆环图内径大小】选项下的滑块将内径大小设置为0%，如图17-61所示。

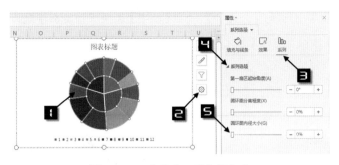

图 17-61　设置圆环图内径大小

↑ **步骤四**　保持圆环图数据系列的选中状态，在【图表工具】选项卡下单击【更改颜色】命令，在下拉菜单的【单色】区域中选择一种内置的颜色效果，如图 17-62 所示。

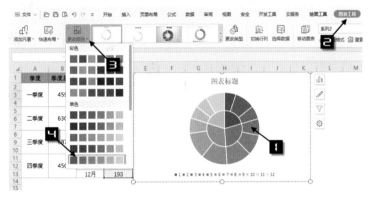

图 17-62　更改数据系列颜色

↑ **步骤五**　单击图例项，按<Delete>键删除。单击选中图表区，然后单击【图表元素】快捷选项按钮，在下拉菜单的【图表元素】选项卡下勾选【数据标签】复选框，如图 17-63 所示。

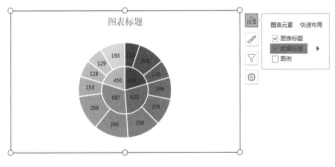

图 17-63　添加数据标签

↑ **步骤六**　单击外层圆环上的任意一个数据标签，然后单击【设置图表区域格式】快捷选项按钮，打开【属性】任务窗格。依次单击【标签选项】→【标签】→【标签选项】按钮，取消勾选【值】复选框，勾选【百分比】复选框。单击【分隔符】右侧的下拉按钮，

第1篇 常用数据处理与分析

第2篇 函数与公式

第3篇 数据可视化

第4篇 文档安全与打印输出

在下拉菜单中选择"(分行符)"。在【数字】选项下将类别修改为"百分比"。在【标签包括】区域下勾选【单元格中的值】复选框，在弹出的【数据标签区域】对话框中单击编辑框右侧的折叠按钮，拖动鼠标选择C2:C13单元格区域中的月份名称，最后单击【确定】按钮，如图17-64所示。

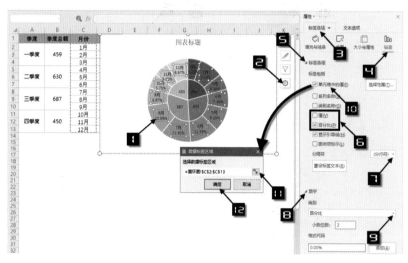

图 17-64　设置数据标签样式

↑**步骤七**　单击选中内层圆环上的任意一个数据标签，参照步骤六中的方法设置数据标签样式，勾选【单元格中的值】复选框，在弹出的【数据标签区域】对话框中，选择区域为A2:A13单元格区域的季度名称，设置完成后的效果如图17-65所示。

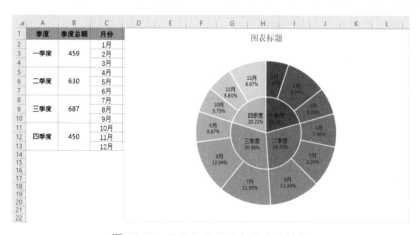

图 17-65　数据标签设置完成后的样式

↑**步骤八**　单击选中外层的圆环，依次单击【绘图工具】→【轮廓】下拉按钮，在下拉菜单中选择一种主题颜色，如"巧克力黄，着色6，浅色40%"，如图17-66所示。同样的方法，设置内层圆环的轮廓颜色。

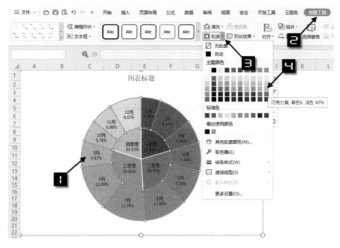

图 17-66　设置数据系列轮廓

↑ **步骤九**　单击选中内层的圆环，再单击选中其中一个扇区，依次单击【绘图工具】→【填充】
下拉按钮，在下拉菜单中选择一种主题颜色，如"矢车菊蓝,着色5,浅色40%"，
如图 17-67 所示。使用同样的方法，依次设置其他扇区的填充颜色。

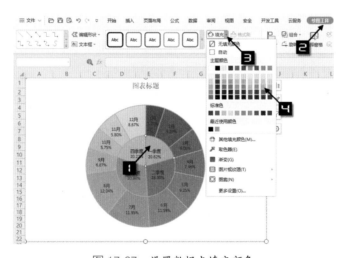

图 17-67　设置数据点填充颜色

　　最后设置数据标签的字体颜色为红色，修改图表标题，拖动图表区的调节柄适当调整图表
比例，完成设置。

技巧 182　用圆环图展示任务完成率

　　在实际工作中，经常用完成率来衡量某项指标的进度情况，使用圆环图能够直观地展示
100%以内的百分比数据。图 17-68 所示，就是用圆环图展示的某公司 3 月份销售完成率。

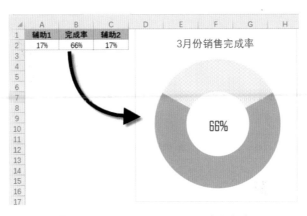

图 17-68　用圆环图展示的销售完成率

操作步骤如下。

↑ **步骤一**　由于圆环图中的首个数据点的起始点是 12 点的位置。因此需要先在 A2 单元格和 C2 单元格使用公式建立辅助系列。在 A2 单元格输入以下公式，然后将公式复制粘贴到 C2 单元格。

```
=(1-$B2)/2
```

注意

建立辅助列的作用是将 1 减去实际完成率的剩余百分比部分一分为二，分别显示在圆环图的起始和结束位置，使完成率系列能够对称显示在圆环图的底部。

↑ **步骤二**　单击数据区域任意单元格，如 B2 单元格，依次单击【插入】→【插入饼图或圆环图】→【圆环图】命令，插入一个默认样式的圆环图，如图 17-69 所示。

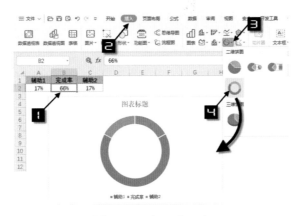

图 17-69　插入圆环图

↑ **步骤三**　单击图例项，按<Delete>键删除。单击选中圆环，依次单击【绘图工具】→【轮廓】→【无轮廓】命令，如图 17-70 所示。

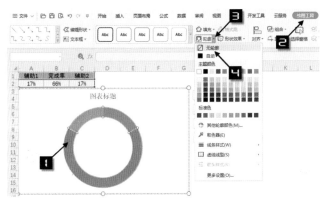

图 17-70　设置数据系列为无轮廓

↑**步骤四**　单击选中圆环图中的数据点"辅助 1"，然后单击【设置图表区域格式】快捷选项按
钮，打开【属性】任务窗格。依次单击【填充与线条】→【填充】按钮，选中【图案
填充】单选按钮，单击底部的【图案】下拉按钮，选择一种图案效果，如"25％"。
单击【前景】下拉按钮，在颜色面板中选择一种填充颜色，如图 17-71 所示。以同
样的方法设置数据点"辅助 2"的填充效果。

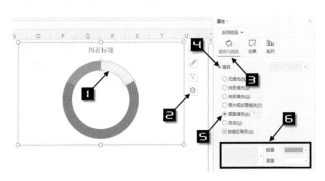

图 17-71　设置图案填充

↑**步骤五**　单击选中数据点"完成率"，在【属性】任务窗格中依次单击【填充与线条】→【填
充】按钮，选中【纯色填充】单选按钮，然后单击【颜色】下拉按钮，在颜色面板中
选择一种填充颜色，如图 17-72 所示。

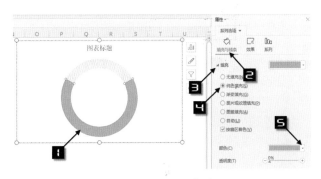

图 17-72　设置纯色填充

↑ **步骤六** 切换到【系列】选项卡下，单击【系列选项】按钮，在【圆环图内径大小】文本框中输入 50%，如图 17-73 所示。

↑ **步骤七** 保持数据点"完成率"的选中状态，单击【图表元素】快捷选项按钮，在下拉菜单中切换到【图表元素】选项卡下，勾选【数据标签】复选框，如图 17-74 所示。

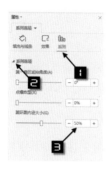

图 17-73 设置圆环图内径大小

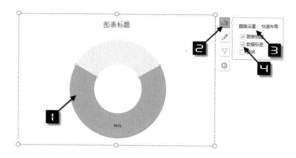

图 17-74 添加数据标签

↑ **步骤八** 单击选中数据标签，在【属性】任务窗格中依次单击【标签选项】→【标签】→【标签选项】按钮，在【标签包括】区域下取消勾选【显示引导线】的复选框，如图 17-75 所示。

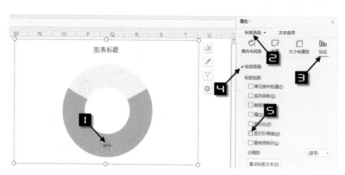

图 17-75 设置数据标签格式

↑ **步骤九** 拖动数据标签边框的控制点，适当调整数据标签大小。将数据标签拖动到圆环图中心位置，然后在【开始】选项卡下设置【字体】为"Agency FB"，【字号】为 20，【字体颜色】为紫色。如图 17-76 所示。

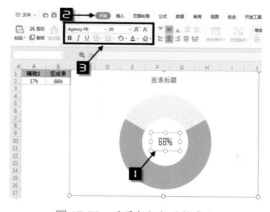

图 17-76 设置数据标签格式 2

最后修改图表标题，适当调整图表区大小和比例，完成设置。当B2单元格中的完成率指标发生变化后，图表效果也会同步更新，效果如图17-77所示。

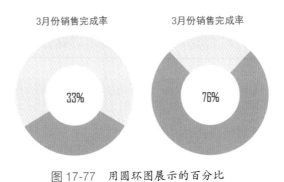

图17-77　用圆环图展示的百分比

第18章 交互式图表

动态图表，亦称交互式图表，是指通过鼠标选择不同的预设项目，在图表中动态显示对应的数据。本章将通过多个实例技巧说明如何制作动态图表。

技巧 183 借助定义名称制作动态图表

定义名称法动态图表是利用表单控件和定义名称相结合的方法实现动态图表。如图 18-1 左侧所示，A：F列是某公司各门店的销售记录，需要以此制作图表，来展示不同月份各个门店的销售情况。

操作步骤如下。

↑ 步骤一 在【插入】选项卡中单击【组合框】按钮，拖动鼠标在工作表中绘制一个组合框，如图 18-1 所示。

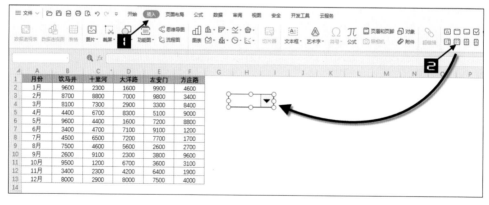

图 18-1　添加组合框

选中组合框，然后鼠标右击，在弹出的快捷菜单中选择【设置对象格式】命令，弹出【设置对象格式】对话框。在【控制】选项卡中，设置【数据源区域】为 $A$2 :$A$13，即月份的所在单元格区域。【单元格链接】可以设置为任意空白单元格，如"$H$5"单元格，【下拉显示项数】设置为实际的数据记录数，本例为12，单击【确定】按钮关闭对话框，完成组合框设置。如图 18-2 所示。

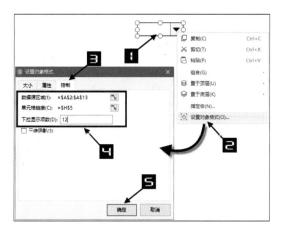

图 18-2　添加组合框

↑**步骤二**　在【公式】选项卡中单击【名称管理器】按钮，打开【名称管理器】对话框。单击【新建】按钮，在弹出的【新建名称】对话框的【名称】文本框中输入"数据"，在【引用位置】编辑框中输入以下公式，单击【确定】按钮，返回【名称管理器】对话框，最后单击【关闭】按钮完成名称的设置，如图 18-3 所示。

```
=OFFSET(Sheet1!$B$1:$F$1,Sheet1!$H$5,0)
```

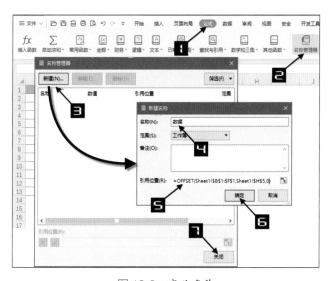

图 18-3　定义名称

使用同样的方法定义名称"月份"，在【引用位置】编辑框中输入以下公式。

```
=OFFSET(Sheet1!$A$1,Sheet1!$H$5,0)
```

↑**步骤三**　选中一个空白单元格，在【插入】选项卡中单击【柱形图】→【簇状柱形图】命令，在工作表中创建一个空白的簇状柱形图。

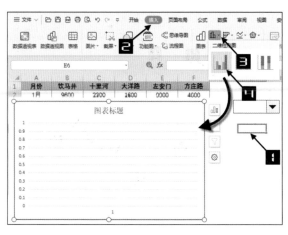

图 18-4　创建柱形图表

单击图表绘图区，依次单击【图表工具】→【选择数据】命令，打开【编辑数据源】对话框，如图 18-5 所示。

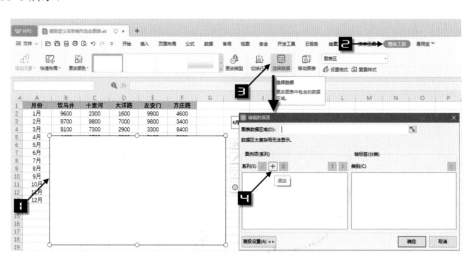

图 18-5　【编辑数据源】对话框

单击【添加】按钮，在弹出的【编辑数据系列】对话框中进行如下操作。

1. 在【系列名称】编辑框中输入定义的名称"=月份"。

2. 在【系列值】编辑框中输入定义的名称"=数据"。

单击【确定】按钮，关闭【编辑数据系列】对话框。

在【编辑数据源】对话框中单击【轴标签（分类）】的【编辑】按钮，打开【轴标签】对话框，设置【轴标签区域】为"=Sheet1!$B$1:$F$1"，单击【确定】按钮关闭【轴标签】对话框。最后在【编辑数据源】对话框中单击【确定】按钮，完成编辑数据源，如图 18-6 所示。

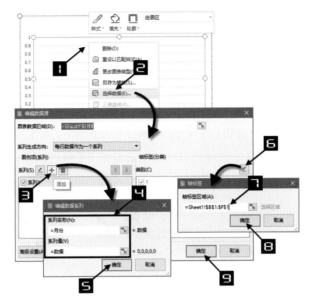

图 18-6　编辑数据系列及轴标签

↑步骤四　在组合框的下拉列表中选择不同的月份，柱形图中会显示该月份的数据图表，如图 18-7 所示。

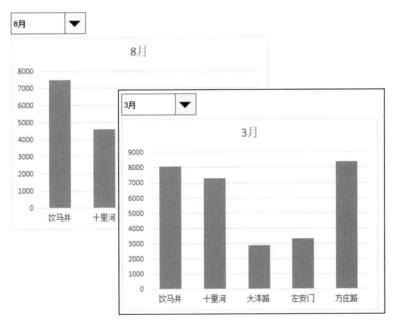

图 18-7　定义名称法动态图表

技巧 184 借助 VLOOKUP 函数制作动态图表

演示视频

借助 VLOOKUP 函数可以更加便捷地制作动态图表，具体步骤如下。

↑步骤一 插入下拉列表。选中目标单元格，如 H2 单元格，然后依次单击【数据】→【插入下拉列表】按钮。在弹出的【插入下拉列表】对话框中，选中【从单元格选择下拉选项】单选按钮，选择 A2:A13 单元格区域，最后单击【确定】按钮，如图 18-8 所示。

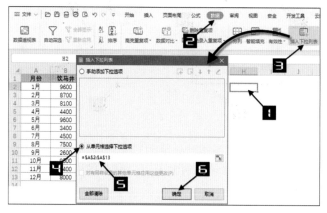

图 18-8　插入下拉列表

单击 H2 单元格下拉按钮，从下拉菜单中选择一个月份，如 "2月"。

↑步骤二 创建图表标题。在空白单元格，如 J3，输入如下公式，创建图表的标题。

```
=H2&" 份各门店销售差异 "
```

↑步骤三 创建图表数据源。复制 B1:F1 单元格区域中的标题，粘贴到 K2:O2 单元格区域，在 K3 单元格输入以下公式，并填充至 O3 单元格，如图 18-9 所示。

```
=VLOOKUP($H$2,$A$1:$F$13,COLUMN(B1),0)
```

图 18-9　创建数据源

↑步骤四 创建图表。选中 J2:O3 单元格区域，依次单击【插入】→【柱形图】→【簇状柱形图】命令，在工作表中插入如图 18-10 所示的柱形图。

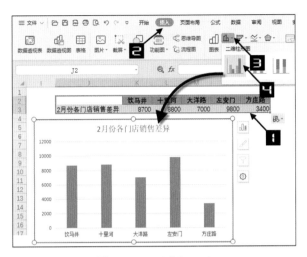

图 18-10　创建柱形图

↑ **步骤五**　在 H2 单元格的下拉列表中选择不同的月份，柱形图中会显示该月份的数据图表，实现动态图表效果，如图 18-11 所示。

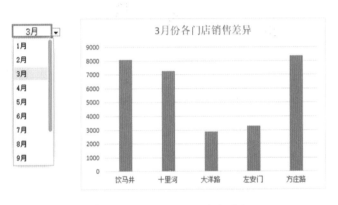

图 18-11　VLOOKUP 动态图表

💬 **注意**

步骤二和步骤三中创建的数据源可以缩小单元格显示，但不可隐藏或删除。

技巧 **185**　**使用切片器制作联动的数据透视图**

切片器不但是一种筛选表格数据的实用利器，还可以和图表功能进行联动，以达到更好的可视化展示效果。

图 18-12 所示的是两个数据透视图利用切片器进行联动的效果，在切片器中选择不同的年份，可以在两个图表中分别展示该年度各地区销售占比及各销售员业绩分布的情况。

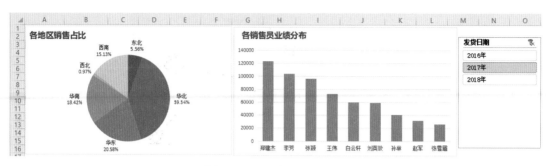

图 18-12　切片器联动示例

操作步骤如下。

↑步骤一　在数据列表中单击任意单元格，然后依次单击【插入】→【数据透视图】按钮，在弹出的【创建数据透视图】对话框中保持默认设置，直接单击【确定】按钮，如图 18-13 所示。

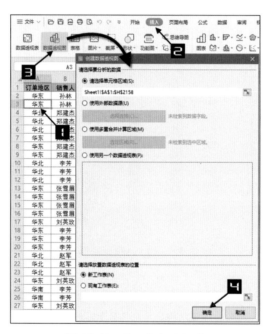

图 18-13　插入数据透视图

此时，新增的工作表中将创建一张空白的数据透视表和数据透视图，在【数据透视图—字段列表】中勾选【订单地区】和【总价】字段的复选框。然后选中数据透视图，依次单击【图表工具】→【更改类型】按钮，如图 18-14 所示。

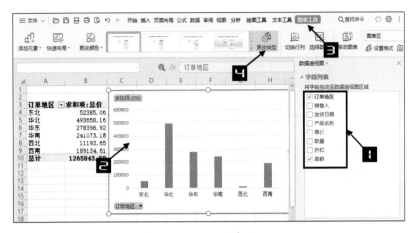

图 18-14　更改图表类型 1

在弹出的【更改图表类型】对话框中单击【饼图】→【饼图】选项，单击【确定】按钮，如图 18-15 所示。

最后添加数据标签，设置数据标签数字格式为百分比，适当美化处理，效果如图 18-16 所示。

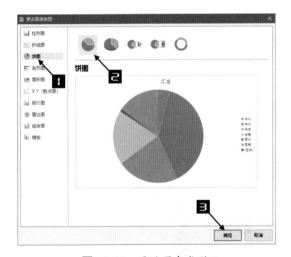

图 18-15　更改图表类型 2

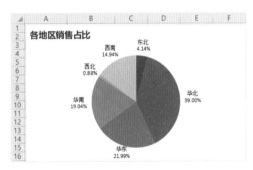

图 18-16　饼图

↑ **步骤二**　同样方法在同一工作表中创建柱形图，并适当美化，如图 18-17 所示。

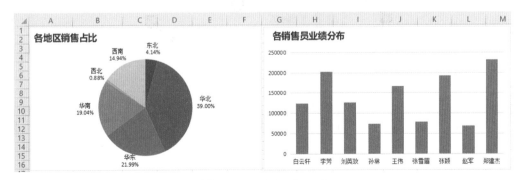

图 18-17　饼图及柱形图

第1篇 常用数据处理与分析

第2篇 函数与公式

第3篇 数据可视化

第4篇 文档安全与打印输出

↑ **步骤三** 选中任意一个数据透视表，在字段列表中将"发货日期"字段拖入【行】区域。然后在"发货日期"字段上鼠标右击，在弹出的下拉列表中单击【组合】命令，弹出【组合】对话框。更改【步长】为"年"，最后单击【确定】按钮，如图 18-18 所示。

图 18-18　更改日期分组步长为"年"

在数据透视表字段列表中的【行】字段中将"发货日期"字段拖动到工作表区域的任意位置释放鼠标，将该字段从数据透视表中删除。此步骤的目的是使切片器中的日期能够按年进行组合。

↑ **步骤四** 选中任意数据透视图，然后依次单击【分析】→【插入切片器】命令，在弹出的【插入切片器】对话框中勾选【发货日期】复选框，最后单击【确定】按钮，如图 18-19 所示。

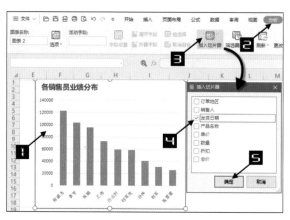

图 18-19　插入切片器

鼠标右击切片器，在弹出的下拉菜单中单击【切片器设置】命令，弹出【切片器设置】对话框，勾选【隐藏没有数据的项】复选框，单击【确定】按钮关闭【切片器设置】对话框，如图 18-20 所示。

图 18-20　切片器设置

选中切片器，在【选项】选项卡中单击【报表连接】命令，在弹出的【数据透视表连接（发货日期）】对话框中，勾选需要连接的数据透视表复选框，单击【确定】按钮完成设置，如图 18-21 所示。

图 18-21　报表连接

此时，单击切片器中的任意年份，两个图表将同时变化，形成联动效果。

第19章 非数据类图表与图形处理

非数据类图表主要使用图形与图片传递信息和观点。本章介绍在WPS表格中使用形状、图片等技巧绘制非数据类图表，以增强WPS表格报表的视觉效果。

技巧 186 快速设置形状格式

形状是指一组浮于单元格上方的简单几何图形。不同的形状可以组合成新的形状，从而在WPS表格中实现绘图。

186.1 形状种类

形状包括线条、矩形、基本形状、箭头总汇、公式形状、流程图、星与旗帜和标注等，每一大类包括若干种形状，如图19-1所示。

图 19-1 形状种类

186.2 插入形状

依次单击【插入】→【形状】下拉按钮，在弹出的扩展菜单中单击所需的形状，如"肘形箭头连接符"，在工作表中要插入的开始位置单击鼠标即可插入一个肘形箭头，或拖动鼠标到结束位置释放鼠标左键，绘制一个肘形箭头连接符线条，如图 19-2 所示。

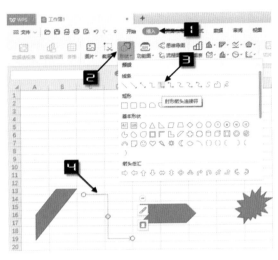

图 19-2　插入形状

⊟注意

插入形状时，如果同时按住<Shift>键，可以得到正图形。

186.3 选择和可见性

选择工作表已有的形状主要有 5 种方法。

● **方法 1**　直接用鼠标单击目标形状可以选择一个图形。

● **方法 2**　按住<Shift>键或<Ctrl>键的同时逐个单击形状，将选择多个形状。

● **方法 3**　依次单击【开始】→【查找】→【定位】命令，或按<Ctrl+G>组合键打开【定位】对话框，选中【对象】单选按钮，再单击【定位】按钮，即可选中所有的形状，如图 19-3 所示。

图 19-3　定位对象

依次单击【开始】→【查找】→【选择对象】命令，然后用鼠标框选多个形状。

在比较复杂的状态下，可以使用【选择窗格】功能对形状进行控制。依次单击【开始】→【查找】→【选择窗格】命令，或依次单击【页面布局】→【选择窗格】命令，或在【视图】选项卡中勾选【任务窗格】复选框，然后单击工作簿右侧的【选择窗格】命令，打开【选择窗格】窗格。再单击【文档中的对象】列表中的名称，即可选择对应的形状。

单击"形状名称"右侧的眼睛图标，可以切换显示和隐藏形状。

单击下方的【全部显示】按钮可以显示工作表中的所有形状对象，单击下方的【全部隐藏】按钮可以隐藏工作表中的所有形状对象。

当多个形状叠放在一起时，新创建的形状会遮挡已经存在的形状，形成叠放的次序。选中某一形状名称后，单击【叠放次序】按钮，可以改变其叠放位置。如图 19-4 所示。

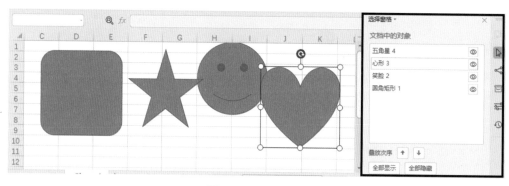

图 19-4　选择窗格

186.4　编辑形状

WPS 表格中形状是由点、线、面组成的，通过拖放操作形状的顶点位置，可以实现对形状的编辑。

选中形状，依次单击【绘图工具】→【编辑形状】→【编辑顶点】命令，使形状进入编辑状态，在现有形状上显示顶点，拖动顶点即可改变图形形状，如图 19-5 所示。

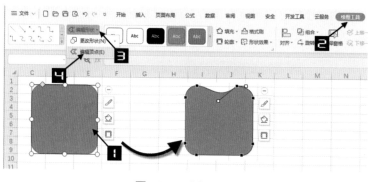

图 19-5　编辑形状

186.5 设置形状格式

WPS表格提供了丰富多彩的形状样式，还可以自定义设置形状填充、形状轮廓和形状效果等。

选中形状，单击【绘图工具】选项卡中的【形状样式】列表中的任意一种样式，如"细微效果-巧克力黄，强调颜色2"样式，即可将形状样式应用到图形中，如图19-6所示。

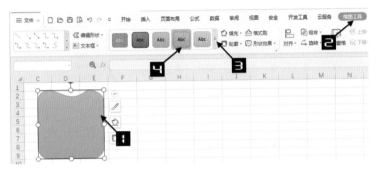

图 19-6　设置形状格式

通过【填充】【轮廓】和【形状效果】命令，用户可自行设置图形的样式。对设置好的图形的格式，还可以通过单击【格式刷】命令复制到其他的图形上。

186.6 对齐和分布

当工作表中有多个形状时，可以使用对齐和分布功能对形状进行排列。

按住 <Shift> 键的同时，逐个单击形状，可同时选中多个形状。再单击【绘图工具】选项卡中的【对齐】→【垂直居中】命令，可以将多个形状排列在同一水平线上，如图19-7所示。

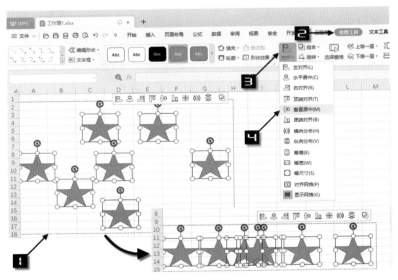

图 19-7　垂直居中

再次单击【对齐】→【横向分布】命令，即可将所有图形横向平均间隔分布，如图19-8所示。

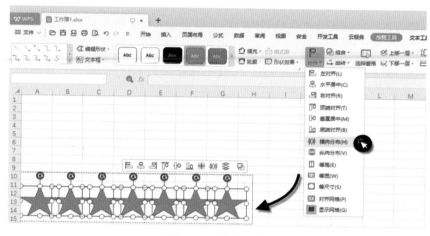

图 19-8　横向分布

需要特别说明的是，使用【等高】【等宽】和【等尺寸】功能，能够快速把所有选中的形状，设置为一样的高度、宽度。如图 19-9 所示，就是把几个图形设置为等尺寸。

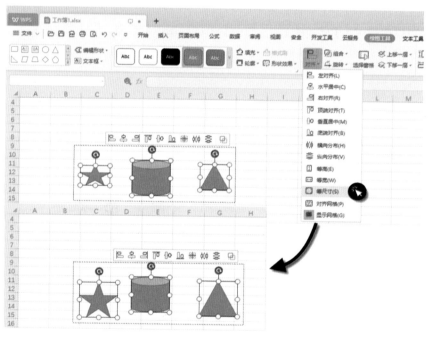

图 19-9　设置形状等尺寸

💬 注意

【等尺寸】命令调整尺寸的基准与图形的选择方式有关。若是按住<Shift>键逐个选中形状，尺寸基准则以最后选中的形状大小为准。若是使用【查找】→【选择对象】命令，拖曳鼠标选中所有形状的，则以【选择窗格】中第一个形状的大小，即以位于顶层的形状的大小为准。若是使用【定位】功能选中所有的形状对象，则以【选择窗格】中第一个形状的大小，即位于顶层的形状的大小为准。【等高】【等宽】与【等尺寸】的调整基准相同。

186.7 形状组合

多个不同的形状可以组合成一个新的形状。

如图 19-10 所示，按住 <Ctrl> 键不放依次单击选中多个形状，然后依次单击【绘图工具】→【组合】→【组合】命令，将 4 个"泪滴形"组合成一个新的形状。

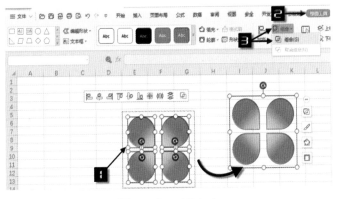

图 19-10　形状组合

若要将组合图形恢复为单个形状，可以依次单击【绘图工具】→【组合】→【取消组合】命令。

186.8 添加文字

文本框属于形状的一种，可以在文本框中直接输入文字。其他形状则除了直接添加文字，还可以与文本框一起组合运用。

选择"上凸弯带形"形状，鼠标右击，在弹出的下拉菜单中单击【编辑文字】命令，光标将自动定位在形状中间，直接输入文字即可，如图 19-11 所示。

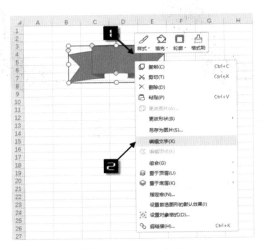

图 19-11　添加文字

技巧 187 删除图形背景与改变图片背景色

随着智能手机、数码相机和扫描仪的普及，获得各种类型的图片变得越来越容易。WPS 表格虽然比不上专业图片处理软件的功能，但也提供了简单实用的删除背景、裁剪和颜色填充等功能，能够快速地处理图片，以适合文档或图表的使用。如果需要删除某个图片的背景，可以按以下步骤操作。

↑步骤一 选择图片，单击【图片工具】选项卡的【设置透明色】按钮，如图 19-12 所示。

图 19-12 【设置透明色】命令

↑步骤二 此时，光标变成了一个吸管样式，在背景色的适当地方单击，即可将背景色设置为透明色，即删除了原背景色，如图 19-13 所示。

图 19-13 删除背景色

↑步骤三 选中图片，依次单击【开始】选项卡→【填充颜色】下拉钮，在弹出的下拉列表中单击【红色】，为图片填充红色背景，完成图片的背景色更换，如图 19-14 所示。

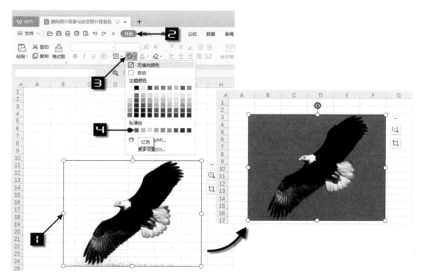

图 19-14　改变图片背景色

技巧 188　剪贴画组合图表

　　剪贴画是图片或图形的组合，多数是矢量格式。WPS 2019 表格可以在计算机联网状态下获得在线图片，通过对剪贴画的组合绘制形象的图表。操作步骤如下。

↑ **步骤一**　依次单击【插入】→【图片】→【在线图片】命令，打开【在线图片】对话框。在左侧的【分类】中单击【设备器材】选项，选择一个合适的剪贴画，单击图片即可在工作表插入剪贴画，如图 19-15 所示。

图 19-15　插入剪贴画

↑步骤二 调整剪贴画大小，并复制粘贴 5 个剪贴画到右侧。按住 <Shift> 键同时选中 6 个剪贴画，再单击【图片工具】选项卡的【对齐】下拉按钮，在展开的下拉列表中分别单击【顶端对齐】和【横向分布】命令，完成剪贴画对齐和排列，如图 19-16 所示。

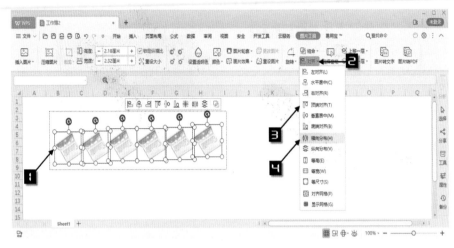

图 19-16 排列剪贴画

↑步骤三 使用相同的方法，插入并排列 4 个"电视"剪贴画和 9 个"手机"剪贴画，并输入文字说明，完成剪贴画组合图表。如图 19-17 所示。

笔记本 60

电视机 40

手机 90

图 19-17 剪贴画组合图表

第 4 篇

文档安全与打印输出

　　如果工作簿中包含一些比较重要的信息，可以借助保护措施来增强信息数据的安全性。这些保护措施包括保护工作簿结构、保护工作表、保护单元格中的公式、设置文档打开密码以及 WPS 表格特有的加密格式等。

　　在工作表中输入内容并且设置格式后，多数情况下还需要将表格打印输出，最终形成纸质的文档。本篇将重点讲解文档安全、WPS 表格的页面设置，以及打印选项调整等相关技巧。

第20章 文档安全与分享

　　许多用户的WPS表格工作簿中可能包含着对个人或企业而言至关重要的敏感信息。当需要与其他人共享此类文件时，安全问题尤为重要。本章详细介绍如何对WPS表格文件进行控制与安全防护。

技巧 189 保护工作簿结构

　　设置【保护工作簿】后，当前工作簿内禁止插入、删除、移动、复制、隐藏或取消隐藏工作表，并且禁止重命名工作表。操作步骤如下。

↑ **步骤一** 在【审阅】选项卡中单击【保护工作簿】按钮，弹出【保护工作簿】对话框。

↑ **步骤二** 在【保护工作簿】对话框的【密码(可选)】文本框内输入密码，如123，单击【确定】按钮。

↑ **步骤三** 在弹出的【确认密码】对话框的【重新输入密码】文本框内再次输入与第一次相同的密码，单击【确定】按钮。如图20-1所示。

📝 **注意**

　　如果不需要设置密码，可以直接在步骤一的【保护工作簿】对话框中单击【确定】按钮。

　　如要取消保护工作簿，在【审阅】选项卡中单击【撤销工作簿保护】按钮，在弹出的【撤销工作簿保护】对话框中输入相应密码，单击【确定】按钮即可，如图20-2所示。

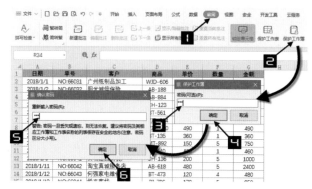

图 20-1　保护工作簿结构

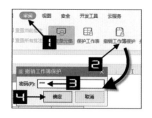

图 20-2　撤销工作簿保护

技巧 190　保护工作表

使用保护工作表功能，能够保护工作表中的数据不被修改。操作步骤如下。

↑步骤一　在保护工作表状态下，锁定的单元格区域可以保护数据不被更改。默认状态下此按钮为高亮显示，表示单元格处于被锁定状态。单击工作表左上角区域行列交叉处的【全选】按钮，在【审阅】选项卡中单击【锁定单元格】按钮，取消全部单元格的锁定。如图20-3所示。

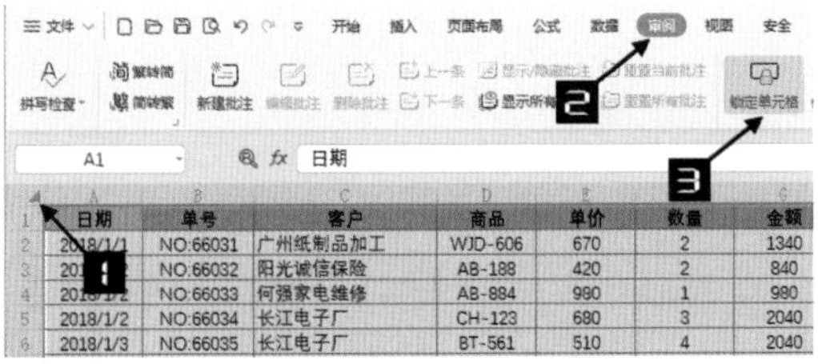

图 20-3　取消锁定单元格

↑步骤二　选中要设置保护的单元格区域（如E2:G20），依次单击【审阅】→【锁定单元格】命令。然后在【审阅】选项卡下单击【保护工作表】命令，弹出【保护工作表】对话框。

↑步骤三　在【密码(可选)】编辑框中输入密码，如123，然后在【允许此工作表的所有用户进行】列表框中勾选允许操作的选项的复选框。单击【确定】按钮，在弹出的确认密码对话框中再次输入密码，最后单击【确定】按钮，如图20-4所示。

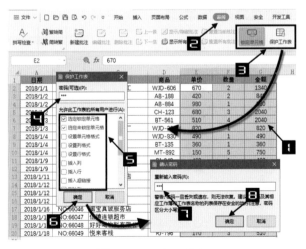

图 20-4　保护工作表

此时单击E2:G20单元格区域内的任意单元格，会弹出如图20-5所示【WPS表格】提示对话框。

图 20-5　修改数据时的提示框

技巧 191　保护单元格中的公式

在多人同时编辑文档时，为了避免公式被其他人修改或误删除，可以对单元格中的公式进行保护。操作步骤如下。

↑ **步骤一**　选中工作表左上角的全选按钮，依次单击【审阅】→【锁定单元格】命令，取消全部单元格的锁定。

↑ **步骤二**　按<Ctrl+G>组合键，在弹出的【定位】对话框中取消勾选【常量】复选框，单击【定位】按钮，此时工作表中包含公式的单元格会被全部选中，如图 20-6 所示。

↑ **步骤三**　按<Ctrl+1>组合键，在弹出的【单元格格式】对话框中切换到【保护】选项卡下，勾选【锁定】与【隐藏】复选框，单击【确定】按钮，关闭对话框，如图 20-7 所示。

图 20-6　【定位】公式

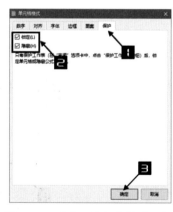

图 20-7　【单元格格式】对话框

↑ **步骤四**　在【审阅】选项卡下单击【保护工作表】按钮，参考技巧 190 的步骤进行工作表保护操作。设置完成后，单击带有公式的单元格，编辑栏中将不再显示公式，并且拒绝修改。如图 20-8 所示。

图 20-8 【锁定】与【隐藏】带有公式的单元格

技巧 192 设置文档打开密码

给文档设置打开密码是最常用的加密方式之一，选择以下几种设置方式中任意一种都能达到相同目的。

● **方法1** 依次单击【文件】→【选项】命令，在弹出的【选项】对话框左侧单击【安全性】选项卡，在右侧【打开权限】区域内的【打开权限密码】【请再次键入打开权限密码】和【密码提示】文本框中分别输入密码和密码提示信息，单击【确定】按钮完成操作，如图 20-9 所示。

图 20-9 设置打开权限密码方法 1

● **方法2** 在功能区依次单击【文件】→【文件信息】→【文档加密】命令，弹出【选项】对话框。在【打开权限】区域内的【打开权限密码】【请再次键入打开权限密码】和【密码提示】文本框中分别输入密码和密码提示信息，单击【确定】按钮完成操作，如图 20-10 所示。

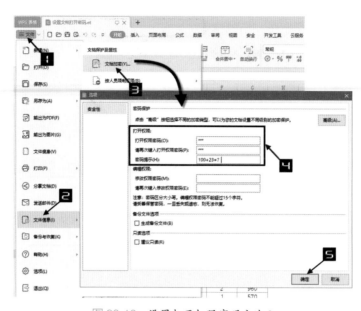

图 20-10　设置打开权限密码方法 2

● **方法 3**　按<F12>功能键，在弹出的【另存为】对话框中单击【加密】按钮，如图 20-11 所示，同样弹出【选项】对话框。

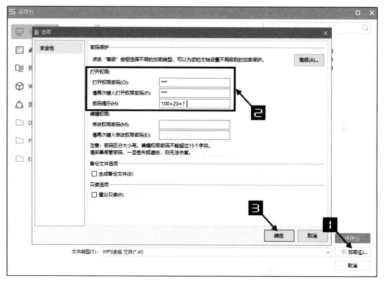

图 20-11　设置打开权限密码方法 3

技巧 **193**　保存为加密格式的文档

登录 WPS 账户后，可为文档设置账户加密，这种加密方式只有在登录账户后或添加授权的用户才能打开。

依次单击【文件】→【另存为】命令，在弹出的【另存为】对话框中单击【文件类型】下拉按钮，在下拉列表中选择【WPS加密文档格式(*.xls)】，单击【保存】按钮完成操作，如图20-12所示。

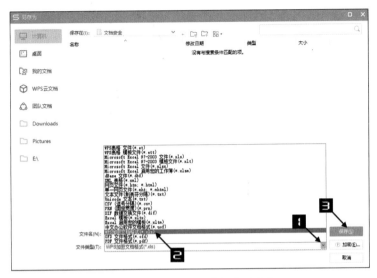

图 20-12　保存为加密格式的文档

保存为加密格式的文档，只能使用当前账号打开。如果尝试在未登录账号状态或使用其他登录账号打开时，会弹出如图 20-13 所示的提示对话框。

当使用Microsoft Excel打开加密格式的文档时，表格内容将无法显示，如图 20-14 所示。

图 20-13　权限提示

图 20-14　使用 Microsoft Excel 打开加密格式的文档

技巧 194　分享文档

在日常工作中，经常需要多人共同处理某个项目并需要知道相互的工作状态，使用WPS表格中的分享文档功能，能够快速实现文档分享，分享后的文档可以多人同时进行编辑，并且可以指定操作权限。操作步骤如下。

单击【文件】选项卡，在【最近使用】列表中单击需要分享文件列表右侧的分享按钮" < "，在弹出的【分享文档】中勾选【允许好友编辑】复选框，最后单击【复制】按钮。如图 20-15 所示。

图 20-15　分享文档 1

最后将链接或二维码发送给需要共同编辑的其他人员即可。

与上述操作方法类似，依次单击【WPS 表格】→【最近访问】→【最近访问文档】列表中的文档右侧分享按钮"　"，将该文档分享给其他用户。

另外，将文件保存到 WPS 云文档，然后双击桌面的【此电脑】图标，在文件资源管理器中打开【WPS 网盘】，依次单击需要分享的文档→【分享文档】，同样可以将文档分享给其他用户。如图 20-16 所示。

图 20-16　分享文档 2

技巧 195　快速进入在线协作

当用户新建一个工作簿或是打开本地文件时，在【云服务】选项卡下单击【在线协作】命令，可以将文档保存到云端，快速进入在线表格，如图 20-17 所示。

图 20-17　在线协作命令

使用在线表格功能，能够实现多人共同编辑，实时更新并且互不干扰。在【协作】选项卡下，可以快速指定"列权限""区域权限"或一键生成在线问卷式的"收集表"。单击右上角的【分享】按钮，能够快速生成分享链接，并且可指定阅读或编辑的权限，如图20-18所示。

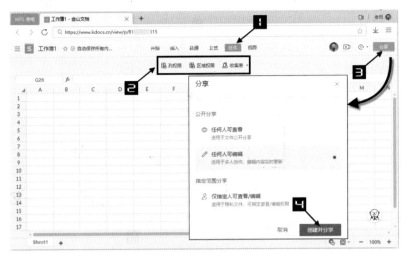

图 20-18　在线表格

注意
在线表格的功能和本地版的WPS表格有所不同，限于篇幅，无法逐一介绍，感兴趣的读者可深入探索和挖掘这些特色功能。

技巧196　设置允许编辑指定区域

当工作表需要被多人使用，又想让每个人只编辑有限的区域，可以通过设置【允许用户编辑区域】来完成，操作步骤如下。

↑步骤一　在【审阅】选项卡中单击【允许用户编辑区域】按钮。

↑步骤二　在弹出的【允许用户编辑区域】对话框中单击【新建】按钮。

↑步骤三　在弹出的【新区域】对话框的【标题】文本框中输入区域名称，如"周老师"；在【引用单元格】中输入或选取允许编辑的区域，如"$B$2:$B$9"；在【区域密码】中输入密码，如"123"，单击【确定】按钮。

↑步骤四　在弹出的【确认密码】框中再次输入密码，单击【确定】按钮。

↑步骤五　重复操作步骤二至步骤四，依次设置其他用户的可编辑区域。设置完成后单击【保护工作表】按钮，参照技巧190的步骤设置工作表保护，最后单击【确定】按钮完成操作，如图20-19所示。

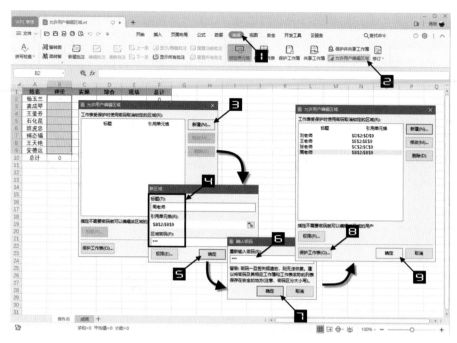

图 20-19　设置【允许用户编辑区域】

设置允许编辑区域后，其他成员只能通过自己已知的密码来编辑指定的区域。如图 20-20 所示。需要修改或删除已有的用户编辑区域，可在【允许用户编辑区域】对话框中单击【修改】或【删除】按钮进行操作。

图 20-20　通过密码解锁自己可编辑区域

📖 注意

如果需要给"周老师"设置多个可编辑的区域，可以在引用单元格区域时用英文逗号将多个区域隔开，如"B2:B9,D2:D9"。

技巧 197　给团队成员分配不同的操作权限

在 WPS 2019 云办公增强版中，还可以开启团队协作办公，并且能够为不同成员设置编辑权限。首先使用 WPS 账户登录金山办公在线服务网页 https://www.kdocs.cn/latest，单击左侧的【开启团队协作办公】按钮，根据提示完成团队创建，并添加团队成员。如图 20-21 所示。

接下来即可为团队成员分配不同的操作权限，操作步骤如下。

图 20-21　开启团队协作办公

↑步骤一　参考技巧 193 中的步骤将文档保存为加密格式。

↑步骤二　在【安全】选项卡中单击【权限列表】按钮，弹出【文档加密】对话框。

↑步骤三　在【账号加密】对话框中单击【添加/删除账号】按钮，如图 20-22 所示。

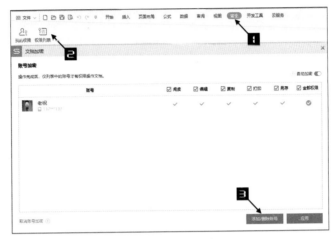

图 20-22　添加团队成员账号 1

↑步骤四　在弹出的对话框中选择对应的成员账号，单击【确定】按钮关闭对话框，如图 20-23 所示。

图 20-23　添加团队成员账号 2

↑步骤五　在账号列表中可对成员的权限进行限制，如单击选中【阅读】选项，再单击【应用】
按钮，则该成员仅能打开查看文档，不能进行其他操作，如图 20-24 所示。

图 20-24　为团队成员设置权限

打印输出

尽管无纸化办公越来越成为一种趋势，但是在很多时候打印输出依旧是很多 WPS 表格的最终目标。本章重点介绍 WPS 表格的页面设置及打印选项调整等相关内容，使读者能够掌握打印输出的设置技巧，使打印输出的文档版式更加美观，并且符合个性化的显示要求。

技巧 198 文档打印与页面设置

演示视频

文档在正式打印前通常要进行页面的调整，经打印预览确认无误后再进行打印操作，以便打印效果能符合所需要求。

198.1 打印预览

打印预览是一种"所见即所得"的功能。一般情况下，在【打印预览】界面看到的版面效果，就是实际打印输出后的效果。因此，通过预览可以从总体上检查版面是否符合要求，如果不是想要的效果，可以重新对页面设置进行调整。

打开需要打印的文档后，可以通过以下几种方式进入"打印预览"状态。

● 单击【快速访问工具栏】上的【打印预览】按钮，进入打印预览状态，如图 21-1 所示。

● 依次单击【文件】→【打印】→【打印预览】命令，也可以进入打印预览状态，如图 21-2 所示。

图 21-1　快速访问工具栏中的打印预览按钮

在【打印预览】界面中，集成了与打印有关的多个设置选项。包括指定打印机、纸张类型、打印顺序、打印方式、缩放比例、页面缩放及视图选项、纸张方向、页眉和页脚、页面设置、页边距等，单击右侧的【关闭】按钮或是按 <Esc> 键，可返回工作表界面，如图 21-3 所示。

图 21-2　打印预览

图 21-3　打印预览状态

198.2　页面设置

在【页面布局】选项卡下的【页面设置】命令组中，包括【页边距】【纸张方向】【纸张大小】等多个打印有关的命令可供用户进行设置调整，如图 21-4 所示。

图 21-4　页面设置命令组

也可以单击【页面布局】选项卡下【页面设置】命令组右下角的【对话框启动】按钮，打开【页面设置】对话框，在此对话框中可以进行更加细致的调整，如图 21-5 所示。

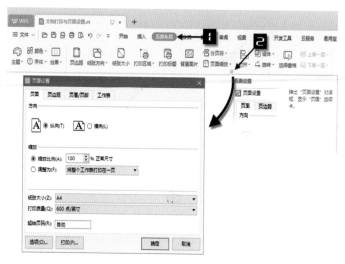

图 21-5　【页面设置】对话框

💬 注意

　　单击"调整为"右侧的下拉按钮，可以在下拉列表中选择"将整个工作表打印在一页""将所有列打印在一页"或是"将所有行打印在一页"。WPS 表格将根据选项自动调整缩放比例，是一项非常实用的功能。

技巧 **199**　灵活设置纸张方向与页边距

　　依次单击【页面布局】选项卡下的【页边距】命令，弹出【页面设置】对话框并自动切换到【页边距】选项卡下。在此选项卡下可设置纸张边距和居中方式。例如，设置上下左右四个方向的页边距为"2"，在【居中方式】区域中勾选【水平】复选框，最后单击【确定】按钮，即可快速设置打印文档的页边距。如图 21-6 所示。

　　如果待打印文档的列数较多，可以单击【页面布局】选项卡中的【纸张方向】命令，在弹出的下拉列表中单击【横向】命令，将纸张方向设置为横向，如图 21-7 所示。

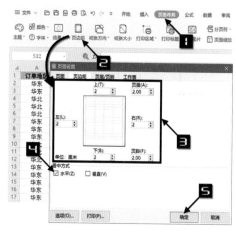

图 21-6　设置页边距

图 21-7　调整纸张方向

技巧200 在页眉中添加企业LOGO

实际工作中，有时需要在每页报表的页眉或页脚处添加公司LOGO，使文档看起来更加规范。操作步骤如下。

步骤一 依次单击【视图】→【分页预览】命令，工作表会由普通视图转换为分页预览视图，如图21-8所示。

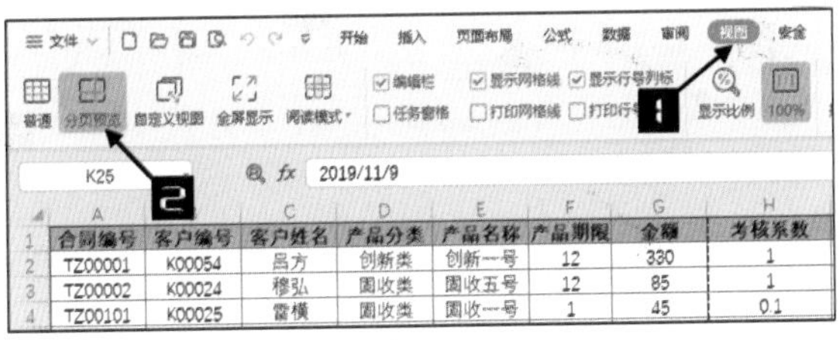

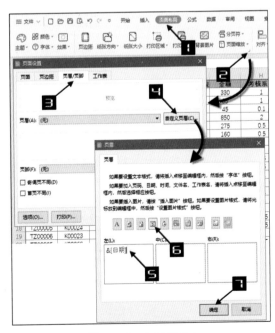

图21-8 分页预览

在分页预览视图下，可通过拖动分页符来调整分页符位置，直到合适为止。例如，将光标移至垂直分页符上，向右拖动分页符，可根据需要增加左右方向的打印区域。如图21-9所示。

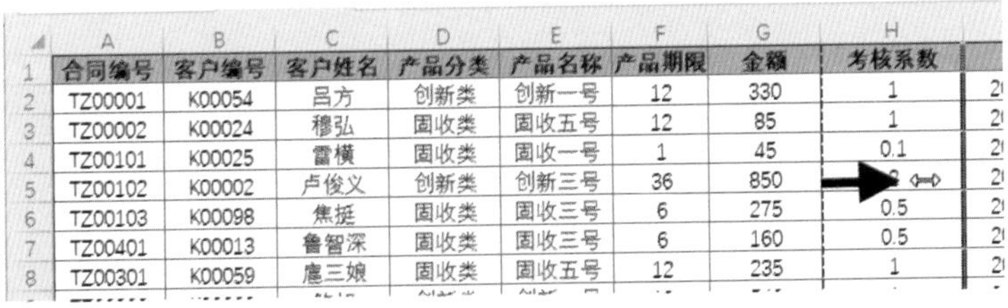

图21-9 拖动分页符

步骤二 单击【页面布局】选项卡下【页面设置】命令组右下角的【对话框启动】按钮，弹出【页面设置】对话框。切换到【页眉/页脚】选项卡下，单击【自定义页眉】按钮，弹出【页眉】对话框。光标定位到【左】文本框空白处，然后单击【插入日期】按钮，如图21-10所示。

图21-10 设置页眉1

　　光标定位至【中】文本框空白处，输入文档标题"某公司销售记录表"。然后将光标定位至【右】文本框处，单击【插入图片】命令，将会弹出【打开】对话框。按图片路径打开需要的LOGO图片，选中图片单击【打开】按钮，此时会自动返回到【页眉】对话框。最后单击【确定】按钮，返回到【页面设置】对话框，如图 21-11 所示。

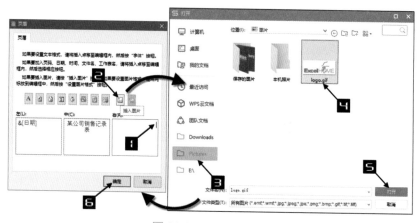

图 21-11　设置页眉 2

　　在【页面设置】对话框中单击【确定】按钮，完成页面设置，如图 21-12 所示。

图 21-12　设置页眉 3

↑步骤三　单击快速访问工具栏中的【打印预览】按钮，可以看到页眉的设置效果。单击【页边距】按钮，在预览区域会显示黑色的页边距调节柄，将光标移动到两个调节柄之间的虚线处，按下鼠标左键不放拖动，可以对页边距进行调整。如图 21-13 所示。

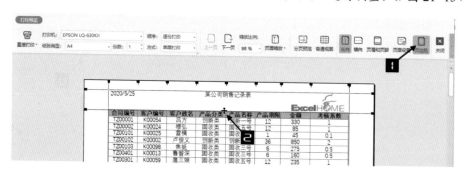

图 21-13　页眉的设置效果

技巧 201　每一页打印相同标题

在实际工作中，当表格中的数据较多时，可能在一页纸上无法完全打印出所有数据。如果此时进行多页打印，仅第一张页面上会有字段标题，给报表的阅读者带来很大不便。

如果希望报表在打印时每一页都显示标题行，操作步骤如下。

↑ **步骤一**　依次单击【页面布局】→【打印标题】命令，弹出【页面设置】对话框并自动切换到【工作表】选项卡下。

↑ **步骤二**　在【顶端标题行】文本框中输入"$1:$1"，或者将光标置于【顶端标题行】文本框内，直接选取工作表的标题行行号，此时【顶端标题行】文本框会自动输入"$1:$1"，最后单击【确定】按钮完成设置，如图 21-14 所示。

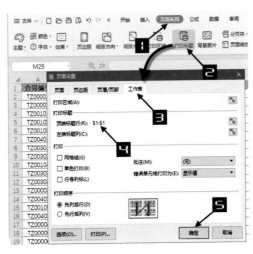

图 21-14　设置顶端标题行

设置完成后执行"打印预览"命令，则可以看到所有的页面均显示字段标题。

技巧 202　打印工作表中的部分内容

WPS 表格默认打印是连续的单元格区域，如果需要将一些不连续单元格（区域）中的内容打印出来，可以通过以下步骤实现。

按住 <Ctrl> 键不放，同时用鼠标左键选中多个不连续单元格或单元格区域，如 A1:H6 和 A10:H13 单元格区域，然后依次单击【页面布局】→【打印区域】→【设置打印区域】命令，如图 21-15 所示。

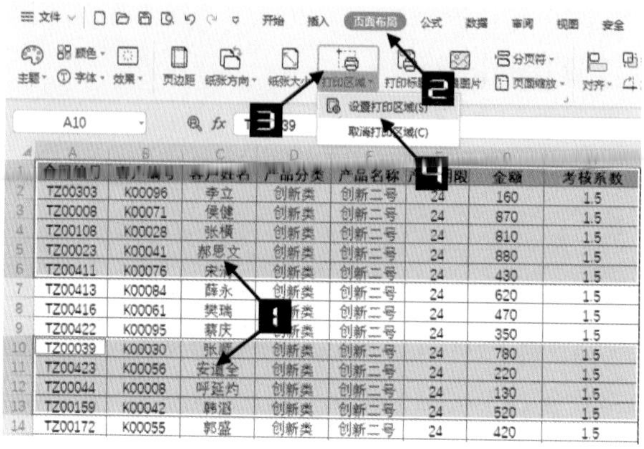

图 21-15　设置打印区域

切换至【分页预览】模式，可以看到之前选定的区域分别显示为第 1 页和第 2 页，如图 21-16 所示。

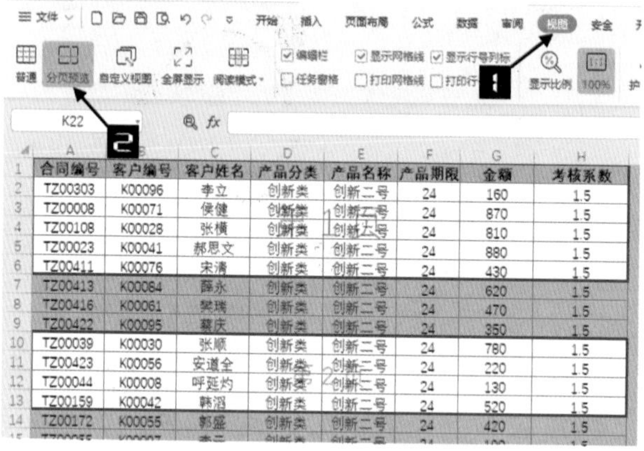

图 21-16　分页预览效果

依次单击【页面布局】→【打印区域】→【取消打印区域】命令，即可取消已经设置的打印区域。